高职高专自动化类专业应用技术教材

气压与液压传动技术

主　编　苏冬云
副主编　万　馨　马　骏
参　编　王　磊

電子工業出版社
Publishing House of Electronics Industry
北京·BEIJING

内 容 简 介

本书共 17 个项目，主要包括气压传动概述、气压传动基础知识、气源装置及辅助元件、气动执行元件、气动控制元件、气动基本回路、典型气动系统、气动系统的安装调试与维护、液压传动概述、液压传动的流体力学基础、液压动力元件、液压执行元件、液压控制元件、辅助元件、液压基本回路、典型液压系统、液压系统的安装调试与维护等。对于书中的重要知识点还穿插编写了相应的实践教学任务，以强化学生的实际操作能力及团队协作意识。

本书可作为高职高专院校及成人职业教育自动化类专业的教材，也可供有关工程技术人员参考。

图书在版编目（CIP）数据

气压与液压传动技术 / 苏冬云主编. -- 北京 : 电子工业出版社, 2024. 9. -- ISBN 978-7-121-48808-5

Ⅰ. TH13

中国国家版本馆 CIP 数据核字第 20243C0M43 号

责任编辑：李书乐　　特约编辑：田学清
印　　刷：三河市君旺印务有限公司
装　　订：三河市君旺印务有限公司
出版发行：电子工业出版社
　　　　　北京市海淀区万寿路 173 信箱　邮编 100036
开　　本：787×1092　1/16　印张：14.25　字数：360 千字
版　　次：2024 年 9 月第 1 版
印　　次：2024 年 9 月第 1 次印刷
定　　价：46.50 元

前　言

党的二十大报告指出，我们要坚持教育优先发展、科技自立自强、人才引领驱动，加快建设教育强国、科技强国、人才强国，坚持为党育人、为国育才，全面提高人才自主培养质量，着力造就拔尖创新人才，聚天下英才而用之。

本书深入学习贯彻党的二十大精神，根据高职高专院校自动化类专业的人才培养目标及相关职业岗位群的知识和技能需要，在广泛吸取和借鉴兄弟院校教学改革成果和编者多年教学经验的基础上编写。本书在较全面地阐述气压与液压传动技术基本概念的基础上，对理论内容坚持“以必需、够用为度”的原则，重点突出应用能力和综合素质的培养。

本书共 17 个项目，主要讲述了气压传动概述、气压传动基础知识、气源装置及辅助元件、气动执行元件、气动控制元件、气动基本回路、典型气动系统、气动系统的安装调试与维护、液压传动概述、液压传动的流体力学基础、液压动力元件、液压执行元件、液压控制元件、辅助元件、液压基本回路、典型液压系统、液压系统的安装调试与维护等。本书中的部分项目还穿插编写了相应的实践教学任务，以强化学生的实际操作能力及团队协作意识。

本书由苏冬云担任主编，万馨、马骏担任副主编，王磊参编。具体分工如下：南通职业大学的万馨编写了项目一、项目三、项目十、项目十六，江苏工程职业技术学院的马骏编写了项目四、项目九、项目十二、项目十三，南通职业大学的苏冬云编写了项目五、项目七、项目八、项目十四、项目十五、项目十七，南通职业大学的王磊编写了项目二、项目六、项目十一。本书由苏冬云修改定稿，由南通职业大学的郝静教授担任主审，同时郝静教授还对本书提出了很多宝贵意见。

本书可作为高职高专院校及成人职业教育自动化类专业的教材，也可供有关工程技术人员参考。

由于编者水平有限，书中难免有不足和疏漏之处，恳请广大读者批评指正。

编者

2024 年 3 月

目　　录

项目一　气压传动概述

你知道吗？

什么是气压传动？气压传动是以空气为工作介质进行能量传递的一种传动形式。在气压传动中，空气在管道中流动且能够驱动剪切机等设备，是因为空气经空气压缩机加压而获得了能量。气压传动具有节能、高效、价廉和无污染等优点，在国内外发展较快。

学习目标

✧ 了解气动系统的工作原理。
✧ 掌握气动系统的基本组成。

任务一　认识气动系统

一、气动系统的工作原理

图 1-1 所示为气动剪切机的结构原理图和图形符号。图示位置为剪切前的情况，空气压缩机 1 输出的压缩空气先经冷却器 2（降温）、油水分离器 3（初步净化）后储存在储气罐 4 内，然后经气动三联件（空气过滤器 5、减压阀 6 及油雾器 7 的统称）再次净化后通过气控换向阀 9 到达气缸 10。此时压缩空气将气控换向阀阀芯推到上位，使气缸活塞处于下位，气动剪切机的剪口张开，处于预备工作状态。

当送料机构将板料送入气动剪切机并到达预定位置后，板料将行程阀 8 阀芯向右推，气控换向阀阀芯在弹簧力作用下下移，气控换向阀实现换位，于是压缩空气进入气缸下腔，气缸活塞带动剪刀快速向上运动将板料切下。板料被切下后，行程阀在弹簧力作用下迅速复位，将排气口堵死，气控换向阀实现换位，使活塞向下运动，气动剪切机又回到图示预备工作状态，准备第二次下料。

由气动剪切机的工作原理可以看出，气压传动是一种利用压缩气体传递能量并驱动机械运动的方式。其工作原理简述如下。

（1）压缩气体产生动力：将空气通过空气压缩机进行压缩，使其达到较高的压力。空气压缩机通常由电动机驱动。

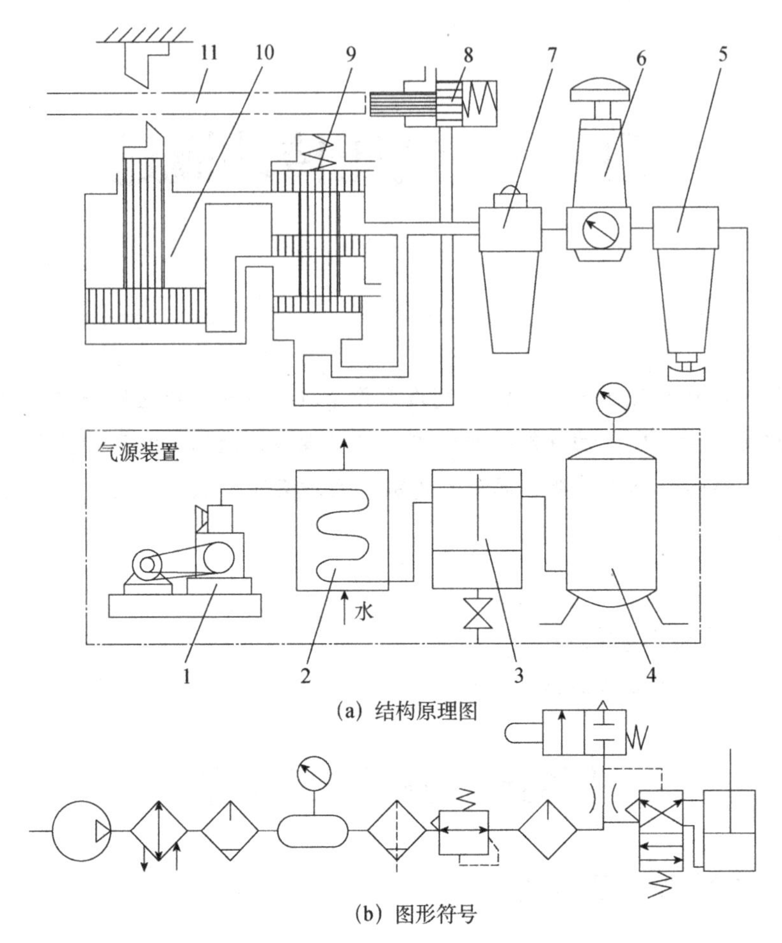

(a) 结构原理图

(b) 图形符号

1—空气压缩机；2—后冷却器；3—油水分离器；4—储气罐；5—空气过滤器；
6—减压阀；7—油雾器；8—行程阀；9—气控换向阀；10—气缸；11—板料。

图 1-1　气动剪切机的结构原理图和图形符号

（2）储气罐储存压缩空气：将空气压缩机产生的压缩空气通过气管输送到储气罐中储存，使其压力稳定。

（3）驱动元件转换气压能量：储气罐中的压缩气体通过气管连接到需要驱动的元件，如气缸、气压马达等，通过开启气压进气阀门，将压缩气体导入到驱动元件中。

（4）气压驱动机械元件运动：气压进入驱动元件后，使其内部的活塞或转子等运动部件开始工作。这些部件的运动将产生机械力或转矩并通过连杆、皮带等传动装置将能量传递到需要工作的设备上。

（5）气压释放与再循环：当驱动元件完成工作后，需要释放掉驱动元件内的压缩气体。通过关闭气压进气阀门，打开消气阀门，使压缩气体通过排气管路排出。释放气体后，系统重新进入工作循环，准备进行下一次驱动。

总的来说，气压传动利用压缩气体的能量，通过控制气流的进出，驱动机械元件运动。它具有动力源易得、传动部件简单、操作方便等优点，广泛应用于工业生产和机械设备驱动领域。

想一想

在日常生活中你还见到过哪些设备采用了气压传动方式？

二、气动系统的组成

由气动剪切机的例子可以看出，气动系统由以下5个部分组成。

1. 气源装置

气源装置是压缩空气的产生、净化及存储装置，其主体部分是空气压缩机。它将原动机输出的机械能转换为空气的压力能，并利用气源净化装置对压缩空气进行净化，为各类气压传动设备提供洁净的压缩空气。

2. 气动执行元件

气动执行元件是气动系统的能量输出装置，主要包括气缸和气压马达，它们将压缩空气的压力能转换为机械能。

3. 气动控制元件

气动控制元件是用于控制压缩空气的压力、流量、流动方向，以保证系统各气动执行机构具有一定的输出动力和速度的元件，如各类压力控制阀、流量控制阀、方向控制阀和逻辑阀等。

4. 辅助元件

辅助元件包括油雾器、消声器和气-液转换器等，它们对保持气动系统正常、可靠、稳定和持久地工作起着十分重要的作用。

5. 工作介质

气动系统中所用的工作介质是空气。

任务二 气动系统的特点

因为气压传动以压缩空气为工作介质，具有防火、防爆、防电磁干扰、抗振动、抗冲击、防辐射、无污染，以及结构简单、工作可靠等特点，所以气动技术与液压、机械、电气和电子技术互相补充，已发展成为实现生产过程自动化的一个重要手段，在机械工业、冶金工业、轻纺食品工业、化工、交通运输、航空航天、国防建设等各个部门已得到广泛的应用。气动技术在提高生产效率、产品质量、工作可靠性和实现特殊工艺等方面呈现出极大的优越性。气压传动与机械、电气、液压传动相比有以下特点。

一、气压传动的优点

（1）工作介质为空气，其获取方便，使用后可以直接排入大气，处理简单，不污染环境。

（2）由于空气的黏度很小，在管道中的压力损失较小，因此压缩空气便于集中供应（压缩空气站）和远距离输送。

（3）由于压缩空气的工作压力一般较低，因此对气动元件的材料和制造精度要求较低。

（4）工作环境适应性好，特别是在易燃、易爆、多尘埃、强辐射、振动等恶劣环境下工作时，气压传动的性能比液压传动、电子控制、电气控制优越。

（5）维护简单，使用安全、可靠，能够实现过载保护。

二、气压传动的缺点

（1）由于空气的可压缩性强，因此气压传动的工作速度稳定性较差，易受负载变化的影响。

（2）工作压力较低（一般为0.4～0.8MPa），系统输出力较小，传动效率较低。

（3）排气噪声较大，在高速排气时需要安装消声器。

任务三　气压与液压传动的发展及应用

气压与液压传动发展到目前的水平主要得益于气压与液压传动本身的特点，随着工业的发展，气压与液压传动技术将更广泛地应用于各个工业领域。

气压传动的应用历史非常悠久。早在公元前，埃及人就开始利用风箱产生压缩空气来助燃。后来，人们懂得用空气作为工作介质传递动力做功，如古代利用自然风力推动风车从而带动水车提水灌溉、利用风能航海。从 18 世纪的产业革命开始，气压传动逐渐被应用于各个行业，其应用成果有矿山用的风钻、火车的刹车装置、汽车的自动开关门等。而气压传动应用于一般工业中以实现自动化、省力化则是近些年的事情。如今，世界各国都把气压传动作为一种低成本的工业自动化手段应用于各个工业领域。自 20 世纪 60 年代以来，随着工业机械化和自动化的发展，气动技术越来越广泛地应用于各个工业领域，气动元件的发展速度已超过了液压元件，气压传动已成为一个独立的专门技术领域。随着工业的发展，气动技术的应用已从汽车、采矿、钢铁、机械工业等行业迅速扩展到化工、轻工、食品、军事工业等各个行业。气动技术已发展成包含传动、控制与检测在内的自动化技术。随着工业自动化技术的发展，目前气动技术研究以提高系统可靠性、降低总成本为目标，旨在开发出系统控制技术和机、电、液、气综合技术。气动元件当前发展的特点和研究方向主要是节能化、小型化、轻量化、位置控制的高精度化，以及与电子学相结合的综合控制。

液压传动技术自18世纪末英国制成世界上第一台水压机算起，至今已有200多年的历史，但其真正得以发展是在第二次世界大战后50余年的时间内。在这段时间内，液压传动技术迅速转向民用工业，在机床、工程机械、农业机械、汽车等行业中逐步得到推广。20世纪60年代以来，随着原子能、空间技术、计算机技术的发展，液压传动技术得到了很大的发展，并逐渐渗透到各个行业中。当前液压传动技术正向着高压、高速、大功率、高效、低噪声、经久耐用、高度集成化的方向发展。同时，新型液压元件和液压系统的计算机辅助设计（CAD）技术、计算机辅助测试（CAT）技术、计算机直接控制（CDC）技术、计算机实时控制技术、机电一体化技术、计算机仿真和优化设计技术、可靠性技术，以及污染控制技术等也是当前液压传动技术发展和研究的方向。

在工业领域，应用气压与液压传动技术的出发点是不尽相同的。例如，在工程机械、矿山机械、压力机械和航空工业中采用液压传动，主要是因为液压装置结构简单、体积小、质量轻、输出的力大；在机床中采用液压传动，主要是因为液压传动能在工作过程中方便地实现无级调速，易于实现频繁换向，并且易于实现自动化；在电子工业、包装机械、印染机械、食品机械中采用气压传动，主要是因为气压传动操作方便，并且无油、无污染。表1-1所示为气压与液压传动在各类机械行业中的应用举例。

表1-1　气压与液压传动在各类机械行业中的应用举例

行业名称	应用举例	行业名称	应用举例
工程机械	挖掘机、装载机、推土机	轻工机械	打包机、注塑机
矿山机械	凿石机、开掘机、提升机、液压支架	灌装机械	食品包装机、真空镀膜机
建筑机械	打桩机、液压千斤顶、平地机	汽车	高空作业车、自卸式汽车、汽车起重机
冶金机械	轧钢机、压力机、步进加热炉	铸造机械	砂型造型机、加料机、压铸机
锻压机械	压力机、模锻机、空气锤	纺织机械	织布机、浆纱机、印染机
机械制造	组合机床、冲床、自动线、气动扳手		

练习题

1-1　什么是气压传动？气压传动的基本工作原理是怎样的？

1-2　气动系统由哪些部分组成？各部分的作用是什么？

1-3　气压传动与其他传动方式相比有哪些优缺点？

项目二　气压传动基础知识

你知道吗？

气压传动的工作介质是什么？它是怎样工作的？气压传动的工作介质是自然界中的空气，空气在气压传动中起到传递能量和信号的作用。因此，在学习气动系统的相关知识之前，有必要对空气的物理性质和相关物理量的基本计算方法进行必要的了解。

学习目标

- ✧ 了解空气的主要物理性质。
- ✧ 了解气体的流动规律。

任务一　空气的物理性质

一、空气的组成

自然界中的空气是由若干种气体混合组成的，主要成分是氮气与氧气，其他气体所占的比重很小。空气中还常含有一定量的水蒸气，含有水蒸气的空气称为湿空气，大气中的空气基本上都是湿空气。理论上将完全不含水蒸气的空气称为干空气。在基准状态下（温度为0℃，压力为1.013×10^5Pa），干空气的组成如表2-1所示。

表2-1　干空气的组成

项目	氮气	氧气	氩气	二氧化碳	其他气体
体积分数	78.03%	20.93%	0.932%	0.03%	0.078%
质量分数	75.50%	23.10%	1.28%	0.045%	0.075%

二、空气的压力

混合空气的压力称为全压，它是各组成气体压力的总和。各组成气体的压力称为分压，它表示在相同的温度下某种气体单独占据与混合气体相同的容积时所具有的压力。

在大气中，湿空气的压力就是大气压力。我国法定的压力计量单位为Pa。

根据道尔顿定律，湿空气的压力应为干空气的分压与水蒸气的分压之和，即

$$p = p_g + p_s \tag{2-1}$$

式中，p——湿空气的压力（Pa）；

p_g——湿空气中所含干空气的分压（Pa）；

p_s——湿空气中所含水蒸气的分压（Pa）。

三、空气的密度

空气的密度是指单位体积空气的质量，用 ρ 表示，即

$$\rho = \frac{m}{V} \tag{2-2}$$

式中，ρ——空气的密度（kg/m^3）；

m——空气的质量（kg）；

V——空气的体积（m^3）。

基准状态下干空气的密度 $\rho_0 = 1.293\,kg/m^3$。一般状态下干空气的密度计算公式为

$$\rho_g = \rho_0 \frac{p_g T_0}{p_0 T_g} \tag{2-3}$$

式中，ρ_g——一般状态下干空气的密度（kg/m^3）；

ρ_0——基准状态下干空气的密度（kg/m^3）；

p_g——一般状态下干空气的绝对压力（Pa）；

p_0——基准状态下干空气的绝对压力（p_0=1.013×10^5Pa）；

T_g——一般状态下干空气的热力学温度（K）；

T_0——基准状态下干空气的热力学温度（T_0=273K）。

四、空气的黏性

空气在流动过程中，空气质点之间相对运动产生阻力的性质叫作空气的黏性。表示黏性大小的量称为黏度。黏度分为动力黏度和运动黏度。空气的黏度主要受温度变化的影响，压力变化对空气黏度的影响较小，可忽略不计。在空气压力 p=1.013×10^5Pa 时，空气的动力黏度和运动黏度与温度的关系如表2-2所示。

表2-2　空气的动力黏度和运动黏度与温度的关系

温度 t/℃	0	10	20	30	40	50	60	80	100
动力黏度 μ（×10^{-5}）/Pa·s	1.710	1.760	1.809	1.852	1.904	1.951	1.998	2.089	2.176
运动黏度 ν（×10^{-5}）/(m^2/s)	1.322	1.410	1.501	1.954	1.689	1.786	1.885	2.089	2.300

五、空气的湿度

空气中含有水分的多少对气动系统的稳定性有直接影响，因此气动元件对工作介质的含水量有明确规定，并且通常要采取措施防止水分进入气动系统。含有水蒸气的空气称为湿空气，湿空气中所含水分的程度用湿度和含湿量表示。湿度的表示方法有两种，即绝对湿度和相对湿度。

1. 绝对湿度

单位体积湿空气中所含水蒸气的质量称为湿空气的绝对湿度，用 x 表示，即

$$x=\frac{m_s}{V} \tag{2-4}$$

式中，x——绝对湿度（kg/m^3）；

m_s——水蒸气的质量（kg）；

V——湿空气的体积（m^3）。

在一定温度下，含水蒸气越多，空气就越潮湿，水蒸气的分压也就越大。当空气中水蒸气的含量超过某个限值时，空气中就有水滴析出，这表明空气中能容纳的水蒸气是有一定限度的。这种极限状态（或称水蒸气处于饱和状态）的湿空气称为饱和湿空气，此条件下的绝对湿度称为饱和绝对湿度，用 x_b 表示；饱和湿空气中水蒸气的分压称为饱和水蒸气分压，用 p_b 表示。当绝对压力为 1.013×10^5Pa 时，饱和水蒸气分压、饱和绝对湿度与温度的关系如表 2-3 所示。

表 2-3 饱和水蒸气分压、饱和绝对湿度与温度的关系

温度 t/℃	饱和水蒸气分压 p_b（$\times10^5$）/Pa	饱和绝对湿度 x_b/(g/m^3)	温度 t/℃	饱和水蒸气分压 p_b（$\times10^5$）/Pa	饱和绝对湿度 x_b/(g/m^3)
100	1.013	588.7	30	0.042	30.3
80	0.473	290.8	25	0.032	23.0
70	0.312	197.0	20	0.023	17.3
60	0.199	129.8	15	0.017	12.8
50	0.123	82.9	10	0.012	9.4
40	0.074	51.0	0	0.006	4.85
35	0.056	39.5	−10	0.026	2.25

绝对湿度表明了湿空气中所含水蒸气的多少，但是如果要了解湿空气吸收水蒸气能力的大小及湿空气偏离饱和状态的程度，则需要引入相对湿度的概念。

2. 相对湿度

相对湿度是指在某一确定的温度和压力下，绝对湿度与饱和绝对湿度的比值，用 φ 表示，即

$$\varphi=\frac{x}{x_{\mathrm{b}}}\times100\%=\frac{p_{\mathrm{s}}}{p_{\mathrm{b}}}\times100\% \tag{2-5}$$

当空气绝对干燥时，$p_{\mathrm{s}}=0$，故 $\varphi=0$；当空气达到饱和状态时，$p_{\mathrm{s}}=p_{\mathrm{b}}$，故 $\varphi=100\%$。

一般湿空气的 φ 值在 0～100%范围内变化。通常情况下，当空气的相对湿度在 60%～70%范围内时，人体感觉比较舒适。气动技术规定各种控制阀允许使用的工作介质相对湿度不得大于 90%。

由上述分析可知，气动系统中应用的工作介质，其干湿程度对整个系统的工作稳定性和使用寿命都将产生一定的影响。若空气的湿度较大，即空气中含有的水蒸气较多，则此湿空气在一定温度和压力条件下，能在系统中的局部管道和气动元件中凝结出水滴，使气动管道和气动元件发生锈蚀，严重时还会导致整个系统工作失灵。因此，必须采取适当措施，以减少空气中所含的水分。

六、空气的可压缩性和膨胀性

与固体和液体相比，气体最大的特点是分子间的距离比较远，分子运动起来很自由。在空气中，分子间的距离是分子直径的 9 倍左右，即分子直径 d=3.72×10^{-10}m，而分子间的距离 e=3.35×10^{-9}m。运动着的分子由其运动起点至碰到其他分子的移动距离称为该分子的自由通路，每个分子的自由通路是不同的。但对于任意气体来讲，当压力和温度确定之后，分子自由通路的平均值就确定了。通常将该平均值称为平均自由通路。在基准状态下，空气分子的平均自由通路为 6.4×10^{-8}m，约等于空气分子直径的 170 倍。因为气体分子间的距离远，分子间的内聚力小，所以气体体积容易变化。

气体体积随着压力和温度的变化而发生变化的性质，分别用压缩性和膨胀性表示。空气的压缩性和膨胀性，远大于液体与固体的压缩性和膨胀性。

气体体积随压力和温度的变化规律服从气体的状态方程。

任务二　气体的状态方程

一、理想气体的状态方程

理想气体是指没有黏性的气体。一定质量的理想气体在状态变化的某一稳定瞬时应符合下列方程：

$$\frac{pV}{T}=\text{常数} \tag{2-6}$$

或

$$p = \rho RT \tag{2-7}$$

式中，p——绝对压力（Pa）；

V——气体体积（m^3）；

T——热力学温度（K）；

ρ——气体密度（kg/m^3）；

R——气体常数（N·m/(kg·K)），干空气取 R=287.1N·m/(kg·K)，水蒸气取 R=462.05N·m/(kg·K)。

式（2-6）、式（2-7）为理想气体的状态方程，除高压、低温状态以外，对于空气等气体，上述方程均适用。

二、气体状态变化方程

气体从一种状态（是指压力、温度、体积）变化到另一种状态叫作气体状态变化。在气体状态变化之后或变化过程中，当处于平衡状态时，这些参数（是指压力、温度、体积）都应当服从气体状态变化方程。下面介绍几个简单的气体状态变化方程。

1. 等压变化过程

一定质量的气体，在状态变化过程中其压力始终保持不变，这个过程叫作等压变化过程。根据式（2-6）可得

$$\frac{V_1}{T_1} = \frac{V_2}{T_2} = \text{常数} \tag{2-8}$$

式（2-8）表明，在等压状态下，温度上升时气体体积增大，温度下降时气体体积缩小，即在等压变化过程中，气体的体积与温度成正比。

2. 等温变化过程

一定质量的气体，在状态变化过程中其温度始终保持不变的过程叫作等温变化过程。在工程中，将气缸中气体状态变化过程、管道输送空气的过程均视为等温变化过程。根据式（2-6）可得

$$p_1V_1 = p_2V_2 = \text{常数} \tag{2-9}$$

式（2-9）表明，在等温状态下，气体的体积与压力成反比。

3. 等容变化过程

一定质量的气体，在体积不变条件下的状态变化过程叫作等容变化过程。根据式（2-6）可得

$$\frac{p_1}{T_1} = \frac{p_2}{T_2} = \text{常数} \tag{2-10}$$

式（2-10）表明，在等容状态下，气体的压力与温度成正比，即随温度升高，气体的压力升高，系统内能增加。

4. 绝热过程

一定质量的气体和外界没有热量交换时的状态变化过程叫作绝热过程。气动系统的快速充气、排气过程可视为绝热过程。例如，空气压缩机气缸活塞的运动速度极大，气缸内被压缩的气体来不及与外界交换热量，这个过程可视为绝热过程。此时，气体状态变化方程为

$$\frac{p_1}{p_2}=\left(\frac{T_1}{T_2}\right)^{\frac{k}{k-1}} \tag{2-11}$$

或

$$p_1V_1^k = p_2V_2^k = 常数 \tag{2-12}$$

式中，k——绝热指数，干空气取 k=1.4，饱和湿空气取 k=1.3。

练习题

2-1　什么是绝对湿度和相对湿度？相对湿度的物理意义是什么？

2-2　湿空气对气动系统有哪些影响？

2-3　有一个容积为 60L 的储气罐，罐内装有 t=10℃的空气，罐内顶部压力表指示值为 0Pa，现在将该储气罐加热至 40℃，此时压力表指示值为多少？

项目三　气源装置及辅助元件

你知道吗?

气压传动是以空气为工作介质进行能量传递的一种传动形式。气源装置是气动系统的动力部分，为气动系统提供能源，这部分元件性能的好坏直接关系到气动系统能否正常工作。辅助元件是气动系统正常工作必不可少的组成部分。

学习目标

- ✧ 掌握气源装置的组成、作用和工作原理。
- ✧ 掌握空气压缩机的种类、工作原理及选用依据。
- ✧ 理解气源净化装置的结构、工作原理及作用。

任务一　气源装置

一、气源装置的作用和工作原理

气源装置是用来产生具有足够压力和流量的压缩空气并对其进行净化及储存的一套装置。图 3-1 所示为气源装置组成示意图。空气压缩机 1 用来产生压缩空气，一般由电动机带动。其进气口处装有空气过滤器，以减少进入空气压缩机的空气中的固体杂质。后冷却器 2 用来冷却压缩空气，使汽化的水、油凝结出来。油水分离器 3 用来分离并排出降温冷却凝结的水滴、油滴及杂质等。储气罐 4、7 用来储存压缩空气，稳定压缩空气的压力。干燥器 5 用来进一步吸收消除压缩空气中的水分、油分，使其变成干燥空气。空气过滤器 6 用来进一步滤除压缩空气中的水分、油分及杂质。储气罐 4 输出的压缩空气可用于具有一般要求的气动系统，储气罐 7 输出的压缩空气可用于要求较高的气动系统，如气动装置仪表及射流元件的控制回路等。

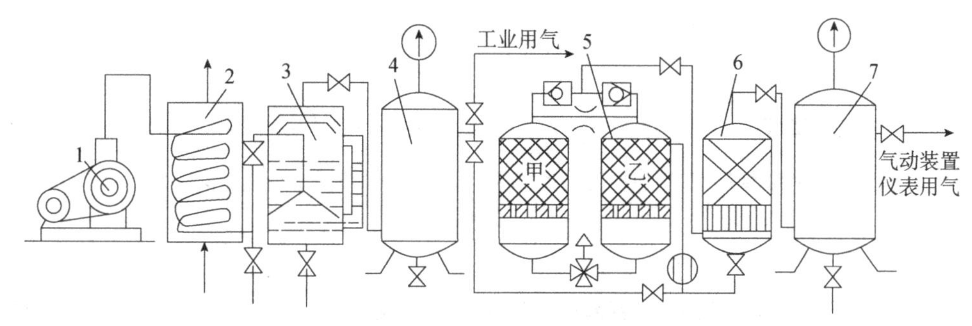

1—空气压缩机；2—后冷却器；3—油水分离器；4、7—储气罐；5—干燥器；6—空气过滤器。

图 3-1　气源装置组成示意图

二、空气压缩机

1. 空气压缩机的种类

空气压缩机是产生和输送压缩空气的装置，它将电动机输出的机械能转换为空气的压力能输送给气动系统。按工作原理的不同，空气压缩机可分为容积式空气压缩机和速度式空气压缩机两种。在气动系统中，一般采用容积式空气压缩机。

容积式空气压缩机通过机构的运动，使气缸内部容积大小发生周期性变化，从而完成对空气的吸入和压缩过程。容积式空气压缩机又可分为活塞式空气压缩机、膜片式空气压缩机和螺杆式空气压缩机，其中以活塞式空气压缩机应用最多。

2. 空气压缩机的工作原理

图 3-2 所示为卧式空气压缩机的工作原理图。它利用曲柄滑块机构，将电动机的回转运动转换为活塞的往复直线运动。当活塞 3 向右运动时，气缸 2 内部容积增大从而形成部分真空，外界空气在大气压作用下推开进气阀 9 阀口进入气缸；当活塞 3 向左运动时，气缸 2 内部容积减小，空气受到压缩从而使压力升高，进气阀 9 关闭，排气阀 1 打开，压缩空气经排气管输送到储气罐中。该空气压缩机为单级单缸空气压缩机，为了连续输出压缩空气和提高其压力，实际中大多数空气压缩机采用多缸多活塞的组合形式。

3. 空气压缩机的选用

按额定排气压力的高低，空气压缩机可分为低压（0.7MPa）空气压缩机、中压（1MPa）空气压缩机、高压（10MPa）空气压缩机及超高压（100MPa）空气压缩机。按输出气体流量的大小，空气压缩机可分为微型（小于 $1m^3/min$）空气压缩机、小型（1～$10m^3/min$）空气压缩机、中型（10～$100m^3/min$）空气压缩机及大型（大于 $100m^3/min$）空气压缩机。

空气压缩机的额定压力应等于或略高于所需的工作压力，其流量以气动设备最大耗气量为基础，并且要考虑管路、阀的泄漏量及各种气动设备是否同时工作等因素。

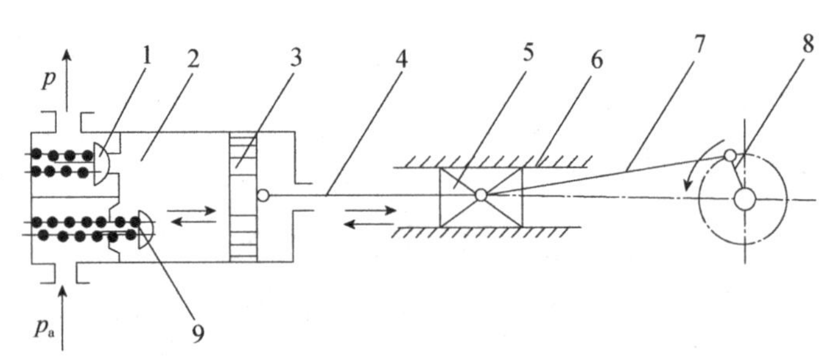

1—排气阀；2—气缸；3—活塞；4—活塞杆；5—滑块；6—滑道；7—连杆；8—曲柄；9—进气阀。

图 3-2 卧式空气压缩机的工作原理图

三、气源净化装置

1. 后冷却器

后冷却器安装在空气压缩机出气口管道上，将空气压缩机排出的压缩空气的温度从140～170℃降至 40～50℃，使其中水汽、油雾气凝结成水滴和油滴，以便经油水分离器析出。

后冷却器一般采用水冷式换热装置，其结构形式有列管式、散热片式、套管式、蛇管式和板式等，其中蛇管式后冷却器最为常用。图 3-3 所示为蛇管式后冷却器和列管式后冷却器的结构示意图。

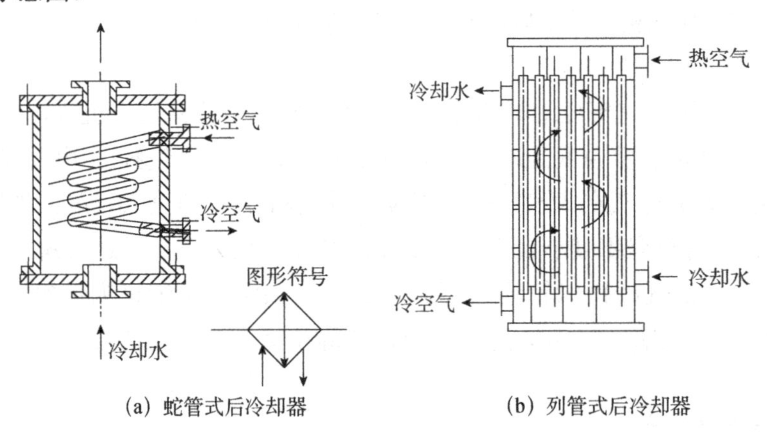

图 3-3 蛇管式后冷却器和列管式后冷却器的结构示意图

2. 油水分离器

油水分离器的主要作用是将压缩空气中凝结的水滴、油滴及杂质分离出来，使压缩空气得到初步净化，其结构形式有环形回转式、撞击折回式、离心旋转式和水浴式等。

图 3-4 所示为撞击折回式油水分离器。压缩空气自进气口进入油水分离器后，因撞击隔板 2 而折回向下，继而又回升向上，形成回转环流，使水滴、油滴及杂质在离心力和惯性力作用下从压缩空气中分离并析出，沉淀在油水分离器的底部，经排污阀 6 排出。

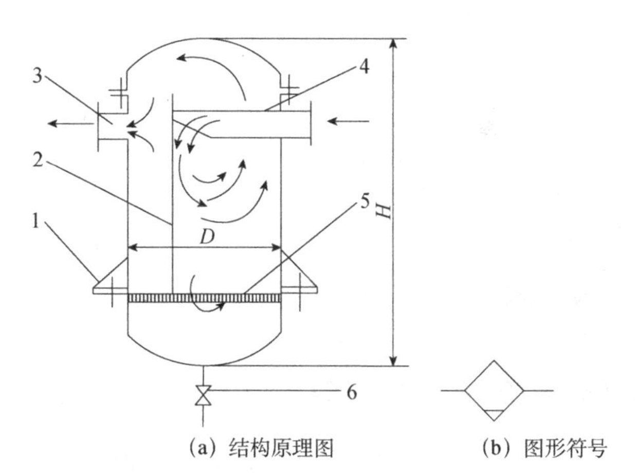

（a）结构原理图　　（b）图形符号

1—支架；2—隔板；3—出气管；4—进气管；5—栅板；6—排污阀。

图 3-4　撞击折回式油水分离器

3. 干燥器

干燥器的作用是满足精密气动装置的用气要求，将初步净化后的压缩空气进一步净化以吸收和排除其中的水分、油分及杂质，使湿空气变成干燥空气。干燥器的结构形式有冷冻式、吸附式、加热式等。

冷冻式干燥器利用制冷设备使压缩空气冷却至露点温度，析出其中多余的水分，使压缩空气达到一定的干燥度。冷冻式干燥器适用于处理低压、大流量、对干燥度要求不高的压缩空气。

吸附式干燥器利用硅胶、活性氧化铝、焦炭或分子筛等具有吸附性能的干燥剂来吸附压缩空气中的水分，从而达到使压缩空气变干燥的目的。这种干燥器的除水效果最好。图 3-5 所示为不加热再生式干燥器，它有两个填满干燥剂的容器。压缩空气从一个容器的下部流到上部，水分被干燥剂吸收，从而使压缩空气得到干燥，一部分干燥后的压缩空气又从另一个容器的上部流到下部，从饱和状态的干燥剂中把水分带走并排入大气。这样就实现了无须外加热源而使干燥剂再生，两个容器定期（5～10min）交换工作使干燥剂实现吸附和再生，这样便可得到连续输出的干燥压缩空气。

4. 空气过滤器

空气过滤器的作用是进一步滤除压缩空气的水分、油分及杂质，以达到气动系统所要求的净化程度。它常与减压阀、油雾器一起构成气动三联件，安装在气动系统的入口处。

图 3-6 所示为空气过滤器。压缩空气从进气口进入后被引入旋风叶子 1，旋风叶子上有很多小缺口，迫使压缩空气高速旋转，夹在压缩空气中的水滴、油滴及杂质在离心力的作用下被分离出来，沉淀在存水杯 3 底部，而压缩空气在经过中间的滤芯 2 时，其中的微粒杂质和雾状水分被过滤出来，沿挡水板 4 流到存水杯 3 底部，洁净的压缩空气经出气口输出。

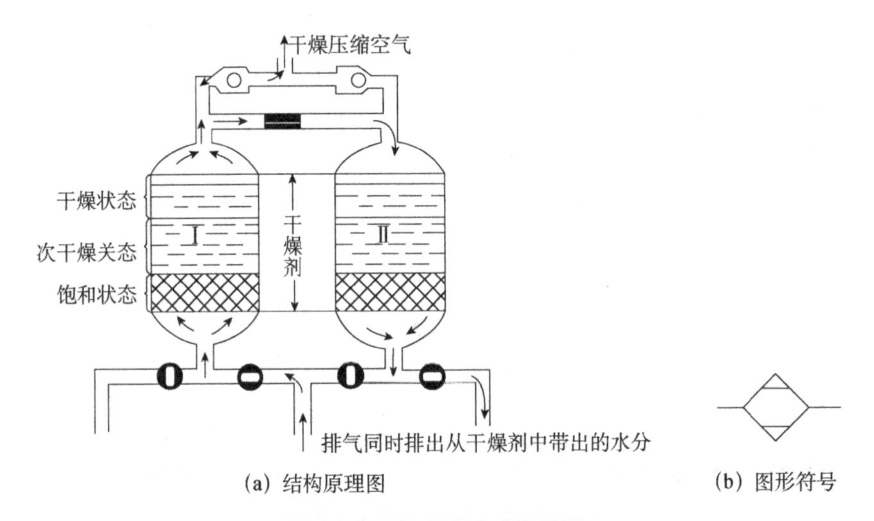

(a) 结构原理图　　(b) 图形符号

图 3-5　不加热再生式干燥器

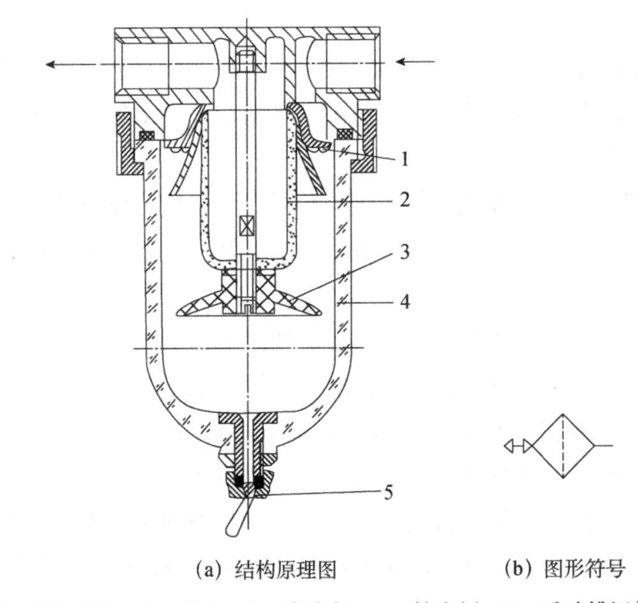

(a) 结构原理图　　(b) 图形符号

1—旋风叶子；2—滤芯；3—存水杯；4—挡水板；5—手动排污阀。

图 3-6　空气过滤器

空气过滤器主要根据气动系统所需的流量、过滤精度和容许压力等参数来选取，通常垂直安装在气动系统的入口处，进、出气口不得装反，在使用过程中要注意定期放水、清洗或更换滤芯。

5. 储气罐

储气罐主要用来调节气流，减少输出气流的压力脉动，保证输出气流的流量连续性；储存一定量的压缩空气，调节用气量及供临时应急用气；进一步分离压缩空气中的水分和油分。

储气罐一般采用焊接结构，以立式居多，其结构示意图如图 3-7 所示。储气罐的高度 H 为其内径 D 的 2～3 倍。进气口在下，出气口在上，并且应尽可能加大进、出气口之间的距离，以便充分分离压缩空气中的水分和油分。储气罐上装设压力安全阀，其调整压力为工作压力的110%；还装设压力表，用来显示罐内气体压力。储气罐底部设排放油、水的管道和阀。

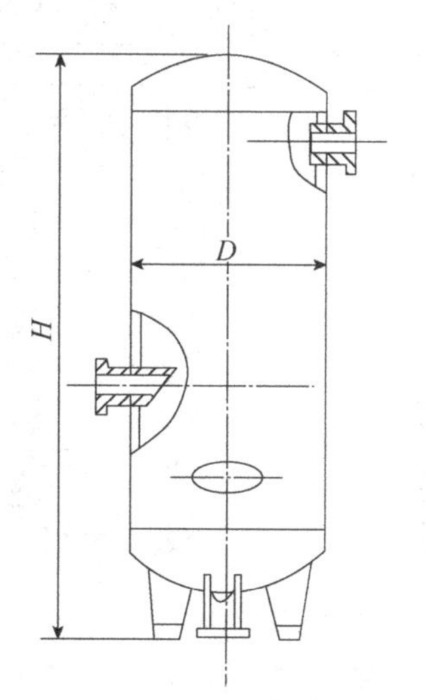

图 3-7　储气罐的结构示意图

想一想

1. 空气压缩机的主要选用依据是什么？仔细观察你所接触过的空气压缩机属于什么结构形式，并记录其规格参数。

2. 空气压缩机自带的储气罐一般是什么结构形式的？在储气罐上应该装设哪些仪表？

任务二　辅助元件

一、油雾器

油雾器是气动系统中一种特殊的注油装置，其作用是把润滑油雾化后，由压缩空气携带进入气动系统到达各个需要润滑的部位，满足气动元件内部润滑的需要。

图 3-8 所示为普通油雾器。压缩空气由进气口进入后，一部分经小孔 a 通过单向阀进入存油杯 5 的上腔 c，油面受压，使润滑油经过吸油管 6 将钢球 7 顶起，钢球 7 不能封住其到节流阀的通油孔，润滑油可以不断地经过节流阀 1 的阀口先流入滴油管，再滴入喷嘴 11，并被主通道中的高速气流引射出，雾化后从出气口输出。节流阀 1 可以在 0～120 滴/min 的范围内调节滴油量，可通过视油器 8 观察滴油情况。

普通油雾器也称为一次油雾器。二次油雾器能使油滴在油雾器内进行两次雾化，可使油雾粒度更小、更均匀，输送距离更远。

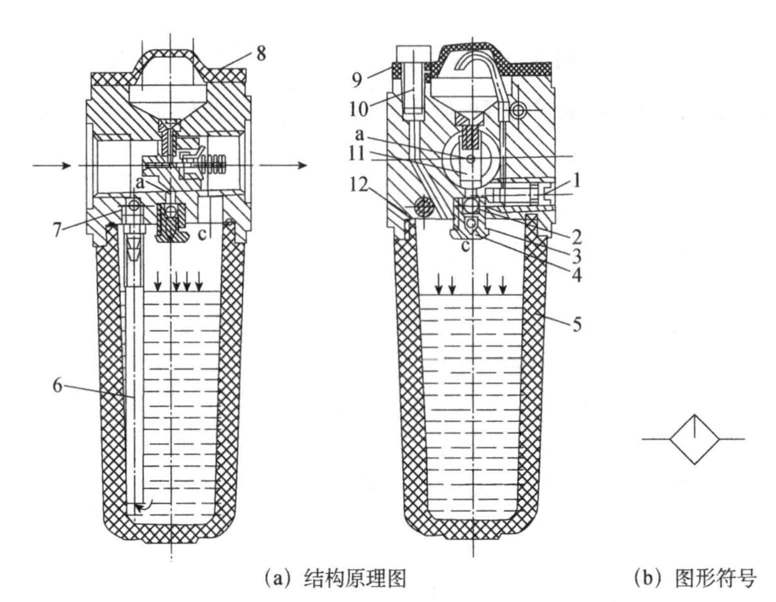

（a）结构原理图　　　　（b）图形符号

1—节流阀；2、7—钢球；3—弹簧；4—阀座；5—存油杯；6—吸油管；8—视油器；
9、12—密封垫；10—油塞；11—喷嘴。

图 3-8　普通油雾器

油雾器的供油量应根据气动系统的情况确定。一般以 10m³ 自由空气供给 1cm³ 润滑油为宜。油雾器在安装与使用过程中常与空气过滤器和减压阀一起构成气动三联件，应尽量靠近换向阀垂直安装，进、出气口不要装反。

二、消声器

在大多数情况下，气动系统使用后的压缩空气直接排入大气。由于气缸、气阀等工作时排气速度较高，气体体积急剧膨胀，因此会产生刺耳的噪声。噪声的大小随排气速度、功率、排气量和空气通道形状的不同而不同。排气速度和功率越高，噪声就越大，一般可达 100～120dB。为了减小噪声，要在排气口处装设消声器。

消声器通过阻尼或增大排气面积来降低排气速度和功率，从而减小噪声。常用的消声器有吸收型消声器、膨胀干涉型消声器和膨胀干涉吸收型消声器等，其中吸收型消声器在实际中应用较多。

图 3-9 所示为吸收型消声器。它主要依靠吸音材料来消声。消声罩 2 采用多孔的吸音材料制成，一般采用聚苯乙烯颗粒或铜珠烧结而成。当压缩空气通过消声罩时，气流受到阻力，部分噪声能量被吸收并转换为热能，从而减小噪声。吸收型消声器结构简单，具有良好的消除中、高频噪声的效果，消声效果大于 20dB。

消声器主要依据排气口直径大小及噪声的频率范围来选用。

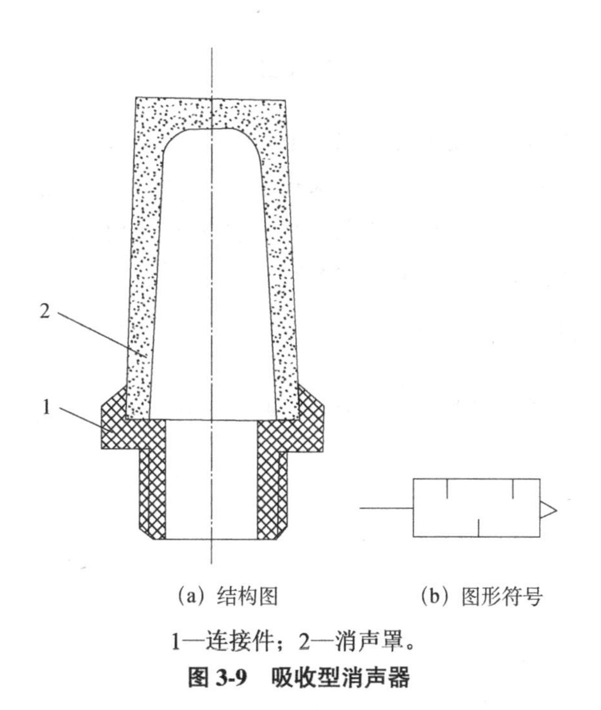

（a）结构图　　（b）图形符号

1—连接件；2—消声罩。

图 3-9　吸收型消声器

三、气–液转换器

气动系统中常采用气–液阻尼缸或液压缸作为气动执行元件，以获得较平稳的运动速度，因此需要一种把气压信号转换成液压信号的装置，即气–液转换器。

气–液转换器主要有两种。一种是直接作用式气–液转换器，如图3-10所示，压缩空气由上部输入管输入后，经过管道末端的缓冲装置后作用在液压油面上，液压油以与压缩空气相同的压力，由下部的排油孔输出，流入液压缸，使其动作。这种气–液转换器的储油量应不小于液压缸最大有效容积的1.5倍。另一种是换向阀式气–液转换器，它是一个气控液压换向阀。采用这种气–液换向器，需要另备液压源。

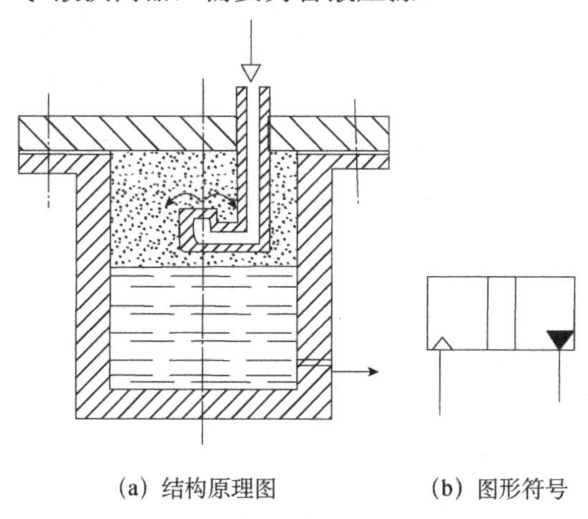

（a）结构原理图　　（b）图形符号

图 3-10　直接作用式气–液转换器

练习题

3-1　简述气源装置的组成及各部分的作用。

3-2　空气压缩机有哪些类型？简述活塞式空气压缩机的工作过程。

3-3　气动系统对压缩空气有哪些要求？对压缩空气要进行哪些净化处理？

3-4　油雾器有何作用？它是如何工作的？

3-5　气动三联件包括哪三个元件？其安装有没有顺序要求？若使用顺序颠倒，将会出现什么问题？

3-6　气源装置中的储气罐有什么作用？一般采用什么结构形式？

项目四　气动执行元件

你知道吗?

在气动系统中，气缸和气压马达是气动执行元件。它们都可将压缩空气的压力能转换为机械能，其不同之处是，气缸用于实现直线往复运动或摆动，气压马达则用于实现连续回转运动。它们与液压缸和液压马达的工作原理类似，但由于工作介质与工作压力不同，因此在结构上有较大区别。

学习目标

- ✧ 掌握气缸的结构、工作原理及特点。
- ✧ 初步了解气缸的选用原则。
- ✧ 掌握气压马达的结构、工作原理及特点。
- ✧ 初步了解气压马达的选用原则及使用要求。

任务一　气缸

气缸是气动系统中使用最普遍的气动执行元件之一。与液压缸相比，它具有结构简单、成本低、污染少、便于维修、动作迅速等优点，但由于推力小，因此广泛用于轻载气动系统。

一、气缸的分类

根据使用条件不同，气缸的结构、形状有多种形式。气缸常用的分类方法有以下几种。

1. 按压缩空气对活塞端面作用力的方向分类

（1）单作用气缸：气缸活塞只有一个方向的运动靠气压驱动，另一个方向的运动靠复位弹簧力、重力或其他外力驱动。

（2）双作用气缸：气缸活塞的往返运动全靠气压驱动。

2. 按气缸的结构特征分类

（1）活塞式气缸。

（2）薄膜式气缸。

（3）伸缩式气缸。

3. 按气缸的安装形式分类

（1）固定式气缸：气缸安装在机体上固定不动，有耳座式、凸缘式和法兰盘式等形式。

（2）轴销式气缸：缸体可围绕一个固定轴做一定角度的摆动。

（3）回转式气缸：缸体固定在机床主轴上，可随机床主轴做高速旋转运动。这种气缸常用在机床上的气动卡盘中，以实现工件的自动装夹。

（4）嵌入式气缸：气缸在夹具本体内。

4. 按气缸的功能分类

（1）普通气缸：包括单作用气缸和双作用气缸，常用于无特殊要求的场合。

（2）缓冲气缸：气缸的一端或两端带有缓冲装置，以防止或减轻活塞运动到行程终点时对气缸缸盖的撞击。

（3）气–液阻尼缸：气缸与液压缸串联或并联，可控制气缸活塞的运动速度，使其运动速度相对稳定。

（4）摆动气缸：用于要求气缸叶片轴在一定角度内（小于 360°）绕轴线回转的场合，如夹具的转位、阀的启闭等。

（5）冲击气缸：以活塞高速运动形成冲击力的气缸，常用于冲压、切断、锻造等场合。

（6）步进气缸：根据不同的控制信号，使活塞杆伸出至不同位置的气缸。

二、几种常见的气缸

1. 单作用气缸

单作用气缸是指压缩空气仅在气缸的一端进气并推动活塞运动，而活塞的反向运动则是依靠复位弹簧力、重力或其他外力来驱动的。图 4-1 所示为弹簧复位式单作用气缸。这种气缸的特点是结构简单、耗气量小，工作行程较短，在夹紧装置中应用较多。

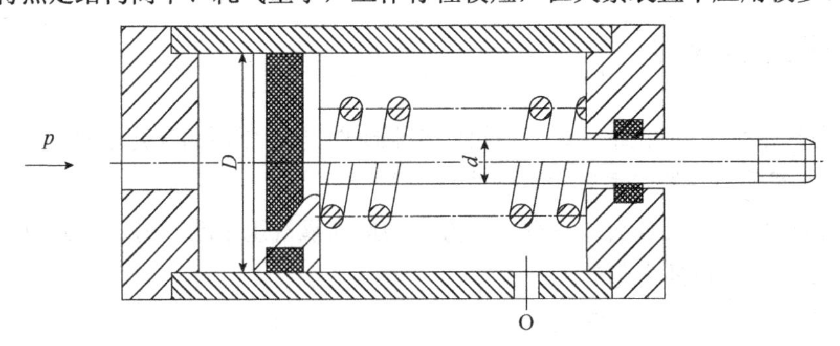

图 4-1 弹簧复位式单作用气缸

2. 双作用气缸

（1）单杆双作用气缸：这种气缸是实际中使用最广泛的一种普通气缸，如图 4-2 所

示。这种气缸的输出推力为

$$F_1 = \frac{\pi}{4} D^2 p \eta_c \tag{4-1}$$

$$F_2 = \frac{\pi}{4} (D^2 - d^2) p \eta_c \tag{4-2}$$

式中，F_1——当无杆腔进气时活塞杆上的推力；

F_2——当有杆腔进气时活塞杆上的推力；

D——活塞直径；

d——活塞杆直径；

p——气缸的工作压力；

η_c——气缸的效率，一般取 0.7～0.8。

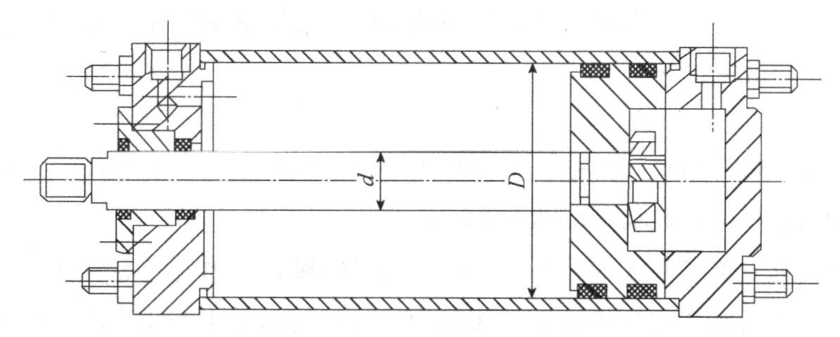

图 4-2　单杆双作用气缸

（2）双杆双作用气缸：这种气缸使用较少，其结构与单杆双作用气缸基本相同，只是活塞两侧都装有活塞杆。这种气缸常用于气动加工机械及包装机械设备。

3. 薄膜式气缸

薄膜式气缸以薄膜代替活塞，依靠膜片在压缩空气作用下的变形来使活塞杆产生运动。薄膜式气缸可分为单作用薄膜式气缸和双作用薄膜式气缸两种，如图 4-3 所示。

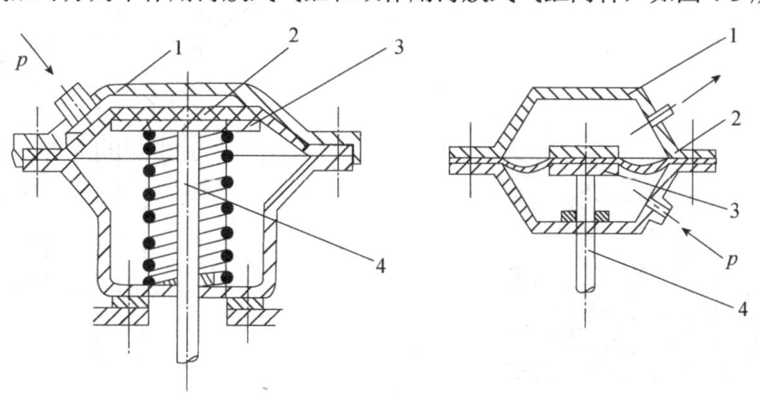

（a）单作用薄膜式气缸　　（b）双作用薄膜式气缸

1—缸体；2—膜片；3—膜盘；4—活塞杆。

图 4-3　薄膜式气缸

这种气缸的特点是结构紧凑、质量轻、维护方便、密封性好、成本低，但因膜片变形量有限，故工作行程短，一般不超过40mm，常用于各种自锁机构及夹具。

4. 气–液阻尼缸

普通气缸在工作时，由于工作介质为空气，而空气的可压缩性大，因此当外界负载变化时，会造成活塞的自走和爬行现象，使气缸工作不稳。为了提高活塞的运动平稳性，常采用气–液阻尼缸。

图4-4所示为串联式气–液阻尼缸，它将液压缸和气缸串联成一个整体，两个活塞固连在一根活塞杆上。当压缩空气进入气缸右腔时，活塞克服外负载向左运动。此时液压缸左腔排油，液压油只能经节流阀1缓缓流回液压缸右腔，对活塞的运动起到阻尼作用。因此，调节节流阀1就能达到调节活塞运动速度的目的。当压缩空气进入气缸左腔时，液压缸右腔排油，此时单向阀3开启，活塞能快速退回。油箱2的作用是补充因液压缸泄漏而减少的油量，也可改用油杯。

5. 冲击气缸

冲击气缸是一种较新型的气动执行元件。与普通气缸相比，其结构特点是增加了一个具有一定容积的蓄能腔和喷嘴，如图4-5所示。

当压缩空气进入蓄能腔3时，其压力只能通过喷嘴口4作用在活塞上，因活塞杆腔1中具有排气压力和活塞7与缸体8间的摩擦力，故喷嘴口处于关闭状态，从而使蓄能腔中的充气压力逐渐升高。当充气压力达到一定值时，喷嘴口开启，积蓄在蓄能腔中的压缩空气通过喷嘴口突然作用在活塞7的全部面积上，喷嘴口处产生高速气流喷入活塞腔2，活塞在较大的气体压力作用下加速向下运动，瞬间以很高的速度，即以很高的动能冲击工件。冲击完成后，压缩空气在换向阀的控制下从下口进入，使活塞复位，完成一个工作循环。冲击气缸常用来完成型材下料、冲压、铆接、锻造等多种作业。

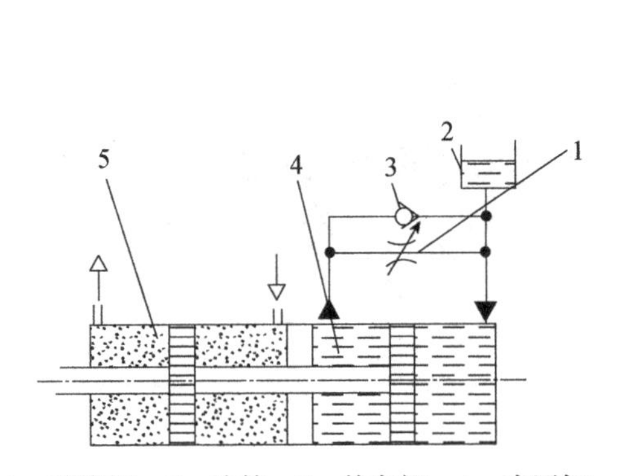

1—节流阀；2—油箱；3—单向阀；4—液压缸；5—气缸。

图4-4　串联式气–液阻尼缸

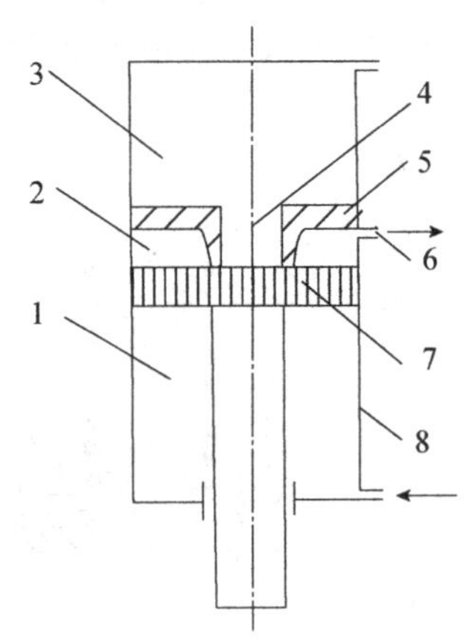

1—活塞杆腔；2—活塞腔；3—蓄能腔；4—喷嘴口；5—中盖；6—泄气口；7—活塞；8—缸体。

图4-5　冲击气缸

任务二　气压马达

气压马达是将压缩空气的压力能转换成旋转机械能的装置。在气动系统中使用广泛的气压马达是叶片式气压马达和活塞式气压马达。

一、气压马达的工作原理

下面以如图 4-6 所示的双向旋转叶片式气压马达为例来简单介绍气压马达的工作原理。压缩空气由进气口 A 进入气室后立即喷向叶片 1，并作用在叶片的外伸部分，产生旋转力矩带动转子 2 沿逆时针方向旋转，输出旋转的机械能，废气从排气口 C 排出，残余气体则从排气口 B 排出（二次排气）。若进、排气口互换，则转子反转，输出相反方向旋转的机械能。转子旋转的离心力和叶片底部的气压力、弹簧力（图 4-6 中未画出）使叶片紧紧地抵在定子 3 的内壁上以保证密封，从而提高容积效率。

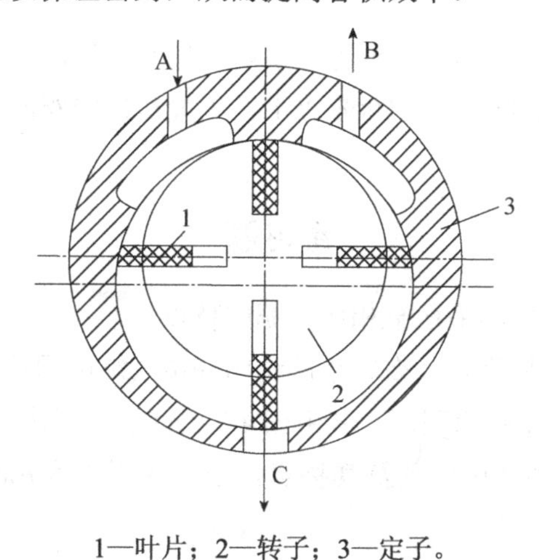

1—叶片；2—转子；3—定子。

图 4-6　双向旋转叶片式气压马达

叶片式气压马达主要用于风动工具、高速旋转机械及矿山机械等。

气压马达具有一些特点，在某些场合下，它比电动马达和液压马达更适用，其特点如下。

（1）安全性能好。气压马达可以在易燃、易爆、潮湿及多尘的场合下使用，同时不受高温及振动的影响。

（2）具有过载保护性能，可长时间满载工作。过载时气压马达只是运动速度减小或停转，当过载解除后，立即可重新正常运转。

（3）由于压缩空气膨胀时会吸收周围的热量，因此气压马达能长期工作而温升很小。

（4）有较大的启动转矩，能带载启动。

（5）换向容易，操作简单，可实现无级调速。

（6）与电动机相比，单位功率尺寸小且质量轻，适合安装在空间狭小的位置及手动工具上。

但气压马达也有输出功率小、耗气量大、效率低、噪声大和容易产生振动等缺点。

二、气压马达的选用原则及使用要求

1. 气压马达的选用原则

不同类型的气压马达具有不同的特点和适用范围，要从负载特点和工作环境出发来选用气压马达。

（1）叶片式气压马达适用于低转矩、高转速场合，如各种手提工具、复合工具、传送带、升降机等启动转矩小的中、小功率的机械。

（2）活塞式气压马达适用于中、高转矩，中、低转速，中、大功率的场合，如起重机、绞车、绞盘、拉管机等负荷较大且启、停特性要求较高的机械。由于活塞式气压马达只能单向旋转，因此工作中需要换向的场合不能采用活塞式气压马达。

2. 气压马达的使用要求

润滑是气压马达正常工作不可缺少的一个重要条件。气压马达在得到正确、良好润滑的条件下，可在两次检修之间运行 2500h 以上。一般在换向阀前安装油雾器，以进行不间断的润滑。

练习题

4-1　气缸有哪些类型？与液压缸相比有哪些特点？

4-2　冲击气缸的工作原理是什么？举例说明冲击气缸的用途。

4-3　图 4-7 所示为增压缸原理图，其中图 4-7（a）所示为增压气缸，图 4-7（b）所示为气–液增压缸，试说明其增压原理及其特点。当输入压力为 p 时，输出压力 p_1 是多少？

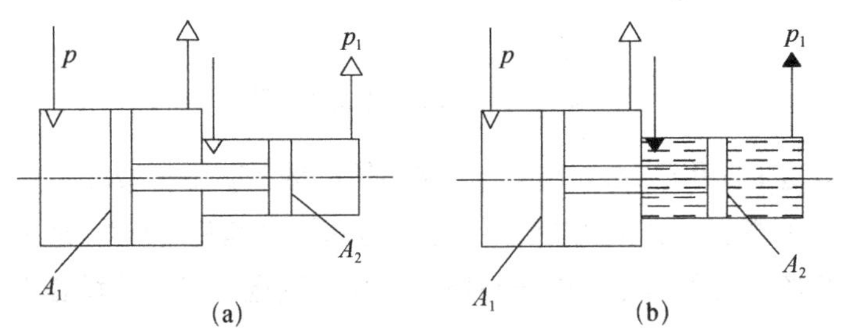

图 4-7　题 4-3 图

4-4　气–液阻尼缸与普通气缸相比有何优点？在使用过程中针对液压油的泄漏应采取什么措施？

4-5　简述气压马达的选用原则。

4-6　气压马达有哪些突出特点？

项目五　气动控制元件

你知道吗?

气动控制元件是控制和调节压缩空气的压力、流量、流动方向，以及发送信号的重要元件，利用气动控制元件可以组成各种气动基本回路，使气动系统按设计的程序正常地进行工作。

学习目标

✧ 理解和掌握各种方向控制阀的工作原理。
✧ 理解和掌握各种压力控制阀、流量控制阀的结构及工作原理。

任务一　方向控制阀

气控换向阀与液压换向阀相似，分类方法也大致相同。气控换向阀按结构不同可分为滑柱式气控换向阀、截止式气控换向阀、平面式气控换向阀、旋塞式气控换向阀和膜片式气控换向阀，其中以截止式气控换向阀和滑柱式气控换向阀应用较多；按控制方式不同可分为电磁式气控换向阀、气动式气控换向阀、机械式气控换向阀和手（脚）动式气控换向阀，其中后三类气控换向阀的工作原理和结构与相应的液压换向阀类似；按作用特点可分为单向型控制阀和换向型控制阀。

1. 单向型控制阀

（1）气动单向阀。气动单向阀是指气流只能向一个方向流动而不能反向流动的阀。气动单向阀的工作原理、结构和图形符号与相应的液压控制阀基本相同，只不过在气动单向阀中，阀芯与阀座之间有一层密封垫，如图 5-1 所示。

（2）或门型梭阀。在气动系统中，当两个进气口 P_1、P_2 均能与工作口 A 相通，而不允许进气口 P_1 和进气口 P_2 相通时，就要采用或门型梭阀，如图 5-2 所示。

当 P_1 口进气时，将阀芯推向右边，封住 P_2 口，于是气流从 P_1 口流到 A 口，如图 5-2（a）所示；反之，气流从 P_2 口流到 A 口，如图 5-2（b）所示。当 P_1 口和 P_2 口同时进气时，哪个口压力高，A 口就与哪个口相通，另一个口就自动关闭。图 5-2（c）所示为或门型梭阀的图形符号。

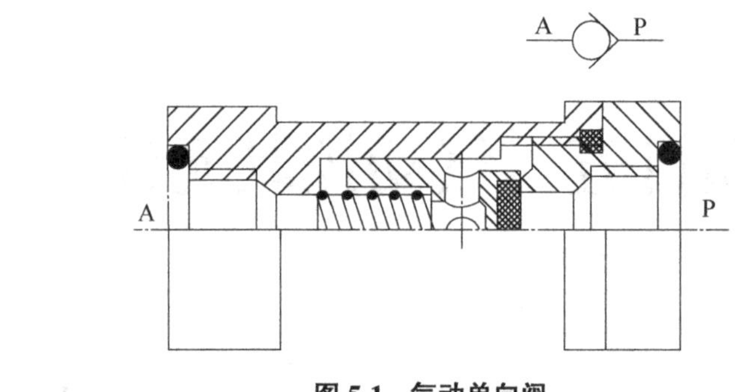

图 5-1　气动单向阀

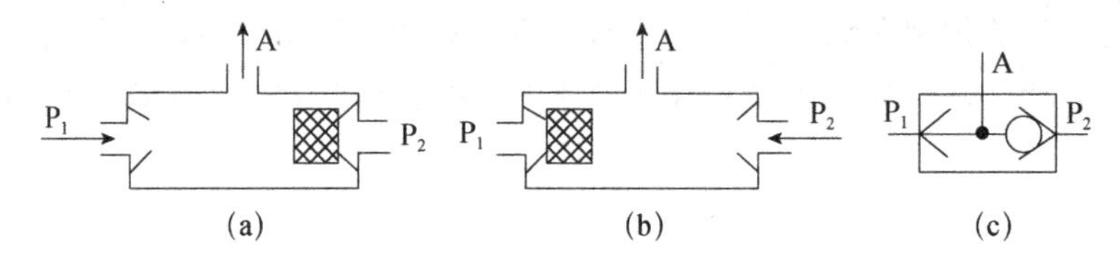

图 5-2　或门型梭阀

或门型梭阀在逻辑回路和程序控制回路中应用广泛。图 5-3 所示为或门型梭阀在手动–自动回路中的应用。

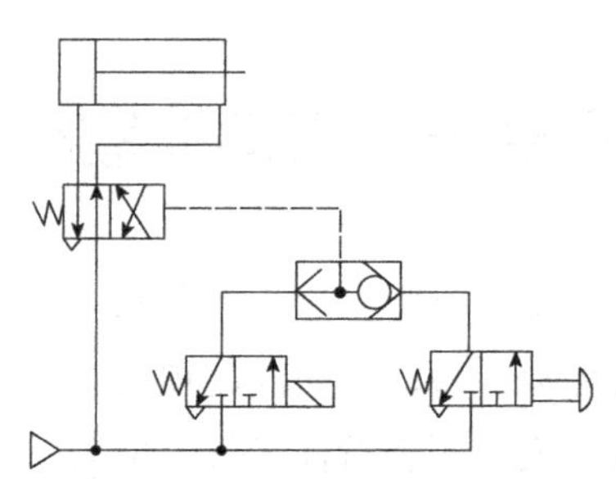

图 5-3　或门型梭阀在手动–自动换向回路中的应用

（3）与门型梭阀。与门型梭阀又称双压阀。与门型梭阀有两个进气口 P_1 和 P_2，只有 P_1 口和 P_2 口同时进气，A 口才有输出，这种阀相当于两个单向阀的组合。

图 5-4 所示为与门型梭阀。当 P_1 口或 P_2 口单独输入压缩空气时，阀芯被推向右边或左边，如图 5-4（a）、（b）所示，此时 A 口无输出；只有当 P_1 口和 P_2 口同时输入相同压力的压缩空气时，A 口才有输出，如图 5-4（c）所示；当 P_1 口和 P_2 的压力不等时，高压侧进气口关闭，低压侧进气口与 A 口相通。图 5-4（d）所示为与门型梭阀的图形符号。

与门型梭阀的应用很广泛，图 5-5 所示为与门型梭阀在钻床控制回路中的应用。行程阀 1 为工件定位信号，行程阀 2 为夹紧工件信号。只有两个信号同时发出，与门型梭阀 3 才有输出，才能使换向阀 4 切换，钻孔气缸 5 进给，钻孔开始。

（4）快速排气阀。快速排气阀的作用是使气动控制元件或装置快速排气，以增大气缸活塞的运动速度。通常气缸排气时气体是从气缸经管路由换向阀的排气口排出的，如果从气缸到换向阀的管路较长，而换向阀的排气口又较小，则排气阻力较大，排气时间较长，气缸活塞的运动速度较小。此时，若采用快速排气阀，则气缸内的气体能直接快速排到大气中，增大气缸活塞的运动速度。

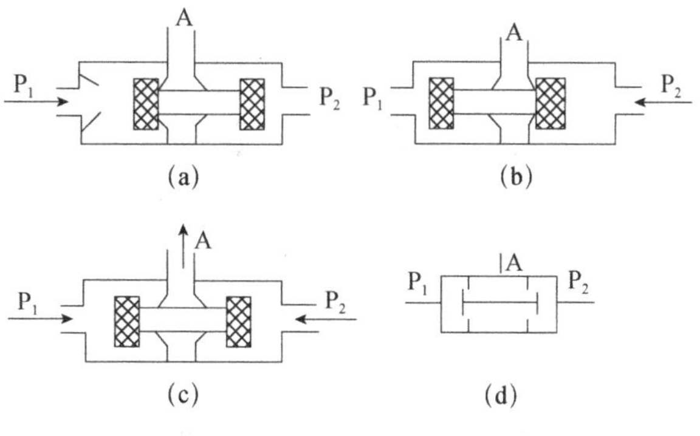

图 5-4　与门型梭阀

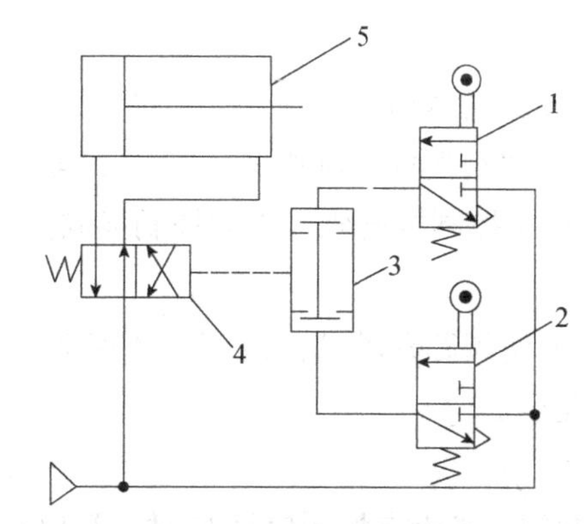

1、2—行程阀；3—与门型梭阀；4—换向阀；5—钻孔气缸。

图 5-5　与门型梭阀在钻床控制回路中的应用

快速排气阀如图 5-6 所示。当进气口 P 有压缩空气进入时，将密封活塞迅速向上推，开启阀口 2，同时关闭排气口 1，使进气口 P 与工作口 A 相通，如图 5-6（a）所示；当 P 口没有压缩空气进入时，在 A 口气压作用下，密封活塞迅速下降，关闭 P 口，使 A 腔通过排气口 1 经 O 口快速排气，如图 5-6（b）所示。图 5-6（c）所示为快速排气阀的图形符号。

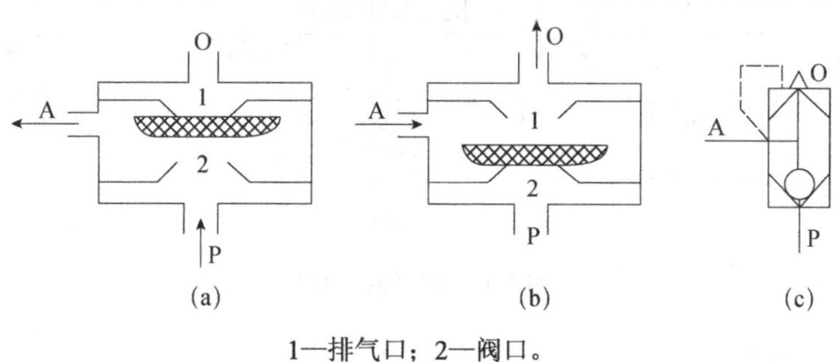

1—排气口；2—阀口。

图 5-6　快速排气阀

快速排气阀的应用回路如图 5-7 所示。在实际应用中，快速排气阀应配置在需要快速排气的气动执行元件附近，否则会影响快速排气效果。

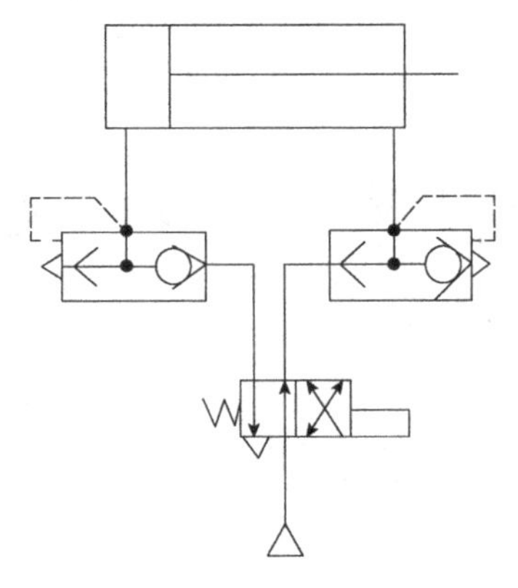

图 5-7　快速排气阀的应用回路

2. 换向型控制阀

换向型控制阀的功能是改变气体通道，使气体流动方向发生变化，从而改变气动执行元件的运动方向。换向型控制阀根据控制阀芯的方式不同，可分为气控换向阀、电磁换向阀、气压延时换向阀、机械控制换向阀、人力控制换向阀和时间控制换向阀等。

（1）气控换向阀。

气控换向阀利用气体压力使阀芯移动从而改变气体流动方向。气控换向阀适用于易燃、易爆、潮湿、灰尘多的场合。

① 单气控换向阀。

图 5-8 所示为单气控换向阀。当没有控制信号 K 时，阀口在 P 口压力作用下关闭，阀处于排气状态，如图 5-8（a）所示；当输入控制信号 K 时，主阀阀芯下移，打开阀口使 P 口与 A 口相通，如图 5-8（b）所示。因此，该阀属于常闭型二位三通换向阀。当 P 口与 O 口换接时，该阀便成为常开型二位三通换向阀。图 5-8（c）所示为单气控换向阀的图形符号。

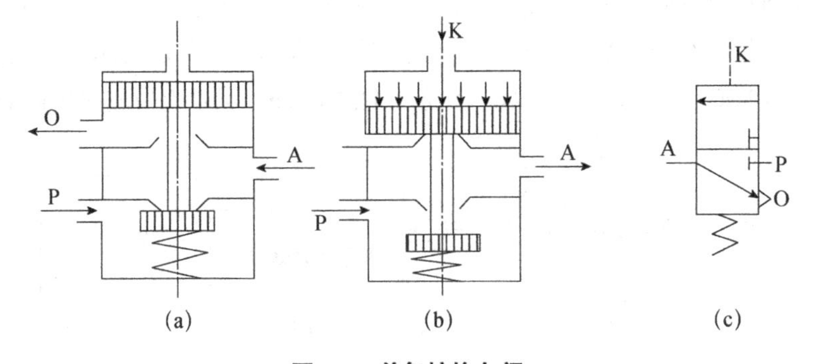

图 5-8　单气控换向阀

② 双气控换向阀。

图 5-9 所示为双气控滑阀式换向阀。当 K_1 口进入控制气体时，P 口与 B 口、A 口与

O_1口相通，如图 5-9（a）所示；当 K_2口进入控制气体时，P 口与 A 口、B 口与 O_2口相通，如图 5-9（b）所示。图 5-9（c）所示为双气控滑阀式换向阀的图形符号。

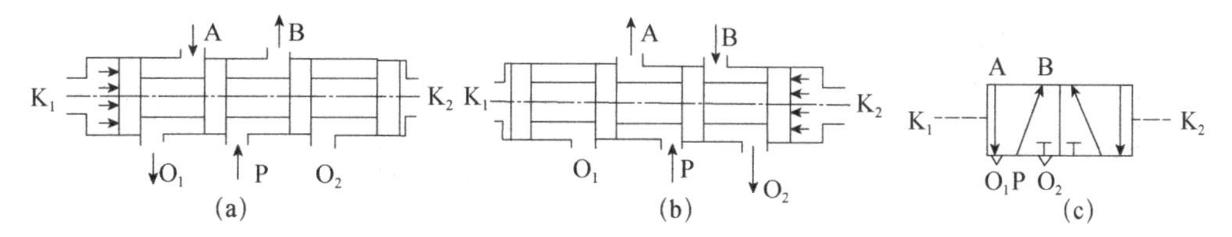

图 5-9　双气控滑阀式换向阀

（2）电磁换向阀。

气压传动中的电磁换向阀和液压传动中的电磁换向阀一样，也由电磁铁和主阀两部分组成，按控制方式不同可分为直动式电磁阀和先导式电磁阀两种。它们的工作原理分别与液压控制阀中的电磁换向阀和电液换向阀类似，只是二者的工作介质不同而已。

① 直动式电磁阀。

直动式电磁阀由电磁铁直接推动换向阀阀芯来实现换向，可分为直动式单电磁铁换向阀和直动式双电磁铁换向阀两种。直动式单电磁铁换向阀如图 5-10 所示。图 5-10（a）所示为原始状态，A 口与 O 口相通；图 5-10（b）所示为通电状态，P 口与 A 口相通；图 5-10（c）所示为直动式单电磁铁换向阀的图形符号。

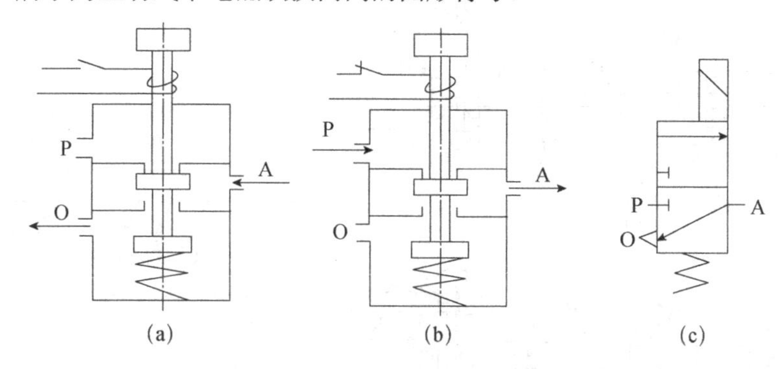

图 5-10　直动式单电磁铁换向阀

图 5-11 所示为直动式双电磁铁换向阀。图 5-11（a）所示为 1 通电、2 断电时的状态，图 5-11（b）所示为 2 通电、1 断电的状态，图 5-11（c）所示为直动式双电磁铁换向阀的图形符号。直动式双电磁铁换向阀的两个电磁铁只能交替通电，不能同时通电，否则会产生误动作。由于该阀没有复位弹簧，因此称这种阀具有记忆功能。所谓记忆功能，是指当有控制信号时阀位按电磁铁的通电情况动作，而当控制信号消失以后阀位仍维持原状不变的功能。

② 先导式电磁阀。

先导式电磁阀由电磁先导阀和主阀两部分组成。先用先导阀的电磁铁控制气路，产生先导压力，再用先导压力推动主阀阀芯，实现换向。一般先导式电磁阀都单独制成通用件，既可用于先导控制，也可用于气体流量较小的直接控制。先导式电磁阀可分为先导式单电磁铁换向阀和先导式双电磁铁换向阀两种。

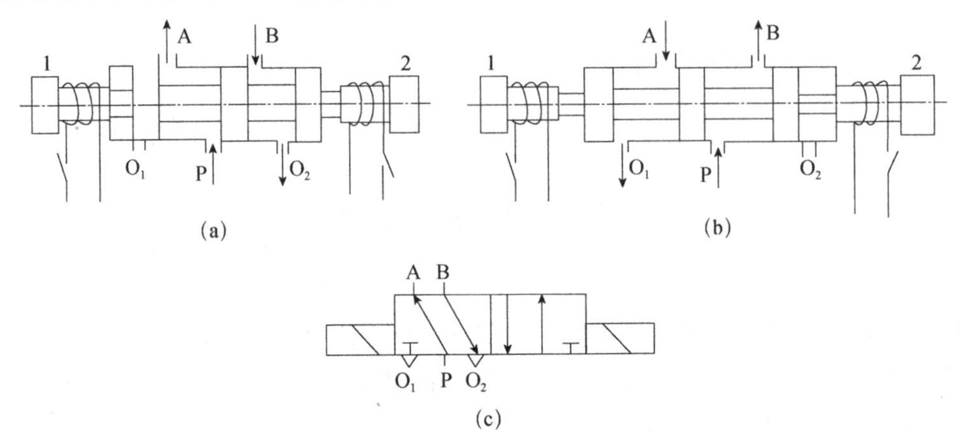

图 5-11　直动式双电磁铁换向阀

图 5-12 所示为先导式双电磁铁换向阀。图 5-12（a）所示为电磁先导阀 1 通电、2 断电时的状态，图 5-12（b）所示为电磁先导阀 2 通电、1 断电时的状态，图 5-12（c）所示为先导式双电磁铁换向阀的图形符号。

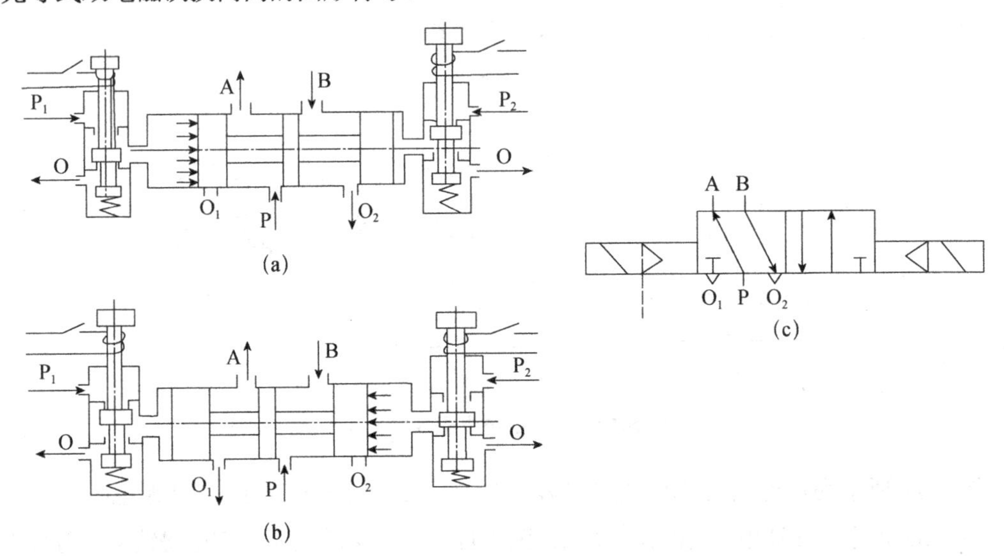

图 5-12　先导式双电磁铁换向阀

（3）气压延时换向阀。

气压延时换向阀在功能上相当于时间继电器。图 5-13 所示为二位三通气压延时换向阀，它是由延时部分和换向部分组成的。当无气控信号时，P 口与 A 口断开；当有气控信号时，气体从 K 口输入，经可调节流阀节流后到气容 a 内，使气容不断充气，直到气容内的气压上升到某个值时，使阀芯由左向右移动，使 P 口和 A 口接通，A 口有输出。当气控信号消失后，气容内气体经单向阀由 K 口排出。这种阀的延时时间可在0～20s 的范围内调整。

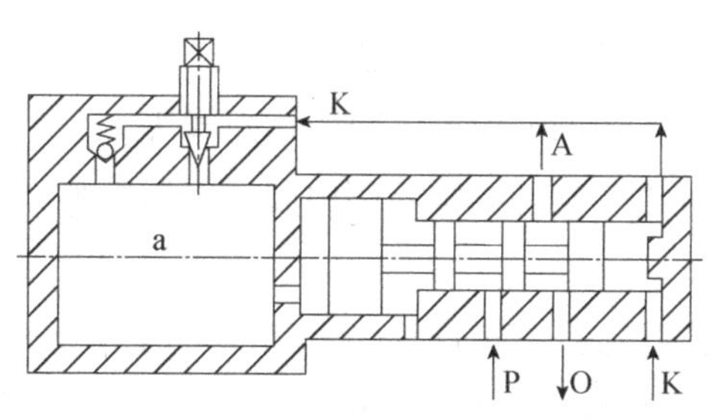

图 5-13　二位三通气压延时换向阀

（4）机械控制换向阀。

机械控制换向阀靠机械（行程挡块等）或人力（手动或脚踏等）来使阀产生切换动作，其工作原理和相应的液压控制阀基本相同，在此不再赘述。

想一想

1. 气控换向阀和液压换向阀的图形符号有哪些不同之处？

2. 试画出下列元件的图形符号：或门型梭阀、与门型梭阀、二位三通单气控换向阀、三位五通电气控换向阀。

3. 图 5-13 所示的二位三通气压延时换向阀的延时时间如何调节？

任务二　压力控制阀

压力控制阀主要用来控制气动系统中气体压力的大小，满足气动系统对各种不同压力的需要，其基本都是利用压缩空气的压力和弹簧力相平衡的原理来工作的。

由于液压系统使用不可压缩的液压油作为工作介质，而气动系统使用可压缩的空气作为工作介质，因此气动系统与液压系统最大的一个不同点是，液压系统中的液压油由安装在每个设备上的液压泵直接提供，并用溢流阀稳压后供后面的液压元件使用，而气动系统则先将压力比使用压力高的压缩空气存储在储气罐中，然后将其经减压阀减压到系统所需的压力后输送给气动元件使用。因此，每个气动装置的供气压力都要用减压阀（在气动系统中又称为调压阀）来降低，并保持供气压力稳定。对于低压控制系统（如气动测量系统），除要用减压阀降低供气压力以外，还要用精密减压阀（或定值器）降压以获得更稳定的供气压力。当输入压力在一定范围内变化时，这类压力控制阀能保持输出压力不变。当管路中的压力超过允许压力时，为了保证气动系统的工作安全，往往需要用溢流阀来实现自动排气，以使系统压力降低。有些气动装置中不便安装行程阀而要依靠气压的大小来控制两个以上气动执行机构的顺序动作，能实现这种功能的压力控制阀称为顺序阀。气动系统的压力控制阀可分为以下三类。

（1）起降压、稳压作用的减压阀、定值器。

（2）起限压、安全保护作用的溢流阀、限压切断阀等。

（3）根据管路压力不同进行某种控制的顺序阀、平衡阀等。

1. 减压阀

图 5-14 所示为直动式减压阀。当沿顺时针方向转动调节手轮 1 时，调压弹簧 2（实际上有两个弹簧）推动下弹簧座 3、膜片 4 和阀芯 5 向下移动，使阀口 8 开启，气流通过减压阀口，压力降低后从右侧出口输出。与此同时，有一部分气流通过阻尼孔 7 进入膜片室，在膜片上产生一个向上的推力与弹簧力相平衡，减压阀有稳定的压力输出。当输入压力 p_1 升高时，输出压力 p_2 随之升高，使膜片下的压力也升高，将膜片向上推，阀芯 5 在复位弹簧 9 的作用下上移，从而使阀口 8 的开度减小，节流作用增强，使输出压力降低到调定压力；当输入压力降低时，输出压力随之降低，膜片下移，阀口开度增大，节流作用减弱，使输出压力回到调定压力，以维持稳定的压力输出。

转动调节手轮 1 以控制阀口开度的大小，即可控制输出压力的大小。目前常用的 QTY 型减压阀的调压范围为 0.05～0.63MPa。为了限制气体流过减压阀所造成的压力损失，规定气流在减压阀内的流速应在 15～25m/s 范围内。

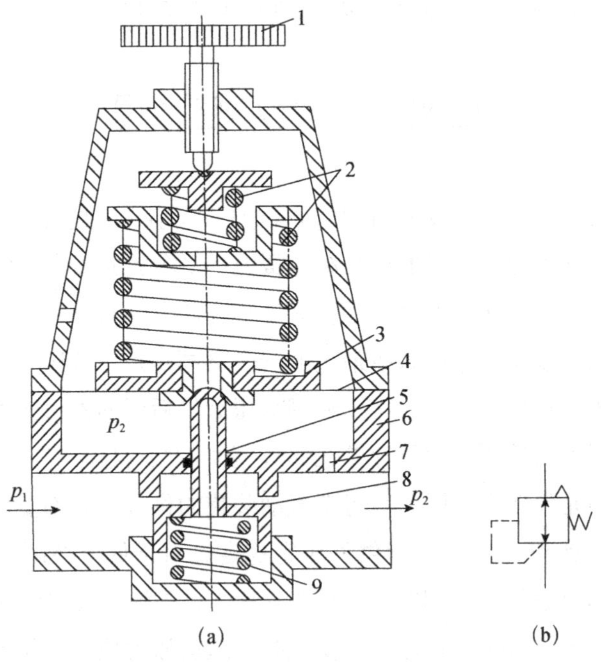

1—调节手轮；2—调压弹簧；3—下弹簧座；4—膜片；5—阀芯；6—阀套；
7—阻尼孔；8—阀口；9—复位弹簧。

图 5-14 直动式减压阀

在安装减压阀时，要根据气流方向和减压阀上所示的箭头方向，按照空气过滤器→减压阀→油雾器的安装次序进行安装。调压时应由低到高调，直至达到规定的调定压力。减压阀不用时应将调节手轮放松，以免膜片变形。

2. 溢流阀

溢流阀的作用是当系统压力超过调定压力时，自动向外排气，使系统压力降低，以保证系统安全、可靠地工作，因此溢流阀也称安全阀。溢流阀按控制方式可分为直动式溢流阀和先导式溢流阀两种。

（1）直动式溢流阀。直动式溢流阀如图 5-15 所示。当气体作用在阀芯 3 上的力小于弹簧 2 的作用力时，阀处于关闭状态。当系统压力升高，气体作用在阀芯 3 上的力大于弹簧 2 的作用力时，气流推开阀芯，由阀口向外排气，使系统压力基本稳定在调定压力，确保系统安全、可靠地工作。调整弹簧的预压缩量即可改变其调定压力的大小。

（2）先导式溢流阀。先导式溢流阀如图 5-16 所示。先导式溢流阀的先导阀为减压阀，由减压阀减压后的空气从上部控制口 C 进入阀内，以代替直动式溢流阀中的弹簧来控制溢流阀，因此不会出现调压弹簧在阀口不同开度时的作用力不同而使调定压力产生变化的情况。先导式溢流阀的压力流量特性较好，适用于大流量和远距离控制的场合。

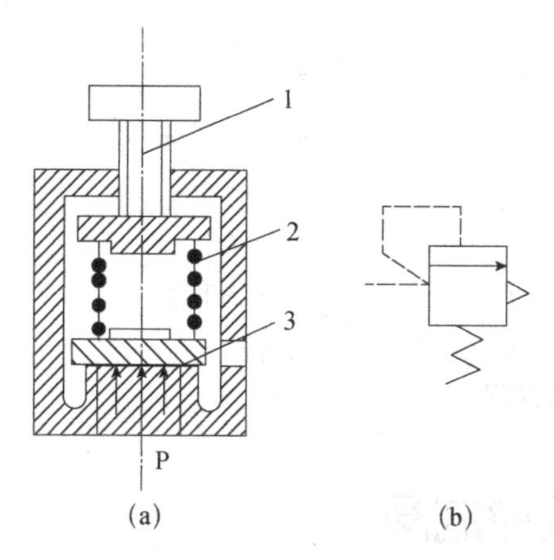

1—调节杆；2—弹簧；3—阀芯。

图 5-15　直动式溢流阀

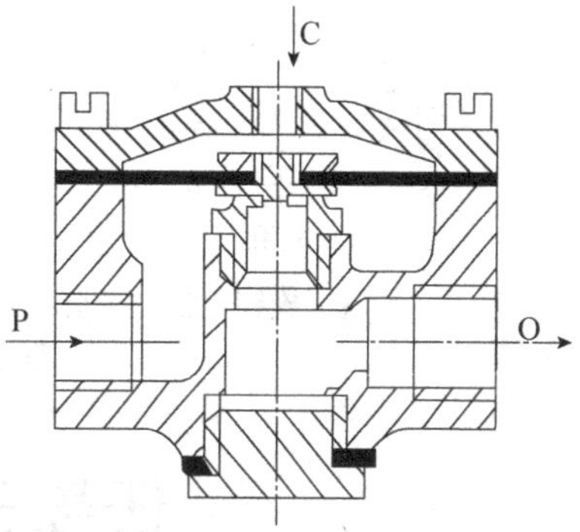

图 5-16　先导式溢流阀

3. 顺序阀

顺序阀是依靠管路中压力的变化来控制各气动执行元件按顺序动作的压力控制阀。顺序阀如图 5-17 所示，它通过调节弹簧的压缩量来控制其开启压力。当输入压力达到顺序阀的调定压力时，阀口打开，压缩空气从 P 口进入，从 A 口输出；反之，阀口关闭，A 口无输出。

在实际中，顺序阀常与单向阀制作在一起，构成单向顺序阀。图 5-18 所示为单向顺序阀。压缩空气由 P 口进入气腔 4 后，当作用在活塞 3 上的力小于弹簧 2 的作用力时，阀口处于关闭状态。当作用在活塞 3 上的力大于弹簧 2 的作用力时，活塞被顶起，压缩空气经过气腔 4 流入气腔 5 并由 A 口流出，之后进入其他气动控制元件或气动执行元件，此时单向阀 6 的阀口关闭。当压缩空气反向流动时，之前的 P 口变成排气口，输入侧压力将顶开单向阀 6 向外排气，如图 5-18（b）所示。调节旋钮 1 就可改变单向顺序阀的开启压力，以便在不同的开启压力下控制气动执行元件的动作顺序。

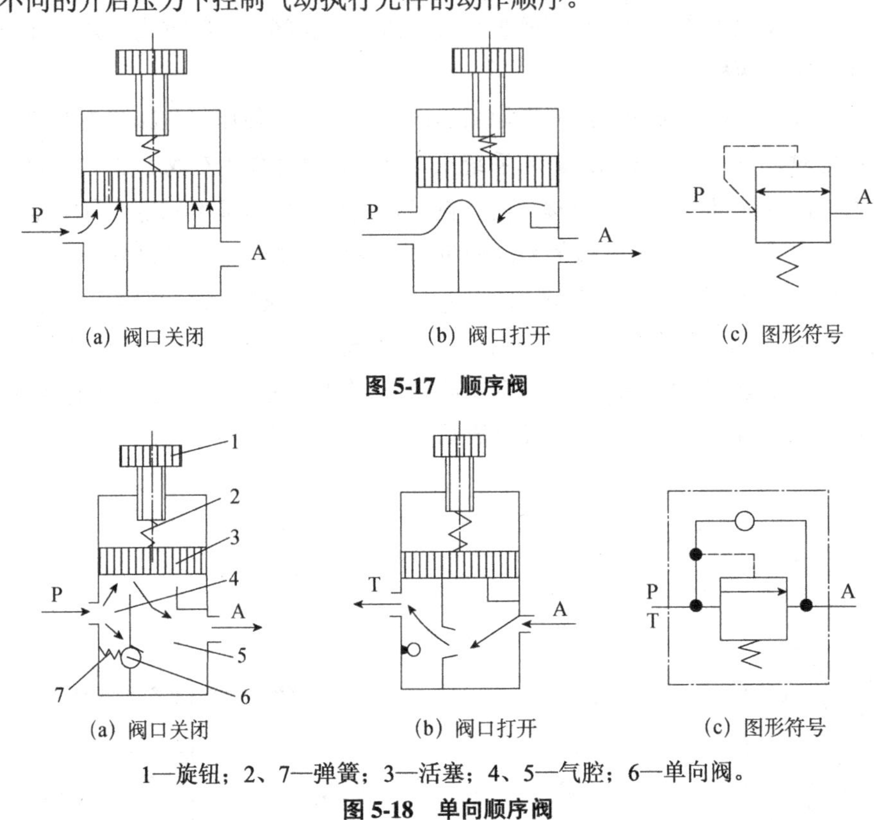

(a) 阀口关闭　　(b) 阀口打开　　(c) 图形符号

图 5-17　顺序阀

(a) 阀口关闭　　(b) 阀口打开　　(c) 图形符号

1—旋钮；2、7—弹簧；3—活塞；4、5—气腔；6—单向阀。

图 5-18　单向顺序阀

任务三　流量控制阀

在气动系统中，经常要求控制气动执行元件的运动速度，这要靠调节压缩空气的流量来实现。用来控制气体流量的阀称为流量控制阀。流量控制阀是通过改变阀的通流截面面积来实现流量控制的元件，包括节流阀、单向节流阀、排气节流阀和柔性节流阀等。

由于节流阀和单向节流阀的工作原理与相应的液压控制阀相似，所以在此不再赘述。本任务仅对排气节流阀和柔性节流阀进行简要介绍。

1. 排气节流阀

因为气动系统中的废气可以直接排入大气，所以可以在排气口处安装节流阀以调节排气速度，这种阀称为排气节流阀。

排气节流阀的节流原理和液压系统中的节流阀一样，也是靠调节通流截面面积来控制流量的。它们的区别是，液压系统中的节流阀通常安装在系统中用于调节液压油的流量，而排气节流阀只能安装在排气口处，用于调节排入大气的流量，以此来调节气动执行元件的运动速度。图 5-19 所示为排气节流阀。气体从 A 口进入阀内，由节流口 1 节流后经消声套 2 排出，因此它不仅能调节气动执行元件的运动速度，还能起到减小排气噪声的作用。

排气节流阀通常安装在换向阀的排气口处与换向阀联用，起到单向节流阀的作用。它实际上是节流阀的一种特殊形式。排气节流阀由于结构简单、工作可靠、安装方便，并且能简化回路，因此应用广泛。

2. 柔性节流阀

图5-20所示为柔性节流阀，它依靠阀杆夹紧柔韧的橡胶管，改变通流截面面积，从而起到节流作用。用气体压力来代替阀杆压缩橡胶管，同样可以起到节流作用。柔性节流阀结构简单、造价低、故障率低、流量控制范围宽、动作可靠、对污染不敏感，通常工作压力范围为 0.3～0.63MPa。

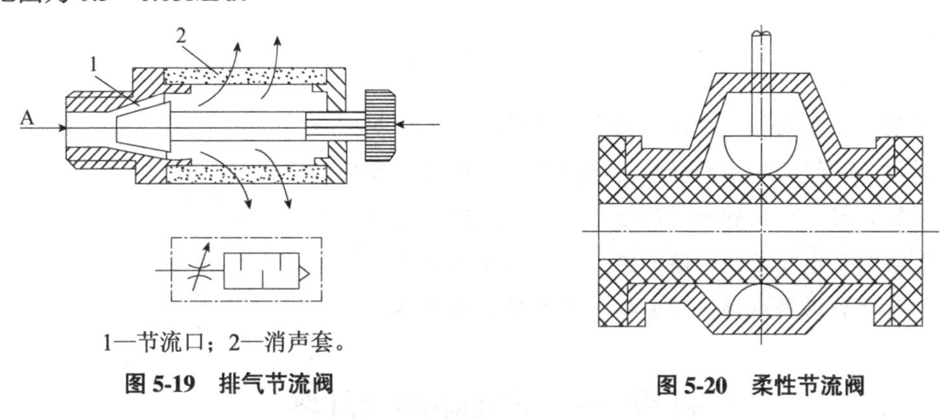

1—节流口；2—消声套。

图 5-19　排气节流阀

图 5-20　柔性节流阀

练习题

5-1　气压传动与液压传动中的溢流阀、减压阀、顺序阀在工作原理、结构及应用上有何异同？

5-2　气压传动中的流量控制阀有几种？与液压传动的流量控制阀相比在工作原理、结构、种类及应用上有何异同？

5-3　梭阀和双气控换向阀的结构原理是什么？用于何种场合？在逻辑回路中起什么作用？

5-4　试将单气压控制二位五通换向阀改造成下列各阀：

（1）二位二通常开阀；（2）二位二通常断阀；（3）二位二通常开阀；（4）二位四通换向阀。

项目六　气动基本回路

你知道吗?

气动系统不论如何复杂，总是由一些气动基本回路组成。所谓气动基本回路，是指由若干个气动元件组成的且能够完成某种特定功能的回路。例如，用来控制气动执行元件运动方向的方向控制回路；用来控制气动系统或某一支路压力的压力控制回路；用来控制气动执行元件运动速度的速度控制回路等。熟悉和掌握典型的气动基本回路的组成、工作原理和性能，为分析、设计、使用和维护各种气动系统打下基础。

学习目标

- ✧ 了解常用方向控制回路的组成、工作原理及特点。
- ✧ 掌握各种换向回路的功能，学会合理选择换向回路。
- ✧ 了解常用压力控制回路的组成、工作原理及特点。
- ✧ 掌握常用速度控制回路的组成、工作原理及特点。
- ✧ 初步学会根据生产实际需要选用气动基本回路。

任务一　方向控制回路

一、单作用气缸换向回路

图 6-1 所示为单作用气缸换向回路。图 6-1（a）所示为用二位三通电磁换向阀控制的单作用气缸换向回路，当电磁铁通电时，气缸活塞杆向上伸出；当电磁铁断电时，气缸活塞杆在弹簧的作用下缩回。图 6-1（b）所示为用三位四通电磁换向阀控制的单作用气缸换向与停止回路，该回路在两电磁铁均断电时能自动对中，使气缸活塞可停在任意位置，但定位精度不高。

二、双作用气缸换向回路

图 6-2 所示为双作用气缸换向回路。图 6-2（a）所示为比较简单的双作用气缸换向回

路；在如图 6-2（b）、（c）所示的回路中，当有气控信号 K 时，活塞杆伸出，反之活塞杆退回；图 6-2（d）、（e）、（f）所示的回路两端的电磁铁或按钮不能同时操作，否则将出现误动作，相当于具有双稳的逻辑功能；图 6-2（f）所示的回路还有可在中间任意位置停止的功能，但定位精度不高。

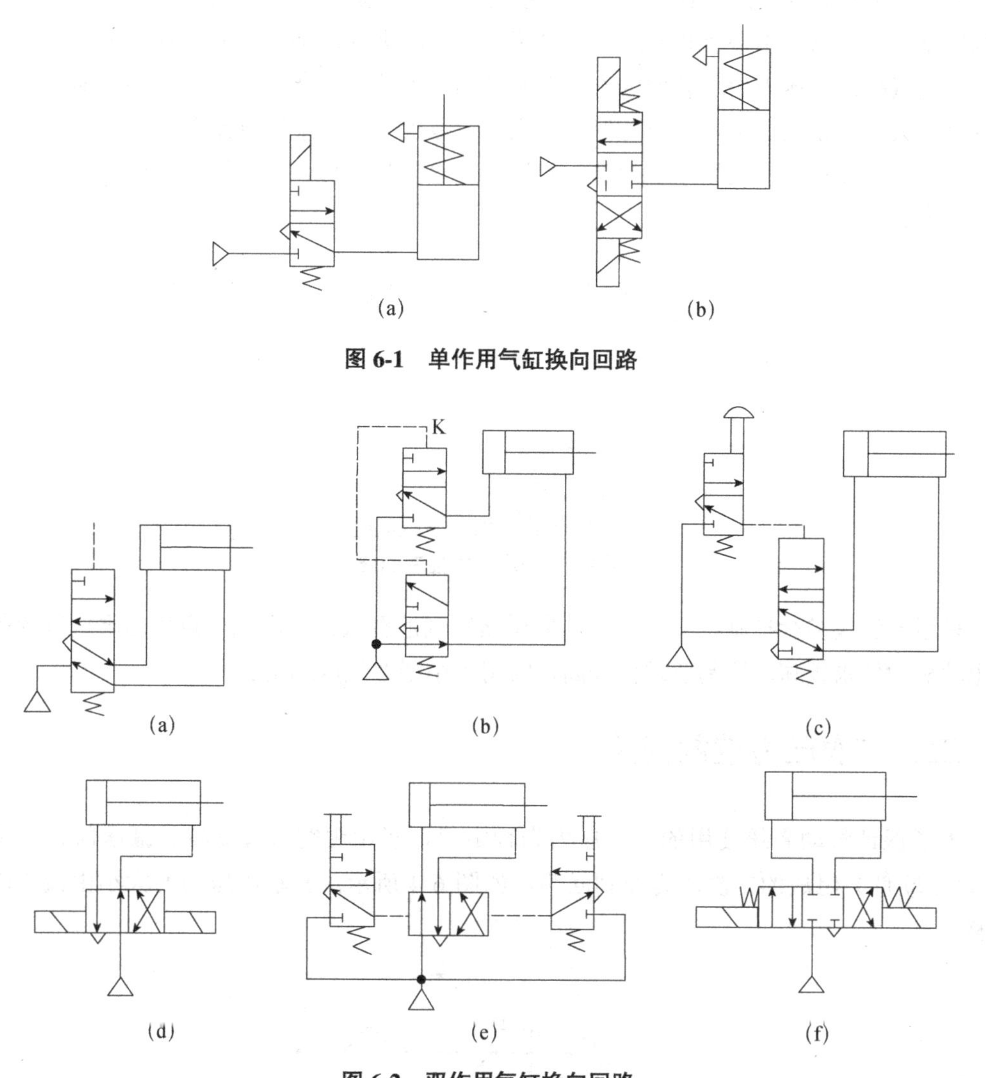

图 6-1　单作用气缸换向回路

图 6-2　双作用气缸换向回路

任务二　压力控制回路

压力控制回路的功能是使气动系统的压力保持在某一规定的范围内，或者使回路得到高低不同的压力。常用的压力控制回路有一次压力控制回路、二次压力控制回路和高低压转换回路。

一、一次压力控制回路

一次压力控制回路用于使储气罐内的压力不超出规定的范围。图 6-3 所示为一次压力控制回路，它可以采用外控式溢流阀或电接点压力表进行控制。当采用溢流阀 2 进行控制时，若储气罐内的压力超过其调定值，则溢流阀 2 开启，空气压缩机输出的压缩空气由溢流阀排入大气，使储气罐内的压力保持在规定的范围内。当采用电接点压力表 1 进行控制时，可用它直接控制空气压缩机的停止和运转，这样也可保证储气罐内的压力保持在规定的范围内。

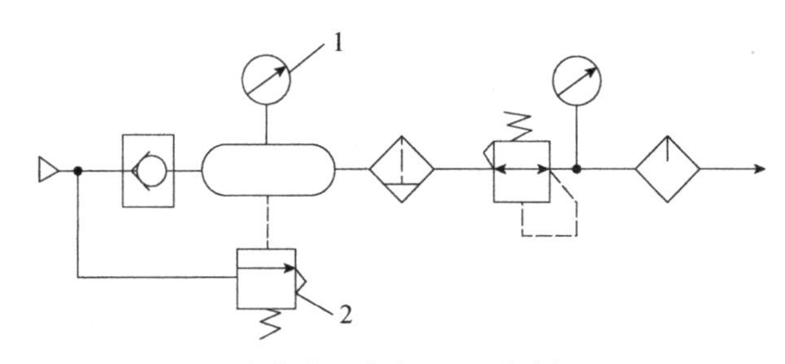

1—电接点压力表；2—溢流阀。

图 6-3　一次压力控制回路

采用溢流阀进行控制，工作可靠，但压缩空气浪费大；采用电接点压力表进行控制，对电动机的要求较高，控制要求也较高，常用于小型空气压缩机。

二、二次压力控制回路

为了保证气动系统使用的气体压力为稳定值，多用由空气过滤器、减压阀、油雾器（气动三联件）组成的二次压力控制回路，如图 6-4 所示，其输出压力的大小由减压阀来调整。

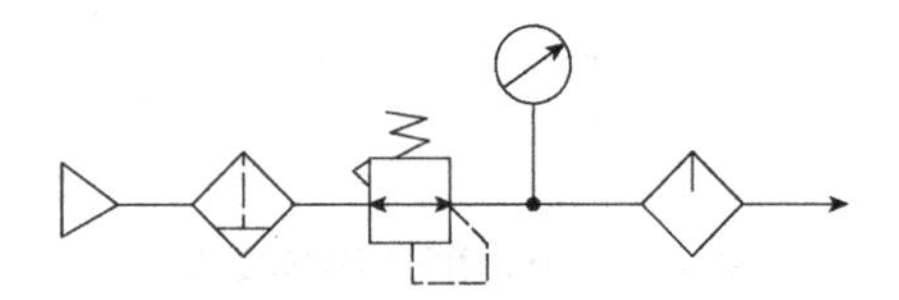

图 6-4　二次压力控制回路

三、高低压转换回路

在实际应用中，某些气动系统需要有高、低压的选择功能。图 6-5（a）所示的回路采用两个不同调定压力的减压阀，可同时输出两种不同压力的气体。图 6-5（b）所示为利用两个减压阀和一个换向阀构成的高低压自动转换回路。

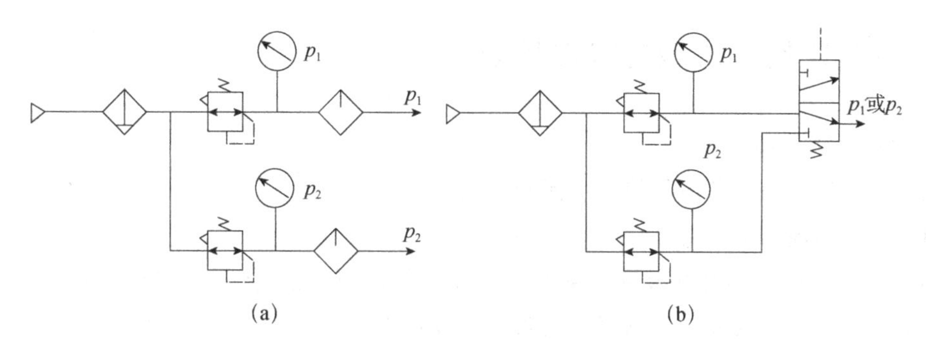

图 6-5　高低压转换回路

任务三　速度控制回路

一、单作用气缸速度控制回路

图 6-6 所示为单作用气缸速度控制回路。在如图 6-6（a）所示的回路中，气缸活塞升、降均通过节流阀调速。两个相反方向安装的单向节流阀可分别控制活塞的升、降速度。在如图 6-6（b）所示的回路中，气缸活塞上升时可调速，下降时则通过快速排气阀排气，使气缸活塞快速下降。

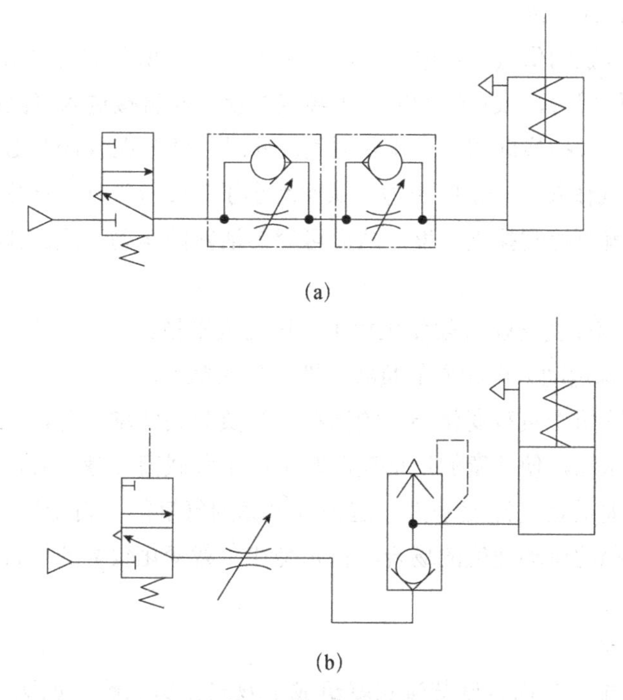

图 6-6　单作用气缸速度控制回路

二、双作用气缸速度控制回路

1. 单向调速回路。

双作用气缸有进气节流和排气节流两种调速方式。

（1）进气节流调速回路。

图 6-7（a）所示为进气节流调速回路。当气控换向阀处于图示位置时，来自气源的气体经节流阀进入气缸 A 腔，B 腔的气体经气控换向阀排出。当节流阀阀口开度较小时，由于进入 A 腔的气体流量较小，A 腔压力上升缓慢，当 A 腔压力能克服负载时，活塞向右运动，此时 A 腔容积增大，使压缩空气膨胀，A 腔压力下降，当作用在活塞上的力小于负载时，活塞停止运动。待 A 腔压力再次上升时，活塞再次向右运动。这种由于负载及供气的原因使活塞忽走忽停的现象，叫作气缸的“爬行”。进气节流调速回路的不足之处如下。

a. 当负载方向与活塞运动方向相反时，活塞运动易产生不平稳现象，即“爬行”现象。

b. 当负载方向与活塞运动方向一致时，由于排气经气控换向阀快排，几乎没有阻尼，负载易产生“跑空”现象，使气缸失去控制，因此进气节流调速回路多用于气缸垂直安装的场合。

（2）排气节流调速回路。

在水平安装的气缸的供气回路中常采用如图 6-7（b）所示的排气节流调速回路。当气控换向阀处于图示位置时，来自气源的气体经气控换向阀直接进入气缸的 A 腔，而 B 腔的气体必须经节流阀和气控换向阀后再排入大气。此时，活塞在 A 腔与 B 腔的压力差作用下右移，使 B 腔中的气体具有一定的压力，从而减小了“爬行”现象产生的可能性。调节节流阀阀口的开度，就可控制排气速度，从而可控制活塞的运动速度。排气节流调速回路有以下特点。

a. 活塞的运动速度变化随负载变化较小，运动较平稳。

b. 能承受与活塞运动方向相同的负载，即负值负载。

以上调速回路适用于负载变化不大的情况。当负载突然增大时，气体的可压缩性将迫使气缸内的气体被压缩，使活塞的运动速度减小；当负载突然减小时，气缸内被压缩的气体必然膨胀，使活塞的运动速度增大。这种现象称为气缸的“自走”。因此，在要求气缸活塞具有准确而平稳的运动速度的场合，特别是在负载变化较大的场合，须采用气控和液控相结合的调速方式。

2. 双向调速回路。

在气缸的进、排气口均装设节流阀就组成了双向调速回路，如图 6-8 所示。其中，图 6-8（a）所示为采用单向节流阀的双向调速回路，图 6-8（b）所示为采用排气节流阀的双向调速回路。

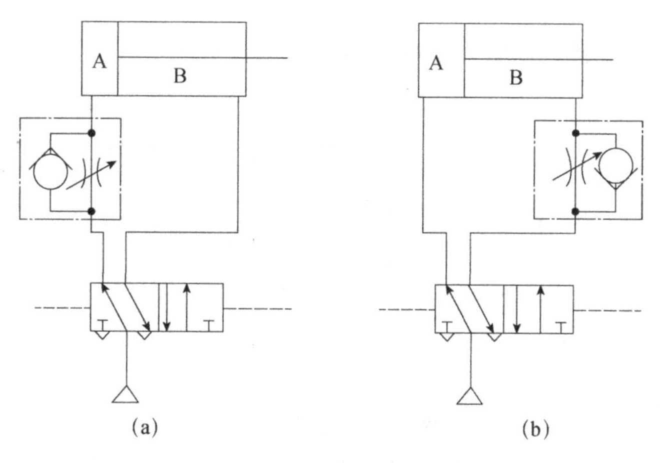

图 6-7　双作用气缸单向调速回路

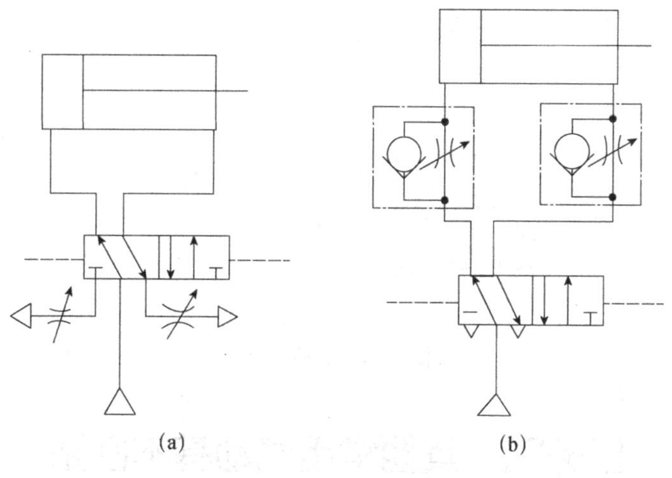

图 6-8　双向调速回路

三、速度换接回路

图 6-9 所示为速度换接回路。该回路中两个二位二通换向阀分别与两个单向节流阀并联，当运动部件上的挡块压下行程开关时，系统发出电信号使二位二通换向阀换向，改变排气通路，从而使气缸活塞的运动速度改变。行程开关的位置可根据需要确定。图 6-9 中的二位二通换向阀也可改用行程阀。

四、缓冲回路

当运动部件的质量较大、运动速度较大时，可采用如图 6-10 所示的缓冲回路。当活塞向右运动时，右腔中的气体经行程阀和换向阀后排出，当活塞快运动到行程末端，挡块压下行程阀后，气体只能经节流阀排出，这样便使活塞的运动速度减小，达到缓冲的目的。

调整行程阀的安装位置就可改变缓冲的起始时刻。

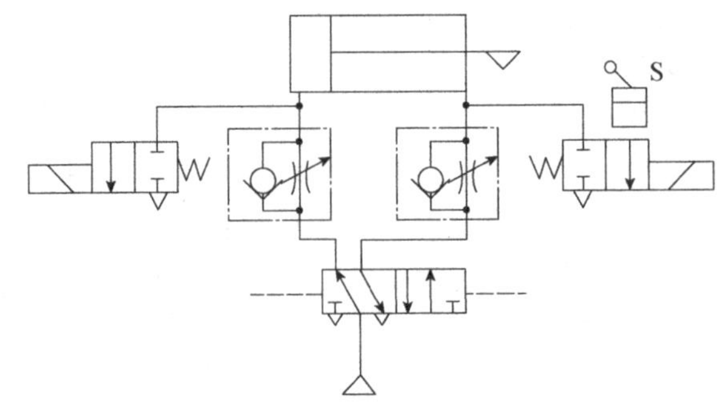

图 6-9　速度换接回路

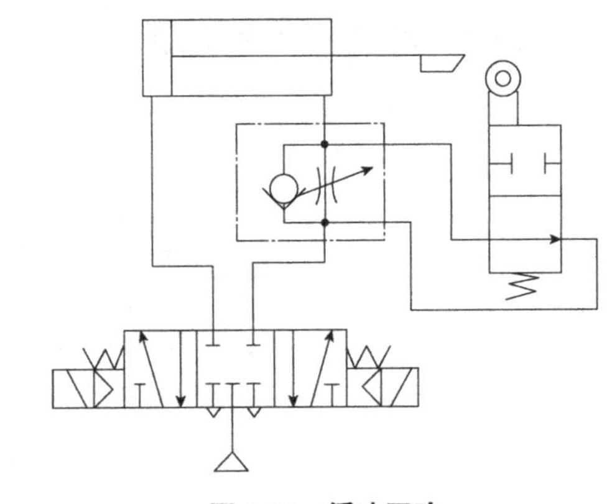

图 6-10　缓冲回路

任务四　其他常用气动基本回路

一、安全保护回路

由于气动系统过载、气压突然降低及气动执行机构的快速动作等都可能危及操作人员或设备的安全，因此在气动基本回路中常常要加入安全保护回路。需要指出的是，在任何气动基本回路，特别是安全保护回路中，都不可缺少过滤装置和油雾器，因为脏污空气中的杂物可能堵塞阀中的小孔与通路，使气动执行机构产生误动作。另外，缺乏润滑油很可能使阀卡死或发生磨损，以致整个系统的安全发生问题。下面介绍几种常用的安全保护回路。

1. 过载保护回路

图 6-11 所示为过载保护回路。按下阀 1 的按钮后，阀 4 切换至左位，气缸活塞向右运动。在活塞杆伸出的过程中，若遇到障碍物 6，则使气缸无杆腔压力升高，打开顺序阀 3，使阀 2 换向，阀 4 随即复位，活塞杆立即缩回，实现过载保护。若无障碍 6，则气缸活塞向右运动时，挡块压下行程阀 5 后，活塞杆立即缩回。

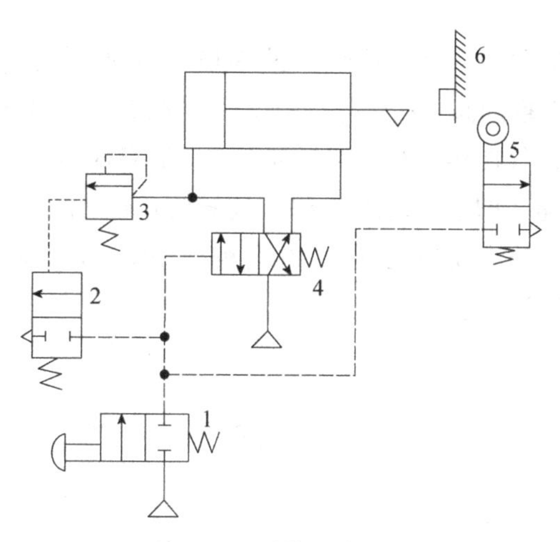

图 6-11　过载保护回路

2. 互锁回路

图 6-12 所示为互锁回路。在该回路中，主换向阀的气控口接三个串联的行程阀，只有三个行程阀全部接通时，主换向阀才能实现换向。

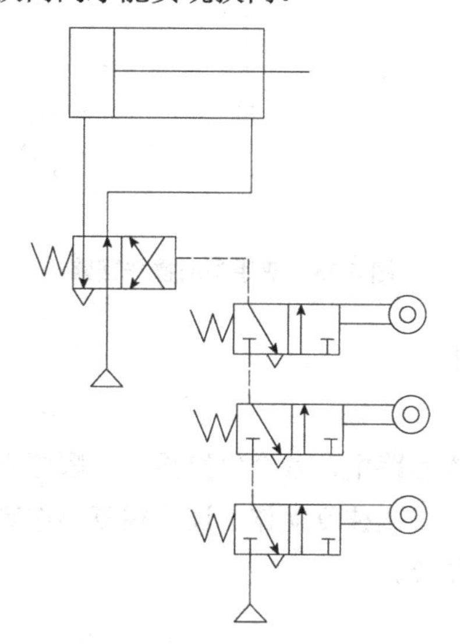

图 6-12　互锁回路

3. 双手同时操作回路

所谓双手同时操作回路，是指使用两个启动用的手动阀，只有同时按下两个手动阀才产生动作的回路。这种回路常用在锻造、冲压机械中，用来避免产生误动作，以保护操作人员的安全。

图 6-13（a）所示为使用两个手动阀的双手同时操作回路。为了使气控换向阀换向，必须使压缩空气信号进入其左侧气控口。为此，必须使两个三通手动阀同时换向，另外这两个手动阀必须安装在单手不能同时操作的位置上。在操作时，若任何一只手离开，则控

制信号消失，气控换向阀复位，活塞退回。图 6-13（b）所示为使用三位气控换向阀的双手同时操作回路。把气控换向阀 1 的信号 A 作为手动阀 2 和 3 的逻辑“与”回路，即当手动阀 2 和 3 同时动作时，气控换向阀 1 切换到上位，活塞杆伸出；把信号 B 作为手动阀 2 和 3 的逻辑“或非”回路，即当手动阀 2 和 3 同时松开时（图示位置），气控换向阀 1 切换到下位，活塞杆缩回。若手动阀 2 和 3 中任何一个动作，则将使气控换向阀复位到中位，此时气缸活塞处于停止状态。

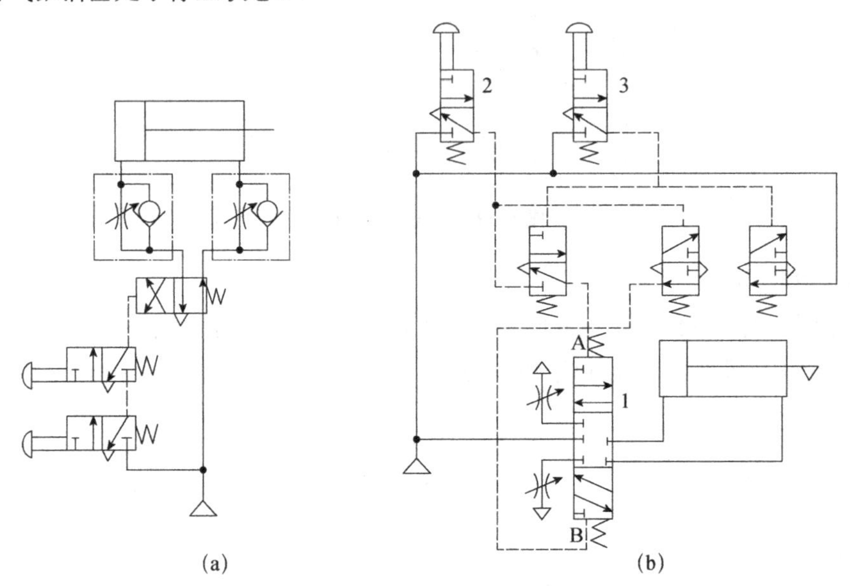

图 6-13　双手同时操作回路

二、顺序动作回路

顺序动作是指在气动基本回路中，各个气缸按一定顺序完成各自的动作。例如，单缸往复动作回路有单往复动作、二次往复动作、连续往复动作等，多缸顺序动作回路有单往复顺序动作及多往复顺序动作等。

1. 单缸往复动作回路

单缸往复动作回路可分为单缸单往复动作回路和单缸连续往复动作回路。前者输入一个信号后，气缸只完成一次往复动作；后者输入一个信号后，气缸可连续进行往复动作。

图 6-14 所示为单缸单往复动作回路。其中，图 6-14（a）所示为行程阀控制的单缸单往复动作回路。按下阀 1 的按钮后，阀 3 换向，活塞杆伸出，当挡块压下行程阀 2 时，阀 3 复位，活塞杆缩回，完成一个循环。图 6-14（b）所示为压力控制的单缸单往复动作回路。按下阀 1 的按钮后，阀 3 的阀芯右移，气缸无杆腔进气，活塞杆伸出，当活塞到达行程终点时，气压升高，打开顺序阀 2，使阀 3 换向，活塞杆缩回，完成一个循环。图 6-14（c）所示为利用阻容回路构成的时间控制单缸单往复动作回路。按下阀 1 的按钮

后，阀 3 换向，活塞杆伸出，当挡块压下行程阀 2 后，经过一定的时间后阀 3 才能换向，使活塞杆缩回，完成 A_1A_0（其中 A 表示气缸，下标“1”表示活塞杆伸出，下标“0”表示活塞杆缩回）的循环。由以上分析可知，在单缸单往复动作回路中，每按一次阀 1 的按钮，气缸可完成一个 A_1A_0 的循环。

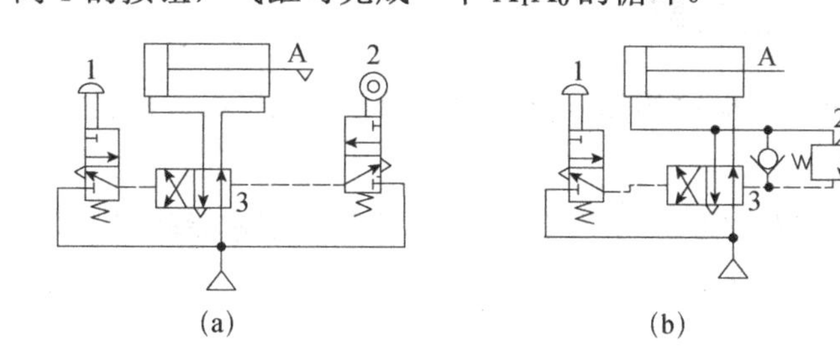

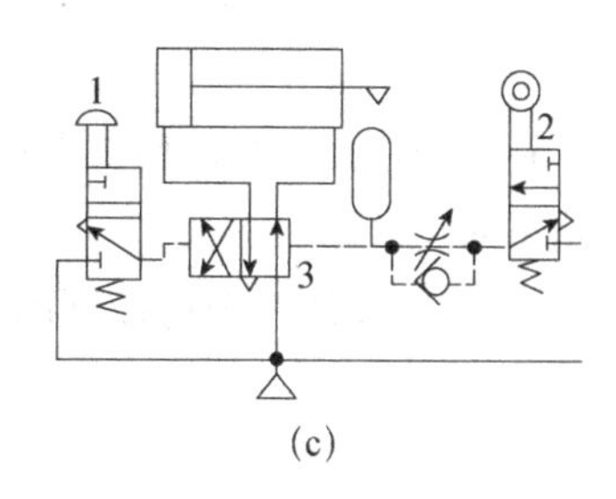

图 6-14　单缸单往复动作回路

图 6-15 所示为单缸连续往复动作回路。该回路能完成连续的动作循环。按下阀 1 的按钮后，阀 4 换向，活塞杆伸出，这时由于阀 3 复位将气路切断，使阀 4 不能复位，因此活塞杆继续伸出。活塞到达行程终点后，挡块压下行程阀 2，使阀 4 控制气路排气，阀 4 在弹簧力作用下复位，活塞杆缩回；活塞到达行程终点后，挡块压下行程阀 3，阀 4 换向，活塞杆再次伸出，实现了 $A_1A_0A_1A_0$……的连续往复动作。待提起阀 1 的按钮后，阀 4 复位，活塞杆缩回后活塞停止运动。

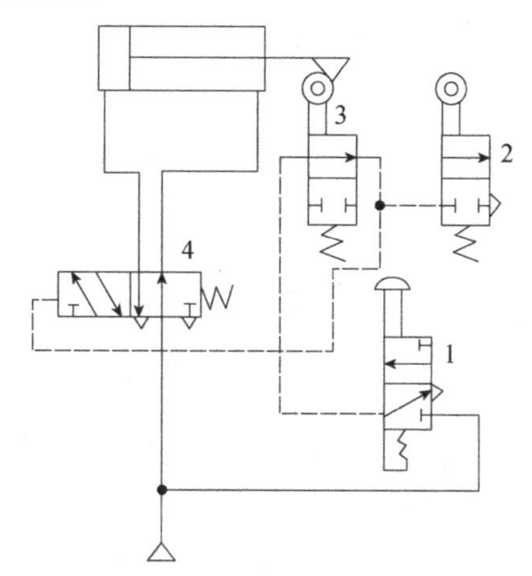

图 6-15　单缸连续往复动作回路

2. 多缸顺序动作回路

两个、三个或更多个气缸按一定顺序动作的回路，称为多缸顺序动作回路，其应用很广泛。在一个顺序动作循环里，若气缸只做一次往复运动，则称该回路为单往复顺序动作回路；若某些气缸做多次往复运动，则称该回路为多往复顺序动作回路。若用 A、B 表示气缸，用下标 1、0 表示活塞杆的伸出和缩回，则两个气缸的基本顺序动作有 $A_1B_1A_0B_0$、$A_1B_1B_0A_0$ 和 $A_1A_0B_1B_0$ 三种。而三个气缸的基本顺序动作有 15 种之多。这些顺序动作回路都属于单往复顺序动作回路，即在每个顺序动作循环里，气缸只做一次往复顺序动作。多往复顺序动作回路中一个或多个气缸要做两次或多次往复顺序动作，其动作顺序的形成方式比单往复顺序动作回路多得多，其逻辑控制回路也复杂得多。

练习题

6-1 利用两个双作用气缸、一个气动顺序阀和一个二位四通单电磁铁换向阀设计一个顺序动作回路。

6-2 试设计一个连锁回路，要求回路中双作用气缸动作后单作用气缸才能动作。

项目七　典型气动系统

你知道吗?

气动技术是实现工业生产自动化和半自动化的方式之一，其应用遍及国民经济生产的各个部门。由于气动系统使用安全、可靠，可以在高温、振动、腐蚀、易燃、易爆、多尘埃、强磁、辐射等恶劣环境下工作，所以气动技术的应用日益广泛。

学习目标

- ✧ 能读懂气动机械手气动系统原理图。
- ✧ 了解气动机械手气动系统的组成并能分析各元件在气动系统中的作用。
- ✧ 分析气动系统的特点。

任务一　气动机械手气动系统

机械手是自动化生产设备和生产线上的重要装备之一，它可以根据各种自动化生产设备的工作需要，按照预定的控制程序动作。因此，机械手在各种机械加工过程，如冲压、锻造、铸造、装配和热处理等过程中被广泛用于搬运工件，以减轻工人的劳动强度，也可实现自动取料、上料、卸料和自动换刀等功能。气动机械手是机械手的一种，它具有结构简单、质量轻、动作迅速且平稳、可靠和节能等优点，在设计机械手时被广泛采用。

图 7-1 所示为某专用设备上的气动机械手气动系统的结构示意图。该气动系统由 4 个气缸组成，分别用 A、B、C、D 表示，可在 3 个坐标系内工作。其中，A 缸为夹紧缸，其活塞杆缩回时夹紧工件，活塞杆伸出时松开工件；B 缸为长臂伸缩缸，可实现活塞杆的伸出和缩回动作；C 缸为立柱升降缸；D 缸为回转缸，其有两个活塞，分别装在带齿条的活塞杆两头，齿条的往复运动带动立柱上的齿轮旋转，从而实现立柱及长臂的回转。

图 7-2 所示为通用气动机械手气动系统原理图。该气动系统夹紧和松开工件依靠真空吸头来完成，故无 A 缸部分。要求气动系统完成的工作循环：立柱上升→伸出手臂→立柱顺时针旋转→真空吸头抓取工件→立柱逆时针旋转→真空吸头松开工件→缩回手臂→立柱下降。

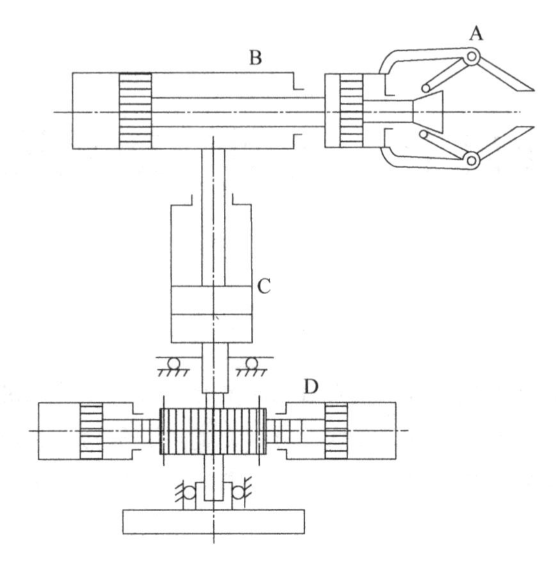

图 7-1　某专用设备上的气动机械手气动系统的结构示意图

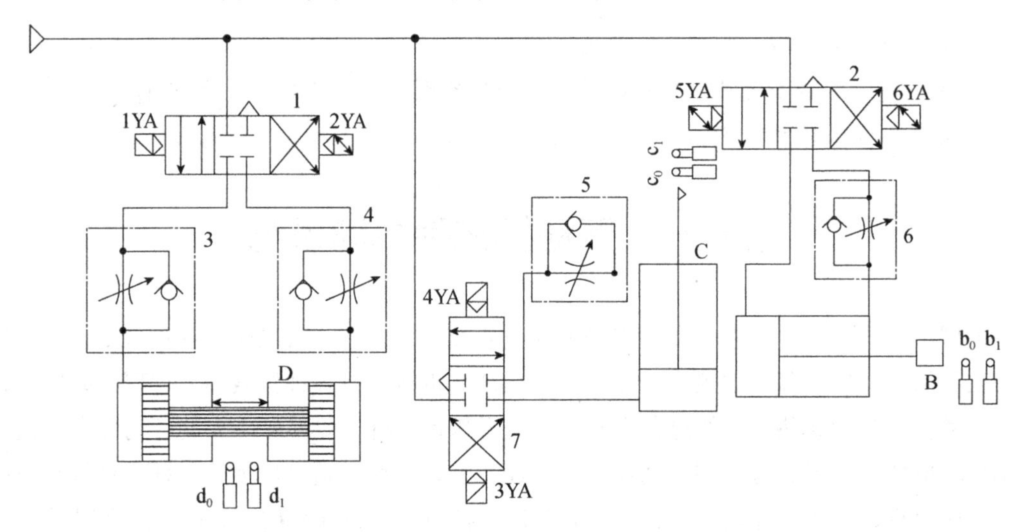

图 7-2　通用气动机械手气动系统原理图

该气动系统的工作原理如下。

（1）立柱上升。按下启动按钮，使 4YA 通电，阀 7 切换到上位，压缩空气进入 C 缸下腔，活塞杆（立柱）上升。

（2）伸出手臂。当 C 缸活塞杆上的挡块压下行程开关 c_1 时，4YA 断电、5YA 通电，阀 2 切换到左位，B 缸活塞杆（手臂）伸出。

（3）立柱顺时针旋转。当 B 缸活塞杆上的挡块压下行程开关 b_1 时，5YA 断电、1YA 通电，阀 1 切换到左位，D 缸活塞右移并通过齿轮齿条传动带动立柱顺时针旋转，带动真空吸头到工作位置并吸取工件。

（4）立柱逆时针旋转。当 D 缸活塞杆上的挡块压下行程开关 d_1 时，1YA 断电、2YA

通电，阀 1 切换到右位，D 缸活塞左移并通过齿轮齿条传动带动立柱逆时针旋转，带动真空吸头运动到卸料位置并松开工件。

（5）缩回手臂。当 D 缸复位，其活塞杆上的挡块压下行程开关 d_0 时，6YA 通电、2YA 断电，阀 2 处于右位，B 缸活塞杆（手臂）缩回。

（6）立柱下降。当 B 缸缩回，其活塞杆上的挡块碰到行程开关 b_0 时，6YA 断电、3YA 通电，阀 7 切换到下位，C 缸活塞杆（立柱）下降，下降到达原位时，挡块压下行程开关 c_0，使 3YA 断电，至此完成一个工作循环。如果再给启动信号，那么系统可进行同样的工作循环。

根据需要，只要改变电气行程开关的位置，调节单向节流阀阀口的开度，即可改变各气缸的行程和运动速度。

表 7-1 所示为通用气动机械手气动系统的电磁铁动作顺序表。

表 7-1　通用气动机械手气动系统的电磁铁动作顺序表

动作	电磁铁					
	1YA	2YA	3YA	4YA	5YA	6YA
立柱上升				+		
伸出手臂				−	+	
立柱顺时针旋转	+					
立柱逆时针旋转	−	+				
缩回手臂		−				+
立柱下降			+			−

注：电磁铁通电用“+”表示，反之用“−”表示。

想一想

1. 在气动机械手气动系统原理图中，所有的三位四通换向阀均采用 O 型中位机能，有什么作用？

2. 如何改变 4 个气缸的动作顺序？

3. 气动机械手和液压机械手的适用场合有何不同？

任务二　数控加工中心气动换刀系统

图 7-3 所示为数控加工中心气动换刀系统原理图。该气动系统在加工中心换刀过程中需要完成主轴定位、主轴松刀、拔刀、主轴锥孔吹气、停止吹气、插刀、刀具夹紧和主轴复位等动作，其工作原理如下。

（1）主轴定位。当数控系统发出换刀指令时，主轴停止旋转，同时 4YA 通电，压缩空气经气动三联件 1、换向阀 4（右位）、单向节流阀 5 进入定位缸 A， A 缸活塞左移，实现主轴定位。

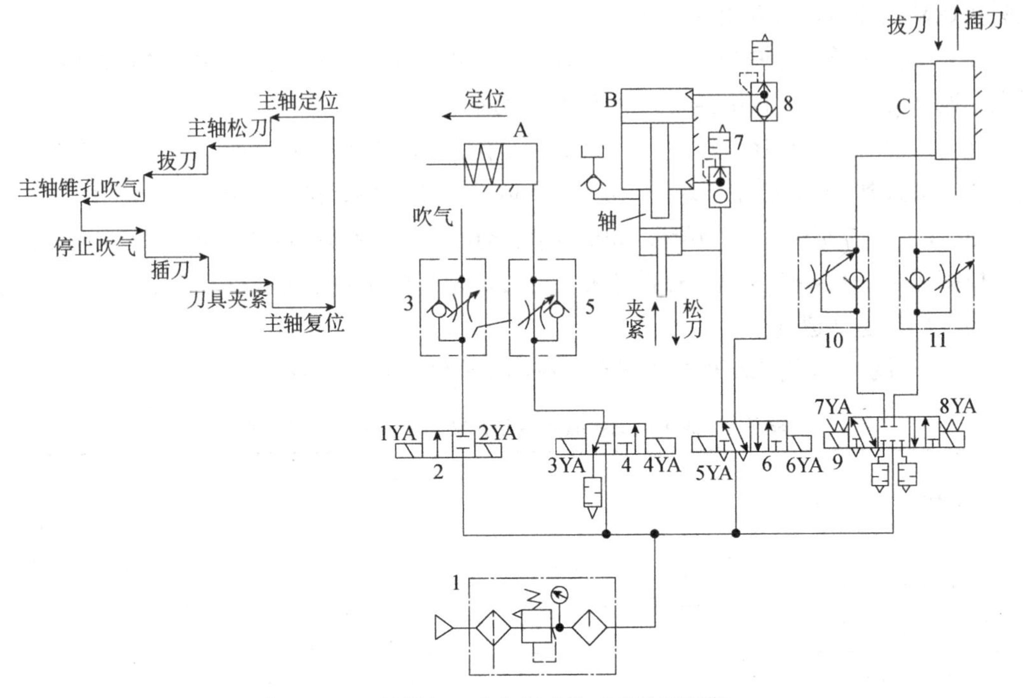

图 7-3 数控加工中心气动换刀系统原理图

（2）主轴松刀。主轴定位后，压下无触点开关，使 6YA 通电，压缩空气经换向阀 6（右位）、快速排气阀 8 进入气-液增压缸 B 上腔，其下腔气体通过快速排气阀 7 排出， B 缸活塞伸出，实现主轴松刀。

（3）拔刀。在主轴松刀时，使 8YA 通电，压缩空气经换向阀 9（右位）单向节流阀 11 进入 C 缸上腔，C 缸活塞伸出，实现拔刀。

（4）主轴锥孔吹气。当 1YA 通电时，压缩空气经换向阀 2（左位）、单向节流阀 3 排出，实现主轴锥孔吹气。

（5）停止吹气。当 2YA 通电、1YA 断电时，换向阀 2 切换到断开位置，实现停止吹气。

（6）插刀。当 8YA 断电、7YA 通电时，压缩空气经换向阀 9（左位）、单向节流阀 10 进入 C 缸下腔，C 缸上腔气体经单向节流阀 11、换向阀 9（左位）及消声器排出，C 缸活塞上移，实现插刀。

（7）刀具夹紧。当 6YA 断电、5YA 通电时，压缩空气经换向阀 6（左位）进入 B 缸下腔，B 缸上腔气体经消声器排出，B 缸活塞退回，主轴的机械机构使刀具夹紧。

（8）主轴复位。当 4YA 断电、3YA 通电时，A 缸活塞在弹簧力作用下复位，恢复到开始状态，换刀结束。

表 7-2 所示为数控加工中心气动换刀系统的电磁铁动作顺序表。

表 7-2　数控加工中心气动换刀系统的电磁铁动作顺序表

动作	电磁铁							
	1YA	2YA	3YA	4YA	5YA	6YA	7YA	8YA
主轴定位				+				
主轴松刀				+		+		
拔刀				+		+		+
主轴锥孔吹气	+			+		+		+
停止吹气	−	+		+		+		+
插刀				+		+	+	−
刀具夹紧				+	+	−		
主轴复位			+	−				

注：电磁铁通电用“+”表示，反之用“−”表示。

练习题

7-1　在如图 7-3 所示的数控加工中心气动换刀系统中，夹紧缸 B 为什么要采用气-液增压缸？

7-2　简述气动机械手气动系统的工作原理与特点。

项目八　气动系统的安装调试与维护

你知道吗？

气动系统广泛应用于各行各业，在不同的机械过程中发挥着重要作用。若气动系统的安装调试不正常或使用维护不当，就会出现各种故障，不能保持良好的工作性能。因此，必须熟悉气动系统的工作原理与所用气动元件的结构、功能，并应对其加强日常维护和管理。

学习目标

- ✧ 了解气动系统的安装与调试工作的步骤和方法。
- ✧ 初步掌握气动系统的安装与调试的基本技能。
- ✧ 掌握气动系统的维护及保养方法。
- ✧ 掌握气动系统的常见故障诊断及排除方法。

任务一　气动系统的安装与调试

一、气动系统的安装

气动系统的安装并不是简单地用气管道把各种阀连接起来就可以的，不仅要保证气动系统运行可靠、布局合理、安装工艺正确、维修及检测方便，还要注意以下几点。

1. 管道的安装

安装管道前要彻底清理管道内的粉尘及杂物；管道支架要牢固，工作时不得产生振动；接管时要充分注意密封性，防止出现漏气问题，尤其要注意接头处及焊接处；管路尽量平行布置，减少交叉，力求最短、转弯最少且能自由拆装；安装软管时要有一定的转弯半径，不允许有扭曲现象，并且应远离热源或安装隔热板。

2. 元件的安装

阀类元件应严格按照阀的推荐安装位置和阀上标明的安装方向进行安装；逻辑元件应按照控制回路的需要成组地安装在底板上，并在底板上开出气路，用软管接出；可移动气缸的中心线应与负载作用力的中心线重合，否则易产生侧向力，从而使密封件加速磨损、活塞杆弯曲；各种控制仪表、自动控制器、压力继电器等在安装前要正确选型并进行校验。

二、气动系统的调试

1. 调试前

调试前要熟悉说明书等有关技术资料，力求全面了解气动系统的原理、结构、性能及操作方法；了解元件在设备上的实际位置、元件的调试方法及旋钮的旋向；要准备好相应的调试工具等。

2. 空载运行

空载时运行时间一般不少于2h，并且要注意观察压力、流量、温度的变化，如发现异常应立即停车检查，待排除故障后方可继续运行。

3. 负载试运行

负载试运行应分段加载，运行时间一般不少于4h，分别测出相关数据，并做好试运转记录。

三、气动系统的使用及维护

1. 气动系统的使用

开启设备前后要排出气动系统中的冷凝水；定期给油雾器注油；开启设备前要检查各调节手柄是否在正确位置，机控阀、行程开关、挡块的位置是否正确、紧固；对导轨、活塞等外露部分的配合表面进行擦拭；随时注意压缩空气的清洁度，要定期清洗空气过滤器的滤芯，设备长期不用时应将各手柄放松，防止因弹簧发生永久变形而影响各元件的调节性能。

2. 气动系统的维护

气动系统必须经常维护检查，目的是防患于未然，及时发现气动元件及系统的故障先兆并进行处理，保证气动元件及系统正常工作，延长其使用寿命。气动系统的维护工作要注意以下几点。

（1）保证供给洁净的压缩空气。

压缩空气中通常都含有水分、油分、灰尘等杂质，水分会使管道、阀、气缸等发生腐蚀，油分会使橡胶、塑料元件变质，而进入阀体的灰尘是阀动作失灵的主要原因。因此，应选用合适的空气过滤器，以滤除压缩空气中的杂质。在使用空气过滤器时，应及时排出积存的液体，否则，当积存的液体接近挡水板时，气流仍可将积存物卷起。

（2）保证压缩空气中含有适量的润滑油。

大多数气动元件都要求适度的润滑，润滑不良将导致发生故障。例如，润滑不良可能会使摩擦阻力增大，从而造成气缸推力不足、阀芯动作失灵；可能会使密封材料发生磨损，从而造成空气泄漏；还可能会使气动元件生锈，从而造成气动元件的损伤及动作失灵。

气动系统一般采用油雾器进行喷雾润滑。油雾器一般安装在空气过滤器和减压阀之后，并应尽量靠近换向阀。油雾器与换向阀之间的距离通常按下述原则决定：油雾器与换向阀之间的管道容积应为气缸容积的 80%以下。当管道中装有节流阀时，上述容积比例应当减半。油雾器的供油量一般不宜过多，通常每 $10m^3$ 的自由空气供给 1mL 的油量（40～50 滴油）。检查润滑是否良好的一个方法是将一张清洁的白纸放在换向阀的排气口附近，如果换向阀在工作 3 到 4 个循环后白纸上只有很轻的斑点，则表明润滑良好。

（3）保证气动系统的密封性。

漏气不仅会增加系统能量的消耗，还会导致供气压力的下降，甚至会造成气动元件工作的失常。严重的漏气应利用仪表或用涂抹肥皂水的办法进行检查。

（4）保证气动元件中运动零件的灵敏性。

由空气压缩机排出的压缩空气中包含粒度为 0.01～0.8μm 的油粒。在排气温度为120～220℃的高温下，这些油粒会迅速氧化。氧化后的油粒颜色变深，黏性增大，并逐渐由液态固化成油泥。这种微米级以下的颗粒，一般通过空气过滤器无法滤除。它们在进入阀后会附着在阀芯上，使阀的灵敏度逐渐降低，甚至动作失灵。为了清除油泥，保证阀的灵敏度，可在气动系统的空气过滤器之后安装油雾分离器（除油器）。此外，定期清洗也可以保证阀的灵敏度。

（5）保证气动装置具有合适的工作压力和运动速度。

在调节工作压力时，压力计应当工作可靠、读数准确。在减压阀和节流阀调节好后，必须紧固减压阀盖或锁紧螺母，防止其松动。

3. 气动系统的定期检查

气动系统的定期检查周期通常为 3 个月，检查内容如下。

（1）查明气动系统各泄漏处并设法解决。

（2）通过对方向控制阀排气口进行检查，判断润滑油量是否适度，压缩空气中是否有冷凝水。如果润滑不良，则要考虑油雾器的规格是否合适、安装位置是否恰当、滴油量是否正常；如果有大量冷凝水排出，则要考虑空气过滤器的安装位置是否恰当、排出冷凝水的装置是否合适、冷凝水的排出是否彻底；如果方向控制阀排气口关闭时仍有少量泄漏，则往往处于元件损伤的初期阶段，此时要更换受损元件以防止元件动作不良。

（3）检查安全阀、紧急安全开关动作是否可靠。在进行定期检查时，必须确认它们动作的可靠性，以确保设备和人身安全。

（4）观察换向阀的动作是否可靠。根据换向时声音是否异常，判断铁芯和衔铁配合处是否夹有杂质。检查铁芯是否有磨损、密封件是否老化。

（5）反复开关换向阀观察气缸动作，判断活塞处的密封是否良好。检查活塞外露部分，判定前端盖的配合处是否有泄漏。

上述各项检查和修复的结果应记录下来，作为设备出现故障时查找原因和进行设备大修的参考。

任务二　气动系统的故障分析与排除

气动系统的故障分析方法有经验法、推理分析法和计算机诊断法。用计算机进行故障诊断不仅可以进行逻辑推理、模糊推理、概率推理，还可以对复杂系统进行状态估计、故障诊断及预报、剩余寿命估算等。

气动系统主要元件的常见故障及排除方法如表8-1～表8-6所示。

表8-1　减压阀的常见故障及排除方法

故障	原因	排除方法
二次压力升高	（1）阀弹簧损坏。 （2）阀座有伤痕或阀座橡胶剥落。 （3）阀体中夹入灰尘，阀导向部分黏附异物。 （4）阀芯导向部分和阀体的O形密封圈收缩、膨胀	（1）更换阀弹簧。 （2）更换阀体。 （3）检查、清洗空气过滤器。 （4）更换O形密封圈
压力下降很大（流量不足）	（1）阀口直径小。 （2）阀下部积存冷凝水，阀内混有异物	（1）使用阀口直径较大的减压阀。 （2）检查、清洗空气过滤器
溢流口总漏气	（1）溢流阀座有伤痕（溢流式）。 （2）膜片破裂。 （3）二次压力升高。 （4）二次侧背压增加	（1）更换溢流阀座。 （2）更换膜片。 （3）参考“二次压力升高”栏。 （4）检查二次侧的装置、回路
阀体漏气	（1）密封件损伤。 （2）弹簧松弛	（1）更换密封件。 （2）张紧弹簧
异常振动	（1）弹簧的弹力减弱或弹簧错位。 （2）阀体中心、阀杆中心错位。 （3）因空气消耗量周期变化，阀不断启闭，与减压阀引起共振	（1）把弹簧调整到正常位置，更换弹力减弱的弹簧。 （2）检查并调整位置偏差。 （3）改变阀的固有频率

表8-2　溢流阀的常见故障及排除方法

故障	原因	排除方法
压力虽已上升，但不溢流	（1）阀内部的孔堵塞或阀芯导向部分进入异物	清洗
压力虽没有超过设定值，但在二次侧却溢出空气	（1）阀内混有异物。 （2）阀座损伤。 （3）调压弹簧损坏	（1）清洗。 （2）更换阀座。 （3）更换调压弹簧
溢流时发生振动（主要发生在膜片式阀中），启闭压力差较小	（1）压力上升速度很慢，溢流阀放出流量大，引起阀的振动。 （2）从压力上升源到溢流阀之间被节流，阀的前部压力上升慢而引起振动	（1）在二次侧安装针阀，微调溢流流量，使其与压力上升量匹配。 （2）增大压力上升源到溢流阀的管道内径

续表

故障	原因	排除方法
从阀体和阀盖之间向外漏气	（1）膜片破裂（膜片式）。 （2）密封件损伤	（1）更换膜片。 （2）更换密封件

表 8-3　方向控制阀的常见故障及排除方法

故障	原因	排除方法
不能换向	（1）阀芯的滑动阻力大，润滑不良。 （2）O 形密封圈变形。 （3）灰尘卡住滑动部分。 （4）弹簧损坏。 （5）阀操纵力小。 （6）活塞密封圈磨损。 （7）膜片破裂	（1）进行润滑。 （2）更换 O 形密封圈。 （3）清除灰尘。 （4）更换弹簧。 （5）检查阀的操纵部分。 （6）更换密封圈。 （7）更换膜片
阀产生振动	（1）空气压力低（先导式电磁阀）。 （2）电源电压低（电磁阀）	（1）提高操纵压力，采用直动式电磁阀。 （2）提高电源电压，使用低电压线圈
交流电磁铁有蜂鸣声	（1）I 形活动铁芯密封不良。 （2）灰尘进入 I 形、T 形铁芯的滑动部分，使活动铁芯不能密切接触。 （3）T 形活动铁芯的铆钉脱落，铁芯叠层分开不能吸合。 （4）短路环损坏。 （5）电源电压低。 （6）外部导线拉太紧	（1）检查铁芯接触和密封性，更换铁芯组件。 （2）清除灰尘。 （3）更换活动铁芯。 （4）更换固定铁芯。 （5）提高电源电压。 （6）引线应宽裕
电磁铁动作时间偏差大，有时不能动作	（1）活动铁芯锈蚀，不能移动；在湿度高的环境中使用气动元件时，由于密封不完善而向磁铁部分漏气。 （2）电源电压低。 （3）灰尘进入活动铁芯的滑动部分，使运动失灵	（1）对铁芯除锈，处理对外部的密封问题，更换坏的密封件。 （2）提高电源电压或使用符合电压的线圈。 （3）清除灰尘
线圈被烧毁	（1）环境温度高。 （2）快速循环使用。 （3）吸引时电流大，单位时间耗电多，温度升高，使绝缘损坏而短路。 （4）灰尘夹在阀和铁芯之间，不能吸引活动铁芯。 （5）线圈上有残余电压	（1）按产品规定温度范围使用。 （2）使用高级电磁阀。 （3）使用气动逻辑回路。 （4）清除灰尘。 （5）使用正常电压，使用符合电压要求的线圈
切断电源，活动铁芯不能退回	灰尘进入活动铁芯滑动部分	清除灰尘

表 8-4　气缸的常见故障及排除方法

故障	原因	排除方法
外泄漏： （1）活塞杆与密封衬套之间漏气。	（1）衬套密封圈磨损。 （2）活塞杆偏心。 （3）活塞杆上有伤痕。	（1）更换密封圈。 （2）重新安装，使活塞杆不受偏心载荷。

续表

故障	原因	排除方法
（2）气缸体与端盖之间漏气。 （3）缓冲装置的调节螺钉处漏气	（4）活塞杆与密封衬套的配合面内有杂质。 （5）密封圈损坏	（3）更换活塞杆。 （4）除去杂质，安装防尘盖。 （5）更换密封圈
内泄漏： 活塞两端串气	（1）活塞密封圈损坏。 （2）润滑不良。 （3）活塞被卡住。 （4）活塞配合面内有缺陷，杂质挤入密封面	（1）更换活塞密封圈。 （2）改善润滑条件。 （3）重新安装活塞，使活塞杆不受偏心载荷。 （4）缺陷严重时更换零件，除去杂质
输出力不足，动作不平稳	（1）润滑不良。 （2）活塞或活塞杆被卡住。 （3）空气过滤器或除油器中进入了冷凝水、杂质。 （4）气缸体内表面有锈蚀或缺陷	（1）调节或更换油雾器。 （2）检查安装情况，消除偏心。 （3）加强对空气过滤器和除油器的清理，定期排放污水。 （4）视缺陷大小确定排除故障办法
缓冲效果不好	（1）缓冲部分的密封性能较差。 （2）调节螺钉损坏。 （3）气缸活塞的运动速度太大	（1）更换密封圈。 （2）更换调节螺钉。 （3）分析缓冲机构的结构是否合适
损伤： （1）活塞杆折断。 （2）端盖损坏	（1）有偏心载荷。 （2）摆动气缸安装轴销的摆动面与负荷摆动面不一致；摆动轴销的摆动角过大，负荷大，摆动速度大，有冲击装置的冲击加到活塞杆上；活塞杆承受负荷的冲击；气缸活塞的运动速度太大。 （3）缓冲机构不起作用	（1）调整安装位置，消除偏心。 （2）使轴销摆角一致；确定合理的摆动速度；冲击不得加在活塞杆上，设置缓冲装置。 （3）使用气动逻辑回路。 （4）在外部回路中设置缓冲机构

表 8-5　空气过滤器的常见故障及排除方法

故障	原因	排除方法
压力降过大	（1）使用的滤芯过细。 （2）空气过滤器的流量范围太小。 （3）流量超过空气过滤器的容量。 （4）空气过滤器滤芯网眼堵塞	（1）更换适当的滤芯。 （2）更换流量范围大的空气过滤器。 （3）更换大容量的空气过滤器。 （4）用净化液清洗（必要时更换）滤芯
从输出端溢流出冷凝水	（1）未及时排出冷凝水。 （2）自动排水器发生故障。 （3）流量超过空气过滤器的容量	（1）定期排水或安装自动排水器。 （2）修理（必要时更换）自动排水器。 （3）在适当流量范围内使用或更换大容量的空气过滤器
输出端出现异物	（1）空气过滤器滤芯破损。 （2）滤芯密封不严。 （3）用有机溶剂清洗了塑料件	（1）更换滤芯。 （2）更换滤芯的密封件，紧固滤芯。 （3）用清洁的热水或煤油清洗塑料件
塑料杯破损	（1）在有机溶剂的环境中使用塑料杯。 （2）空气压缩机输出某种焦油。 （3）压缩机从空气中吸入对塑料有害的物质	（1）使用不受有机溶剂侵蚀的材料（如使用金属杯）。 （2）更换空气压缩机的润滑油，使用无油压缩机。 （3）使用金属杯

续表

故障	原因	排除方法
漏气	（1）密封不良。 （2）因物理（冲击）、化学原因使塑料杯产生裂痕。 （3）泄水阀、自动排水器失灵	（1）更换密封件。 （2）使用金属杯。 （3）修理（必要时更换）泄水阀、自动排水器

表 8-6　油雾器的常见故障及排除方法

故障	原因	排除方法
油不能滴下	（1）没有产生油滴下落所需的压差。 （2）油雾器反向安装。 （3）油道堵塞。 （4）油杯未加压	（1）更换成小的油雾器。 （2）改变安装方向。 （3）拆卸，进行修理。 （4）若通往油杯的空气通道堵塞，则需要拆卸修理
油杯未加压	（1）通往油杯的空气通道堵塞。 （2）油杯大、油雾器使用频繁	（1）拆卸修理。 （2）加大通往油杯的空气通孔，使用快速循环式油雾器
油滴数不能减少	油量调整螺钉失效	检修油量调整螺钉
空气向外泄漏	（1）油杯破损。 （2）密封不良。 （3）观察玻璃破损	（1）更换油杯。 （2）检修密封。 （3）更换观察玻璃
油杯破损	（1）用有机溶剂清洗油杯。 （2）周围存在有机溶剂	（1）更换油杯，使用金属杯成耐有机溶剂杯。 （2）与有机溶剂隔离

练习题

8-1　气动系统在使用时应注意哪些事项？

8-2　气动系统的常见故障有哪些？

8-3　气动系统的调试应如何进行？

8-4　气缸输出力不足、动作不平稳的原因有哪些？如何解决？

8-5　减压阀压力下降大（流量不足）的因素有哪些？如何解决？

项目九　液压传动概述

你知道吗?

什么是液压传动？液压传动是以液体为工作介质，利用密闭系统中的液压能传递运动和动力的一种传动方式。例如，我们在各类建筑工地上见到的自行卸货的汽车，在汽车货厢的下部就安装了液压缸，液压泵输送的液压油进入液压缸，液压油推动液压缸的活塞向上顶起货厢，使货厢倾斜，这样就完成了液压能与机械能的转换。与机械传动、电气传动相比，液压传动有许多独特的优点，被广泛地应用于机械制造、建筑、航空航天、军事、冶金等领域。尤其随着计算机技术的发展，计算机控制技术与机、电、液控制技术紧密结合，液压传动技术显得越来越重要。

学习目标

- ✧ 了解液压系统的工作原理。
- ✧ 掌握液压系统的组成。

任务一　认识液压系统

液压传动以液体为工作介质，而气压传动以空气为工作介质。两种工作介质的不同在于，液体几乎不可压缩，而空气的可压缩性较大。液压传动与气压传动在基本工作原理、元器件的工作原理、基本回路的组成及工作原理等方面都极为相似。下面以如图 9-1 所示的液压千斤顶的工作原理为例介绍液压系统的工作原理。

一、液压系统的工作原理

1. 液压千斤顶的工作原理

液压千斤顶的工作原理图如图 9-2 所示。其中，手柄 1 操纵的液压缸 3 为动力缸（液压泵，即小缸），液压缸 6 为举升缸（大缸），两缸通过管道连接构成密闭连通器。当抬起手柄 1 时，小活塞 2 向上运动，小缸 3 下腔容积增大，腔内因此产生局部真空，此时单向阀 5 关闭，油箱 10 中的液压油在大气压力的作用下通过单向阀 4 进入小缸 3 的下腔，完成一次吸油的工作过程。当压下手柄 1 时，小活塞 2 向下运动，小缸 3 下腔容积减小，腔内压力升高，此时单向阀 4 关闭，油箱 10 中的液压油在大气压力的作用下通过单向阀 5 进入大缸 6 的下腔，推动大活塞 7 将重物 8 向上顶起一段高度。如此反复地操纵手柄 1，就可以使重物不断上升，达到起重的目的。若打开截止阀 9，则大缸 6 下腔接通油箱 10，大活塞 7 在自重作用下向下运动，迅速下降到原位。

由此可以看出，小缸 3 与单向阀 4、5 一起完成吸油和压油的工作过程，将手柄 1 的机械能（压下手柄）转换为液压能输出，即可实现手动液压泵的功能。大缸 6 将液压能转换为机械能（重物上升）输出，即可实现举升缸的功能。

图 9-1　液压千斤顶

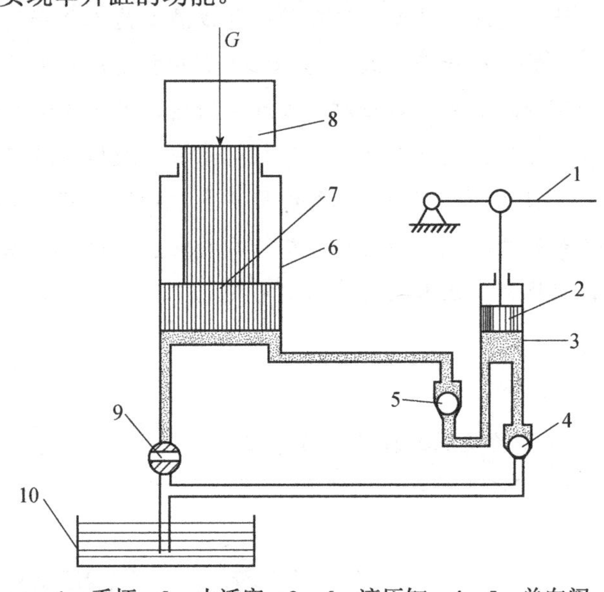

1—手柄；2—小活塞；3、6—液压缸；4、5—单向阀；
7—大活塞；8—重物；9—截止阀；10—油箱。

图 9-2　液压千斤顶的工作原理图

提示

由液压千斤顶的工作原理可知，它先通过密封腔（小缸下腔）容积的变化把机械能转换为液压能，再通过密封腔（大缸下腔）容积的变化把液压能转换为机械能，依靠液体在容积变化的密封腔中的压力能实现能量传递。需要强调的是，液体只有在密封腔中才能起到传递能量的作用。

设大、小活塞的工作面积分别为 A_2、A_1，当作用在大、小活塞上的力分别为 G 和 F_1 时，由帕斯卡原理可知，大、小活塞下腔及连接管道构成的密封腔内的液压油具有相等的压力，设该压力为 p，若忽略活塞运动时的摩擦阻力，则有

$$p=\frac{G}{A_2}=\frac{F_1}{A_1} \tag{9-1}$$

或

$$\frac{G}{F_1}=\frac{A_2}{A_1} \tag{9-2}$$

式（9-1）说明，液压系统中的压力取决于负载。式（9-2）表明，若 $A_2 \gg A_1$，则在小活塞上作用一个很小的力 F_1，就可以在大活塞上产生一个很大的力 F_2 以举起重物。

另外，设大、小活塞的运动速度分别为 v_2 和 v_1，则在不考虑泄漏问题的情况下，有

$$A_1v_1 = A_2v_2 = q$$

或

$$v_2=\frac{q}{A_2} \tag{9-3}$$

式中，q——流量，定义为单位时间内输入（或输出）液体的体积。

式（9-3）表明，大活塞的运动速度取决于输入（或输出）大缸的流量。

使大活塞上的重物上升所需的功率为

$$P = F_2v_2 = pA_2v_2 = pq \tag{9-4}$$

式（9-4）表明，液压系统中的压力 p 和流量 q 的乘积为功率。

2. 平面磨床液压系统的工作原理

图 9-3 所示为平面磨床液压系统的工作原理图。该液压系统能实现平面磨床工作台的往复直线运动，以及运动速度与推力的控制，其工作原理如下。

电动机带动液压泵 3，从油箱 1 中经过滤油器 2 吸油，液压泵 3 输出的液压油经节流阀 5 和换向阀 6 的左位进入液压缸 7 的左腔，推动活塞和工作台 8 向右运动，而液压缸 7 右腔的液压油经换向阀 6 的左位和回油管回到油箱。若将换向阀 6 的手柄扳到左边位置，使换向阀 6 处于如图 9-3（b）所示的状态，则液压油经换向阀 6 的右位进入液压缸 7 的右腔，推动活塞与工作台 8 向左运动，而液压缸 7 左腔的液压油经换向阀 6 的右位和回油管回到油箱。

若改变节流阀 5 的开口大小，则可以改变液压缸 7 的流量，从而控制活塞和工作台 8 的运动速度，此时液压泵 3 输出的多余液压油经溢流阀 4 和回油管排回油箱。当该液压系统工作时，液压缸 7 内的工作压力取决于切削工件时的切削阻力，液压泵 3 的最高压力由溢流阀 4 调定。

二、液压系统的图形符号表示

图 9-3（a）所示为半结构式平面磨床液压系统的工作原理图，它有直观性强、容易理解的优点，但图形比较复杂，图形绘制比较麻烦。

图 9-3（c）所示为用图形符号绘制的上述液压系统的工作原理图。使用图形符号可使液压系统的工作原理图简单明了且易于绘制，在实际中一般都用图形符号绘制液压系统的

工作原理图。

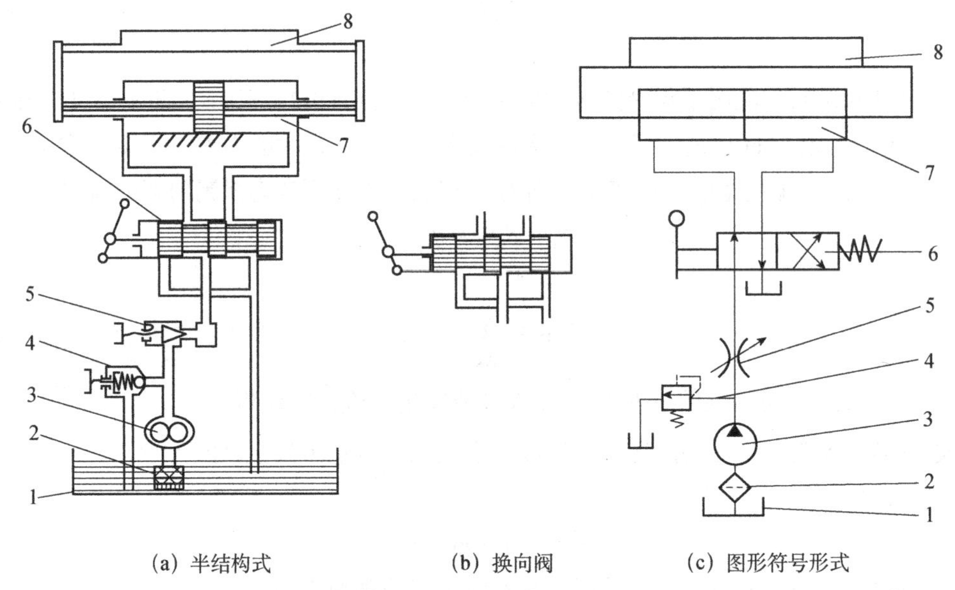

(a) 半结构式 (b) 换向阀 (c) 图形符号形式

1—油箱；2—滤油器；3—液压泵；4—溢流阀；5—节流阀；
6—换向阀；7—液压缸；8—工作台。

图 9-3 平面磨床液压系统的工作原理图

想一想

在日常生活中你还见过哪些设备采用了液压传动方式？

任务二 液压系统的组成及液压传动的特点

一、液压系统的组成

液压系统一般由 5 个部分组成。

(1) 液压动力元件：将机械能转换为液压能的元件，一般是指液压泵，其作用是向液压系统提供液压油。

(2) 液压执行元件：将液压能转换为机械能的元件，它可以是提供直线运动的液压缸或气缸，也可以是提供回转运动的液压马达。

(3) 液压控制元件：对液压系统中流体的压力、流量及流动方向等进行控制和调节的元件，以及实现信号转换、逻辑运算和放大等功能的信号控制元件，如溢流阀、节流阀、换向阀等。

(4) 辅助元件：保证液压系统正常工作所需的其余元件，如管道、油箱、过滤器、蓄能器、油雾器、消声器等。

（5）工作介质：传递能量的流体，如液压油。

二、液压传动的特点

1. 液压传动的优点

（1）液压传动能在较大范围内实现无级调速（调速比可达 2000∶1）。

（2）在同等输出功率下，液压装置体积小、质量轻。

（3）工作平稳，换向冲击小，易于实现快速启动、制动和频繁换向。

（4）易于实现过载保护，安全性好，采用矿物油作为工作介质，自润滑性好，使用寿命长。

（5）操纵控制方便，易于实现自动化。特别是和电气控制技术相结合时，易于实现复杂的自动工作循环。

（6）液压控制元件标准化、系列化和通用化程度高，便于进行设计、制造、使用和维修。

2. 液压传动的缺点

（1）液体具有一定的可压缩性，配合面处不可避免地存在液体泄漏问题，这会影响液压传动的准确性，故液压传动不宜用于要求具有精确传动比的场合。

（2）在液压系统工作过程中，能量需要经过两次转换，总效率较低，而且往往有较大的能量损失（如泄漏损失、摩擦损失等），故液压传动不宜用于远距离传动场合。

（3）液压传动对油温的变化比较敏感，故液压传动不宜用于温度很高或很低的场合。

（4）液压元件对加工精度的要求较高，一般情况下要求有独立的能源（由电动机、液压泵组成），这使产品成本提高。

（5）液压系统的故障点比较难查找，对操作人员、维修人员的技术水平要求较高。

想一想

1. 液压传动和其他传动方式相比，显著的优点和缺点各有哪些？

2. 液压传动和气压传动的效率在实际中都比较低，以千斤顶为例解释原因。

3. 在汽车、数控机床、机器人等机械中采用了哪些传动方式？

小结

1. 在液压系统中，压力 p 和流量 q 是两个基本参数。其中，压力 p 取决于负载；流量 q 决定了液压执行元件的运动速度；压力 p 与流量 q 的乘积为功率 P。

2. 液压系统中必须含有液压动力元件（液压泵）、液压执行元件、液压控制元件、辅助元件及工作介质5个部分。

练习题

9-1　什么是液压传动？液压传动的基本工作原理是怎样的？

9-2　液压系统由哪些部分组成？各部分的作用是什么？

9-3　液压传动与其他传动方式相比有哪些优缺点？

9-4　如图9-4所示，液压千斤顶的小活塞直径为10mm，行程为20mm，大活塞直径为40mm，重物W的重力为50 000N，l为25mm，L为500mm，试求：

（1）需要在杠杆端施加多大的力才能顶起重物W；

（2）此时密封腔中的液体压力；

（3）杠杆上下动作一次，重物的上升高度。

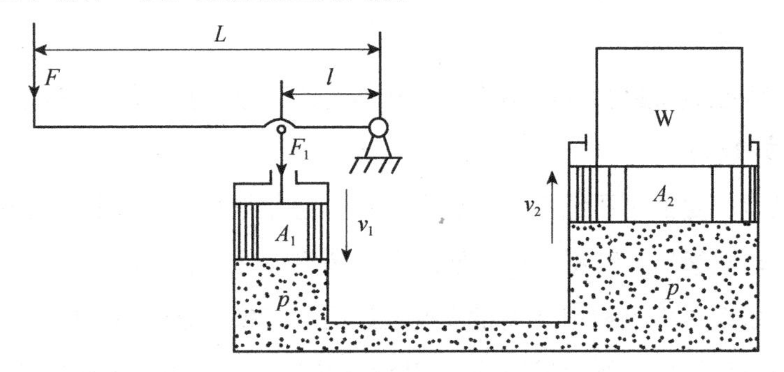

图9-4　题9-4图

项目十　液压传动的流体力学基础

你知道吗?

液压传动的工作介质是什么？是怎样工作的？液压传动最常用的工作介质是液压油，此外还有乳化液、合成液及液态水（淡水、海水）等。工作介质在液压传动中起到传递能量的作用，同时还起到润滑、冷却和防锈的作用。因此，在学习液压系统的相关知识之前，必须对工作介质的物理性质及如何选用进行必要的了解。

学习目标

✧ 了解液压油的主要物理性质。
✧ 掌握液压油的选用方法。
✧ 理解液体静压力的基本概念及特性。
✧ 掌握压力的表示方法及单位。
✧ 理解液体动力学的基本概念。
✧ 理解液体流动时的压力损失。
✧ 理解液压冲击和空穴现象。

任务一　液压传动的工作介质

液压传动的工作介质是液体，其中最常用的是液压油，此外还有乳化液、合成液及液态水等。石油型液压油是由石油经炼制并添加适当的添加剂制成的，是液压传动中广泛采用的工作介质。

一、液压油的主要物理性质

液压传动一般使用液压油作为工作介质。液压油的主要作用是传递能量，还可对相对运动的液压元件进行润滑和冷却，防止各种金属部件锈蚀。

1. 液压油的密度

单位体积液压油的质量称为液压油的密度。质量为 m（kg）、体积为 V（m^3）的液压

油的密度ρ为

$$\rho=\frac{m}{V} \tag{10-1}$$

一般液压油的密度为850～900kg/m^3。液压油的密度随温度的升高稍有减小，随压力的升高稍有增大，但变化很小，一般情况下可忽略不计。

2. 液压油的黏性

当液压油在外力的作用下流动（或有流动趋势）时，液压油分子间的内聚力会阻止分子相对运动从而产生一种内摩擦力，这种性质叫作液压油的黏性。液压油只有在流动时才呈现黏性，静止时不呈现黏性。黏性大的液压油看上去“稠”，黏性小的液压油看上去“稀”。液压油黏性的大小用黏度表示，常用的黏度有动力黏度、运动黏度和相对黏度。

（1）动力黏度μ：动力黏度是表示液压油黏性的内摩擦系数，由实验得出。流动的液压油液层间的内摩擦力与液层间的接触面积、动力黏度、液层间的相对运动速度成正比，而与液层间的相对距离成反比，即动力黏度越大，流动的液压油液层间的内摩擦力就越大。

（2）运动黏度ν：运动黏度是动力黏度与液压油密度的比值，即

$$\nu=\frac{\mu}{\rho} \tag{10-2}$$

在国际单位制中，运动黏度的单位为m^2/s。液压油的牌号就是以40℃时运动黏度（mm^2/s）的平均值来标号的。例如，L-HL 46表示这种液压油在40℃时运动黏度的平均值为46mm^2/s。

（3）相对黏度：相对黏度又称条件黏度，是采用特定黏度计在规定的条件下测量出来的。由于测量仪器和条件不同，因此各国采用的相对黏度单位也不同。

液压油的黏度对温度变化十分敏感，温度升高，黏度减小；温度降低，黏度增大。液压油的黏度随温度变化的性质称为黏温特性，不同种类的液压油具有不同的黏温特性。当液压油所受的压力升高时，其分子间距离减小，内聚力增大，黏度也随之增大。但在一般的中、低压液压系统中，液压油的黏度受压力变化的影响甚微，可忽略不计。

3. 液压油的可压缩性

液压油受到压力作用后体积发生变化的性质称为液压油的可压缩性。在一般的中、低压液压系统中，液压油的可压缩性是很小的，通常可认为液压油是不可压缩的。而在压力变化很大的高压液压系统中，需要考虑液压油可压缩性的影响。当液压油中混入空气时，其可压缩性将增大，从而影响液压系统的工作性能。

二、液压油的分类和选用

1. 液压油的分类

液压油主要有石油型、乳化型和合成型三大类，如表10-1所示。石油型液压油具有润滑性能好、腐蚀性小、黏度较大和化学稳定性好等优点，在液压系统中应用最为广泛。在

一些高温、易燃、易爆的工作场合，为了安全，应使用乳化型液压油或合成型液压油。

表 10-1　液压油的分类（GB/T 7631.2—2003）

分类	名称	产品代号	组成/特性	应用特点
石油型	抗氧防锈液压油	L-HL	HH 油，可改善防锈和抗氧性	适用于一般的液压系统
	抗磨液压油	L-HM	HL 油，可改善抗磨性	适用于高、中、低压液压系统，特别适用于有防磨要求、带叶片泵的液压系统
	低温液压油	L-HV	HM 油，可改善黏温特性	能在-40～-20℃的低温环境下工作，适用于在户外工作的各种工程机械和船用设备的液压系统
	超低温液压油	L-HS	HL 油，可改善黏温特性	黏温特性优于 L-HV，适用于数控机床液压系统和伺服系统
	液压导轨油	L-HG	HM 油，具有抗黏滑特性	适用于机床中的液压导轨系统，对导轨有良好的润滑性
乳化型	水包油型乳化液	L-HFAE	难燃	系统压力不高于 7MPa，适用于液压支架及液压油用量特别大的液压系统
	油包水乳化液	L-HFB		性能接近石油型液压油，使用油温不高于 65℃
合成型	含聚合物水溶液	L-HFC		系统压力低于 14MPa，能在-20～50℃的环境下工作，适用于飞机液压系统
	磷酸酯无水合成液	L-HFDR		适用于冶金设备、汽轮机等高温、高压系统和大型民航客机的液压系统

2. 液压油的选用

液压油的选用包含两个方面：品种和黏度等级。

在选择液压油的品种时，一般根据是否为液压系统专用、有无起火危险、工作压力和工作环境温度等因素综合考虑。

选择好液压油的品种后，还要选择液压油的黏度等级。液压油的黏度对液压系统工作的稳定性、可靠性、效率、温升和磨损等有显著的影响。在选择液压油的黏度等级时应注意考虑以下几个方面。

（1）工作压力：对工作压力较高的液压系统，宜选用黏度较大的液压油，以减少泄漏。

（2）运动速度：当液压系统工作部件的运动速度较大时，宜选用黏度较小的液压油，以减少摩擦损失。

（3）环境温度：当环境温度较高时，宜选用黏度较大的液压油，以减少泄漏。

（4）液压泵的类型：在液压系统的所有元件中，液压泵对液压油的性能最敏感，因为液压泵内零件的运动速度很大、工作压力较高、温升高，所以常根据液压泵的类型及要求选择液压油的黏度等级。

提示

液压系统工作介质的类型标记由产品代号和数字组成。产品代号中 L 是石油产品的总分类号，表示润滑剂、工业用油和相关产品；H 表示液压系统；数字表示该工作介质的黏度等级。

液压油标记：产品代号　黏度等级　产品名称　标准号。

示例：L-HL 46　抗氧防锈液压油　GB 11118.1—2011。

三、液压油的污染与控制

液压油的污染是液压系统发生故障的主要原因，液压系统的故障有 75%以上是由液压油的污染引起的。由于液压油的污染严重影响着液压系统的可靠性及液压元件的使用寿命，因此液压油的正确使用、管理及污染控制，是提高液压系统的可靠性及延长液压元件使用寿命的重要手段。

（1）液压油的污染及危害。液压油的污染是指液压油中含有水分、空气、微小固体颗粒及胶状物等杂质。液压油污染后将产生以下危害。

① 堵塞过滤器，使液压泵吸油困难，产生噪声；堵塞阀类元件的小孔或缝隙，使阀的动作失灵；微小固体颗粒还会加剧零件磨损，擦伤密封件，使泄漏增多。

② 水分和空气混入液压油会降低液压油的润滑能力，加速其氧化变质，产生气蚀，还会使液压系统出现振动、爬行等现象。

（2）液压油污染的原因。液压油中的污染物主要来源于外界侵入和使用中产生两个方面。外界侵入的污染物主要有液压装置组装时的残留物，从周围环境中混入的空气、尘埃等。使用中产生的污染物主要有金属微粒、锈斑、液压油变质后生成的胶状物等。

（3）液压油的污染控制。为了保证液压系统可靠地工作，防止液压油污染，在实际工作中可采取以下措施进行液压油的污染控制。

① 仔细清洗液压元件。

② 尽量减少外界侵入的污染物。液压油必须经过过滤器注入，油箱通大气处要加空气过滤器，液压缸活塞杆端部应装防尘密封圈。

③ 控制液压油的温度。一般液压系统的工作温度应控制在 65℃以下，机床液压系统的工作温度应控制在 55℃以下。

④ 采用高性能的过滤器，并定期检查、清洗和更换滤芯。

⑤ 定期检查和更换液压油。应根据液压设备使用说明书要求和维护保养规程，定期

检查和更换液压油，更换液压油时应将油箱和管道清洗干净。

想一想

1. 为什么说静止的液压油不具有黏性？
2. 液压油污染后会产生什么危害？可采取哪些措施进行液压油的污染控制？

任务二　液体静力学基本知识

一、液体的压力

液体在单位面积上所受的法向力称为压力，用 p 表示，即

$$p = \frac{F}{A} \tag{10-3}$$

在国际单位制中，压力的单位为 Pa（$1\text{Pa}=1\text{N/m}^2$）。由于 Pa 太小，在工程上常采用 kPa、MPa，其换算关系为

$$1\text{MPa}=10^3\text{kPa}=10^6\text{Pa}$$

二、液体静力学基本方程

如图 10-1 所示，密度为 ρ 的液体在容器内处于静止状态，作用在液面上的压力为 p_0，要求计算距液面高度为 h 处 A 点的压力 p。取出一个底面包含 A 点、底面积为 ΔA、高度为 h 的垂直小液柱作为研究体。由于液柱处于平衡状态，因此有

$$p\Delta A = p_0\Delta A + \rho gh\Delta A$$

故有

$$p = p_0 + \rho gh \tag{10-4}$$

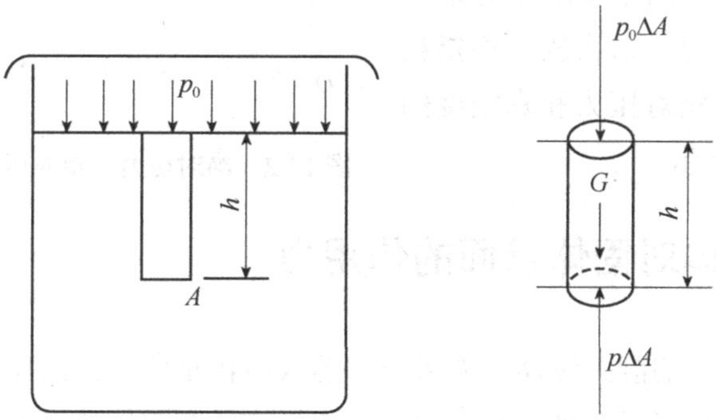

(a) 容器内的静止液体　　(b) 垂直小液柱

图 10-1　液体中的静压力

式（10-4）称为液体静力学基本方程，由该方程可得出以下结论。

（1）静止液体内任一点处的压力由两部分组成：一部分是液面上的压力 p_0，另一部分是液柱的重力所产生的压力 ρgh。当液面上只受大气压力 p_a 时，有

$$p = p_a + \rho gh$$

（2）静止液体内部的压力随液体深度的增加呈线性规律递增。

（3）距液面高度相同的各点压力相等。由压力相等的各点组成的面称为等压面。在重力场中，静止液体的等压面是一个水平面。

三、压力的传递

由液体静力学基本方程可知，静止液体内任一点处的压力都包含液面上的压力 p_0。这说明，在密封容器内，施加在静止液体上的压力能等值地传递到液体中的各点上，这就是液体压力传递原理，也称为帕斯卡原理。

在液压传动中，由外力所产生的压力比液体自重所产生的压力高得多，因此液体静力学基本方程中的 ρgh 项可忽略不计，认为静止液体中各点的压力相等。

四、压力的表示方法

压力的表示方法有两种：绝对压力和相对压力。绝对压力是以绝对真空为基准表示的压力；相对压力是以大气压力为基准表示的压力。当测量基准为大气压力时，所测得的压力称为相对压力。相对压力为正值时称为表压力，为负值时称为真空度。由于大多数测压仪表所测得的压力都是相对压力，因此在液压和气动系统中，如果未作特别说明，那么压力均指相对压力。绝对压力、相对压力和真空度的相对关系如图 10-2 所示。

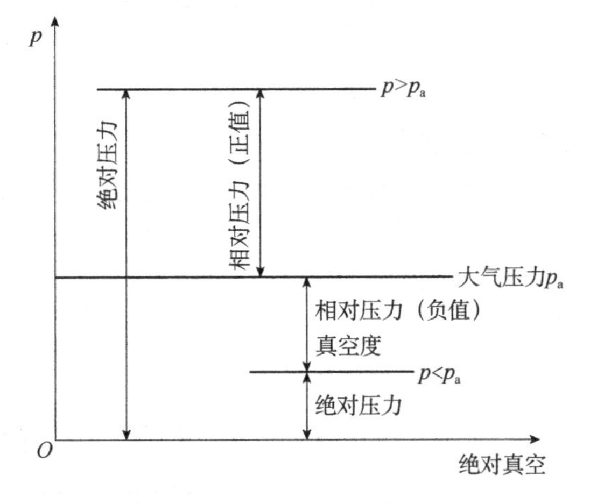

图 10-2　绝对压力、相对压力和真空度的相对关系

五、静止液体对固体壁面的作用力

对于在密封容器内的静止液体，如果不考虑液体自重所产生的压力，则液体中各点的压力是相等的，并且垂直于承受压力的表面。液体作用在固体壁面某一方向的力，就等于固体壁面各点在该方向上所受静压力的总和。

（1）静止液体作用在平面上的力。静止液体作用在平面上的力 F 等于静压力 p 与平面

面积 A 的乘积，其方向垂直于该平面，即

$$F=pA \tag{10-5}$$

（2）静止液体作用在曲面上的力。当固体壁面为曲面时，静止液体在 x 轴方向对该曲面的作用力 F_x 等于静压力 p 与该曲面在 x 轴方向上的投影面积 A_x 的乘积，即

$$F_x=pA_x \tag{10-6}$$

想一想

1. 水坝横截面的形状为什么要设计成上小下大的梯形呢？
2. 日常生活中人们所说的负压是指什么压力？
3. 同一台液压起重机在提升质量不同的物体时，液压缸的工作压力相同吗？

任务三　液体动力学基本知识

由于液压系统工作时液压油是不断流动的，因此必须研究液体在外力作用下流动时的运动规律，即液体流动时的流速和压力的变化规律。

一、基本概念

1. 理想液体和恒定流动

由于实际液体具有黏性和可压缩性，因此研究流动液体的运动规律非常困难。为简单起见，先假设液体没有黏性且不可压缩，再根据实验结果对所得到的流动液体的基本运动规律、能量转换关系进行修正和补充，使之更加符合实际液体流动时的情况。一般把既没有黏性又不可压缩的假想液体称为理想液体。

当液体流动时，若液体中任一点处的压力、流速和密度都不随时间变化而变化，则称该流动为恒定流动（也称为稳定流动或定常流动）；若液体中任一点处的压力、流速或密度中有一个参数随时间变化而变化，则称该流动为非恒定流动。

2. 流量和平均流速

流量和平均流速是描述液体流动特性的两个基本参数。当液体在管道内流动时，常将垂直于液体流动方向的截面称为通流截面或过流断面。

（1）流量。流量是指单位时间内流过某个通流截面的液体体积，一般用 q 表示，即 $q=V/t$。在国际单位制中，流量的单位为 m^3/s，在工程中常采用 L/min，两者的换算关系为

$$1m^3/s=6\times10^4\,L/min$$

由于流动液体具有黏性，通流截面上各点的流速 u 是不相等的，因此计算通过面积为 A 的整个通流截面的实际流量应采用积分法，即

$$q=\int_A u\mathrm{d}A \tag{10-7}$$

但是因为流速 u 的分布规律很复杂，所以用式（10-7）难以计算流量。

（2）平均流速。假设通流截面上各点的流速均匀，称为平均流速，用 v 表示。平均流速等于通过通流截面的流量与通流截面的面积 A 之比，即

$$v=\frac{q}{A} \tag{10-8}$$

当液压缸工作时，活塞的运动速度就等于缸内液体的平均流速。当活塞的工作面积一定时，活塞的运动速度取决于输入（或输出）液压缸的流量。

3. *流动状态和雷诺数*

（1）流动状态。19 世纪末，英国物理学家雷诺在实验中观察水在圆管内的流动情况，发现液体有两种流动状态：层流和紊流。实验证明，在层流状态下，液体流动是分层的或呈线状，且平行于管道轴线，液体质点互不干扰，如图 10-3（a）所示；在紊流状态下，液体质点流动杂乱无章，除平行于管道轴线的运动以外，还存在剧烈的横向运动，如图 10-3（b）所示。

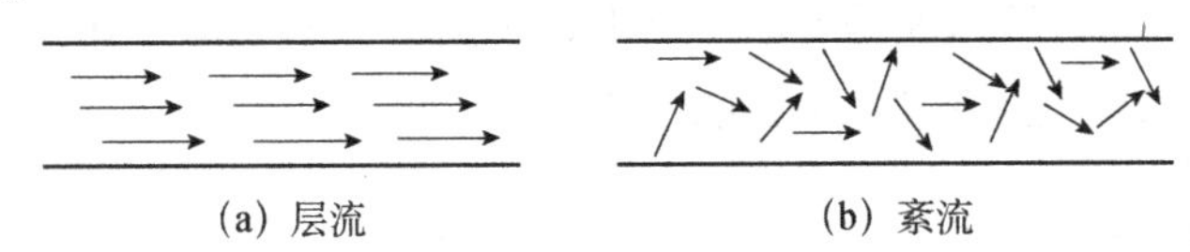

图 10-3　液体的流动状态

层流和紊流是两种不同性质的流动状态。在层流状态下，液体流速较低，质点受黏性制约，不能随意运动，黏性力起主导作用；在紊流状态下，液体流速较高，黏性的制约作用减弱，惯性力起主导作用。

（2）雷诺数。实验证明，液体在圆管中的流动状态不仅与液体的平均流速 v 有关，还与管径 d 及液体的运动黏度 ν 有关。无论管径 d、液体的平均流速 v 和运动黏度 ν 如何变化，液体的流动状态都可用一个无量纲数来判断。这 3 个参数所组成的一个无量纲数叫作雷诺数，用 Re 表示，它可决定液体的流动状态，即

$$\mathrm{Re}=\frac{vd}{\nu} \tag{10-9}$$

液体的流动状态由层流转变为紊流时的雷诺数与由紊流转变为层流时的雷诺数是不相同的。后者较前者数值小，故将后者作为判断液体流动状态的依据，称为临界雷诺数，用 $\mathrm{Re_c}$ 表示。当 $\mathrm{Re}<\mathrm{Re_c}$ 时，液体的流动状态为层流；当 $\mathrm{Re}>\mathrm{Re_c}$ 时，液体的流动状态为紊流。常见液流管道的临界雷诺数如表 10-2 所示。

表 10-2　常见液流管道的临界雷诺数

管道形式	$\mathrm{Re_c}$	管道形式	$\mathrm{Re_c}$
光滑的金属圆管	2000～2300	带环槽的同心环状缝隙	700
橡胶软管	1600～2000	带环槽的偏心环状缝隙	400

续表

管道形式	Re_c	管道形式	Re_c
光滑的同心环状缝隙	1100	圆柱形滑阀阀口	260
光滑的偏心环状缝隙	1000	锥阀阀口	20～100

二、流量连续性方程

假设液体不可压缩，则在单位时间内流过通道任一通流截面的液体质量应相等。设液体在如图 10-4 所示的通道内流动，任取两个通流截面 1 和 2，其面积分别为 A_1 和 A_2，并且在两个通流截面处的流速分别为 v_1 和 v_2。根据流量连续性原理可知，在单位时间内流过两个通流截面的液体体积应相等，所以有

$$v_1A_1 = v_2A_2 = \text{常量} \tag{10-10}$$

液体的平均流速为

$$v = \frac{q}{A} \tag{10-11}$$

式（10-10）是流量连续性方程，它表明液体的流速与通流截面的面积成反比，管径大则流速低，管径小则流速高。式（10-11）表明，当活塞的工作面积一定时，活塞的运动速度取决于输入（或输出）液压缸的流量，流量大，运动速度就大。这是与液压系统中的压力取决于负载同样重要的又一个基本概念。

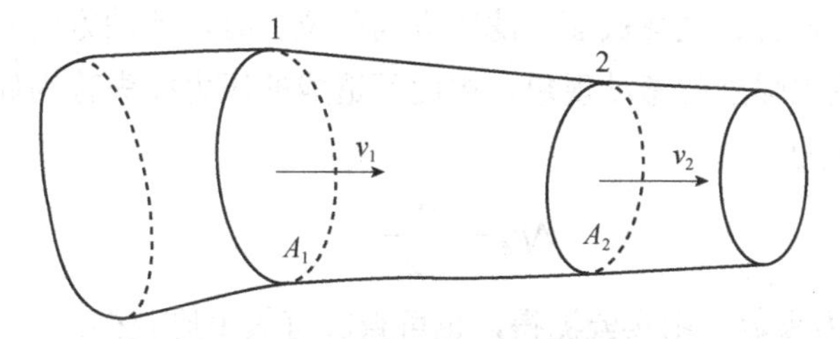

图 10-4　流量连续性原理示意图

提示

在液压传动中，压力和流量是两个重要的参数。液压系统中的压力取决于作用在液压缸或液压马达上的负载，负载大，压力就高；液压执行元件的运动速度取决于输入（或输出）液压缸或液压马达的流量，流量大，运动速度就大。

任务四　液体流动时的压力损失

实际上，液体具有黏性，流动时会产生摩擦阻力。为了克服摩擦阻力，流动液体就要消耗一部分能量，这种能量损失具体表现为压力损失。液压系统中的压力损失分为两类：

沿程压力损失和局部压力损失。

一、沿程压力损失

液体沿等径直管流动时因液体与管壁及液体之间存在摩擦而产生的压力损失，称为沿程压力损失。它主要取决于液体的流速、黏性，以及管道的长度、内径等。沿程压力损失的计算公式为

$$\Delta p_{\lambda}=\lambda\frac{l}{d}\frac{\rho v^{2}}{2} \tag{10-12}$$

式中，λ——沿程阻力系数（在层流状态下，对金属圆管取 λ=75/Re，对橡胶圆管取 λ=80/Re；在紊流状态下，取 $\lambda=f\left(\mathrm{Re},\Delta/d\right)$，其中 Δ 为管壁的绝对粗糙度，具体计算公式可查阅《液压传动设计手册》）；

l——液体流过的管道长度（m）；

d——管道的内径（m）；

v——液体的平均流速（m/s）；

ρ——液体的密度（kg/m^3）。

二、局部压力损失

液体在流经阀、弯管、突变截面、滤网等局部位置时，流动方向和速度会发生急剧变化，形成漩涡，并发生强烈的紊动现象，由此而造成的压力损失称为局部压力损失。局部压力损失的计算公式为

$$\Delta p_{\xi}=\xi\frac{\rho v^{2}}{2} \tag{10-13}$$

式中，ξ——局部阻力系数，由实验测得，也可查阅有关手册获得。

液体流经各种阀的局部压力损失满足式（10-13），但由于阀内的通道结构复杂，按此公式计算比较困难，因此计算阀类元件局部压力损失 Δp_{v} 时常采用的公式为

$$\Delta p_{\mathrm{v}}=\Delta p_{\mathrm{n}}\left(\frac{q}{q_{\mathrm{n}}}\right)^{2} \tag{10-14}$$

式中，q_{n}——阀的额定流量；

Δp_{n}——阀在额定流量 q_{n} 下的压力损失（可由阀的产品样本查出）；

q——通过阀的实际流量。

三、管路系统的总压力损失

管路系统的总压力损失应包括所有的沿程压力损失和所有的局部压力损失，因此有

$$\sum\Delta p=\sum\Delta p_{\lambda}+\sum\Delta p_{\xi}+\sum\Delta p_{\mathrm{v}}=\sum\lambda\frac{l}{d}\frac{\rho v^2}{2}+\sum\xi\frac{\rho v^2}{2}+\sum\Delta p_{\mathrm{n}}\left(\frac{q}{q_{\mathrm{n}}}\right)^2 \tag{10-15}$$

在液压系统中，绝大部分压力损失转变为热能，从而造成系统温度升高，泄漏增多，液压元件因受热膨胀而“卡死”。因此，应尽量减小压力损失。从式（10-15）中可以看出，减小液体的平均流速、缩短液体流过的管道长度、减小管道截面的突变、提高管道内壁的加工质量等都可使压力损失减小，其中以减小液体的平均流速效果最为明显。因此，液体在管路系统中的平均流速不宜过大。但流速过低会使管路和阀类元件的尺寸增大，从而使成本升高。

想一想

1. 液压管道中的压力损失有哪几种？压力损失对液压设备会产生哪些影响？
2. 查阅有关手册，了解液压弯管、三通及液压控制阀等元件的局部阻力系数。

任务五　液体流经小孔及缝隙的特性

液压系统中经常通过液体流经阀类元件的小孔或缝隙来控制流量和压力，以达到调速和调压的目的。

一、液体流经小孔的特性

在液压系统中，小孔分为三种：当小孔的通流长度 l 与孔径 d 之比小于或等于 0.5，即 $l/d \leqslant 0.5$ 时，称为薄壁小孔；当 $l/d > 4$ 时，称为细长小孔；当 $0.5 < l/d \leqslant 4$ 时，称为短孔。

1. 流经薄壁小孔的流量

如图 10-5 所示，根据伯努利方程和流量连续性方程可以推出，流经薄壁小孔的流量计算公式为

$$q=C_q A_0\sqrt{\frac{2}{\rho}\Delta p} \tag{10-16}$$

式中，C_q——流量系数，一般由实验确定，计算时一般取 $C_q=0.6\sim0.62$。

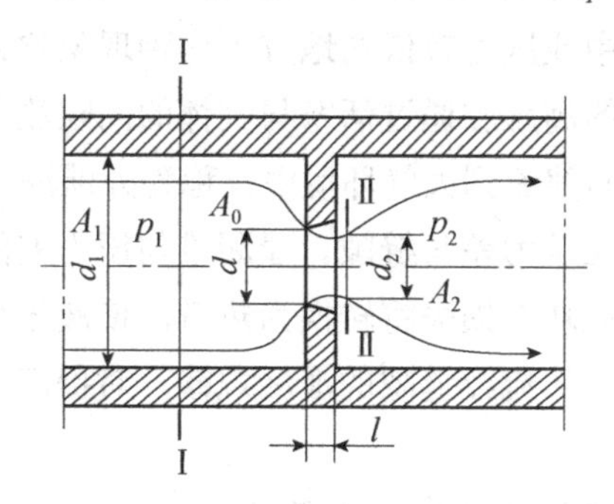

图 10-5　流经薄壁小孔的流量

由式（10-16）可知，流经薄壁小孔的流量 q 和薄壁小孔前后的压力差 Δp 的平方根及薄壁小孔的面积 A_0 成正比，而与液体的黏度无关。实验证明，流经薄壁小孔的流量受液体温度变化的影响较小，且薄壁小孔不易堵塞，故流量稳定，在液压系统中常用薄壁小孔作为节流孔。

2. 流经细长小孔的流量

液体流经细长小孔时的流动状态一般为层流。流经细长小孔的流量计算公式为

$$q=\frac{\pi d^4}{128\mu l}\Delta p \tag{10-17}$$

由式（10-17）可知，流经细长小孔的流量 q 和细长小孔前后的压力差 Δp 成正比，与液体的动力黏度 μ 成反比。实验证明，流经细长小孔的流量受液体温度变化的影响较大，在液压系统中常用细长小孔作为液压控制阀的阻尼孔。

3. 流经短孔的流量

流经短孔的流量可以用流经薄壁小孔的流量公式计算，但流量系数一般取 0.82。由于短孔比薄壁小孔容易制造，因此在液压系统中常用短孔作为固定节流器。

4. 流量通用公式

以上流经各种小孔的流量公式可以表示为

$$q=KA_{\mathrm{T}}\Delta p^m \tag{10-18}$$

式中，q——流经小孔的流量；

K——由小孔的形状、尺寸及液体的性质决定的系数；

A_{T}——节流孔的通流截面面积；

m——由小孔类型决定的指数，对薄壁小孔取 m=0.5，对细长小孔取 m=1，对短孔取 m=0.5～1；

Δp——小孔前后的压力差。

二、液体流经缝隙的特性

液压元件各零件之间有相对运动，需要一定的配合间隙，液压油会从压力较高的地方经过配合间隙流到大气环境中或压力较低的地方，这种现象称为泄漏。泄漏分为内泄漏和外泄漏，如液压油自液压缸的高压腔通过活塞与缸体的间隙流入低压腔，称为内泄漏；液压油自活塞杆与缸盖的配合间隙流到大气环境中，称为外泄漏。

发生泄漏主要是因为存在压力差与缝隙。泄漏量与压力差的乘积为功率损失，因此泄漏会使系统效率降低。同时此功率损失将转换为热量，使液压系统温度升高，进而影响液压系统的性能。因此，研究液体流经缝隙的泄漏规律，对提高液压元件的性能和保证液压系统正常工作很重要。

流经常见缝隙的流量计算公式如表 10-3 所示。

表 10-3　流经常见缝隙的流量计算公式

缝隙类型	流量计算公式	说明
平行平板缝隙	$q=\frac{b\delta^3}{12\mu l}\Delta p+\frac{u_0}{2}b\delta$	式中，μ为液体的动力黏度；l、b、δ分别为缝隙的长度、宽度、高度；Δp为缝隙两端的压力差；u_0为两平板之间的相对运动速度。当两平板之间没有相对运动，即$u_0=0$时，液体流经缝隙纯由压力差引起，称为压力差流动；当缝隙两端不存在压力差时，液体流经缝隙纯由两平板之间的相对运动引起，称为剪切流动
同心环状缝隙	$q=\frac{\pi d\delta^3}{12\mu l}\Delta p$	式中，d 为圆柱直径；δ为环状间隙；其他参数含义同平行平板缝隙
偏心环状缝隙	$q=\frac{\pi d\delta^3}{12\mu l}\Delta p(1+1.5\varepsilon^2)$	式中，ε为偏心率，$\varepsilon=\frac{e}{\delta}$，其中$e$为偏心量；其他参数含义同同心环状缝隙

由表 10-3 可知，流经缝隙的流量与缝隙的高度或环状间隙的三次方成正比，可见液压元件内的缝隙稍有增大，泄漏量就会大大增加，故要尽量提高液压元件的制造精度，以减少泄漏。流经同心环状缝隙的流量计算公式是流经偏心环状缝隙的流量计算公式在$\varepsilon=0$时的特例，而当完全偏心（$\varepsilon=1$）时，流经偏心环状缝隙的流量是流经同心环状缝隙流量的 2.5 倍。因此，应尽可能使相互配合的液压元件的轴线处于同心位置。

任务六　液压冲击和空穴现象

一、液压冲击

在液压系统中，由于某种原因引起液体压力瞬间急剧上升，形成很高的压力峰值，这种现象称为液压冲击。

1. 液压冲击发生的原因及危害

（1）当液流通道迅速关闭或液流迅速换向使液流速度的大小或方向突然变化时，由于液流具有惯性，因此会引起液压冲击。

（2）当液压系统中的运动部件突然制动或换向时，由于工作部件具有惯性，因此会引起液压冲击。

液压冲击会引起振动和噪声，严重时甚至会导致密封装置、管道或其他液压元件损坏，有时还会使某些液压元件（如压力继电器、顺序阀等）产生误动作，影响液压系统的正常工作。

2. 减小液压冲击的措施

（1）延长阀关闭和运动部件制动或换向的时间。

（2）限制管道中的液流速度及运动部件的运动速度。

（3）适当增大管道内径，尽量缩短管道长度。

（4）采用橡胶软管，以增加液压系统的弹性。

（5）在发生液压冲击的部位设置蓄能器，以吸收冲击能量。

二、空穴现象

在液压系统中，当某一处的压力低于空气分离压时，原先溶解在液体中的空气会被分离出来，在液面上形成大量气泡；当压力进一步降低并低于液体的饱和蒸气压时，液体将迅速汽化，产生大量气泡。这种现象称为空穴现象。

1. 空穴现象发生的原因及危害

空穴现象多发生在阀口和液压泵进口处。由于阀口的通道狭窄，因此阀口处液流速度增大，压力大幅度下降，这会导致发生空穴现象。当液压泵的安装高度过高、吸油管的直径过小时，吸油阻力过大，会造成液压泵进口处的真空度过大，这也会导致发生空穴现象。

当液压系统中发生空穴现象时，大量气泡会破坏流动液体的连续性，从而造成流量和压力脉动，气泡随液体进入高压区后会急剧破灭，引起局部液压冲击，从而引起噪声和振动。附着在金属表面的气泡破灭时产生的局部高温和高压会使金属发生剥蚀，这种因空穴造成的腐蚀现象称为气蚀。气蚀会大大缩短液压元件的使用寿命。

2. 防止发生空穴现象的措施

在液压系统中的任何地方，只要压力低于空气分离压，就会发生空穴现象。为了防止发生空穴现象，要防止液压系统中的压力过低，具体措施如下。

（1）正确设计液压泵的结构参数，降低液压泵的吸油高度（一般不高于 0.5m），适当增大吸油管的直径，限制吸油管中的液体流速，及时清洗过滤器。

（2）提高零件的抗气蚀能力，如增加零件的机械强度、采用抗腐蚀性强的金属材料、提高零件的表面加工质量等。

（3）减小节流孔前后的压力差，一般可控制节流孔前后的压力比，即令 $p_1/p_2<3.5$。

想一想

1. 在压力变化较大的液压系统中，为什么多采用橡胶软管？
2. 在高原地区用普通锅煮鸡蛋很难煮熟，为什么？
3. 在液压泵吸油口附近的管道内壁金属经常发生腐蚀脱落现象，为什么？

小结

1. 压力计算公式：$p=\dfrac{F}{A}$。压力的单位为 Pa（1Pa=1N/m^2），1MPa=10^{3}kPa=10^{6}Pa。

2. 压力的表示方法有两种：绝对压力和相对压力。正的相对压力也称为表压力，负的相对压力也称为真空度。

3. 液压冲击的本质是动能转变为压力能。

4. 空穴现象发生的原因是压力过低。

练习题

10-1　什么是液压油的黏性？常用的黏度表示方法有几种？

10-2　压力有哪几种表示方法？液压系统中的压力与负载有什么关系？

10-3　何谓真空度？某点的真空度为 0.4×10^5Pa，其绝对压力和相对压力分别是多少？

10-4　解释下列概念：理想液体、恒定流动、层流、紊流和雷诺数。

10-5　在图 10-6 中，液压缸直径 D=150mm，活塞直径 d=100mm，负载 F=50000N。若不计液压油自重及活塞和缸体的重力，求图 10-6（a）、（b）两种情况下液压缸内部液压油的压力。

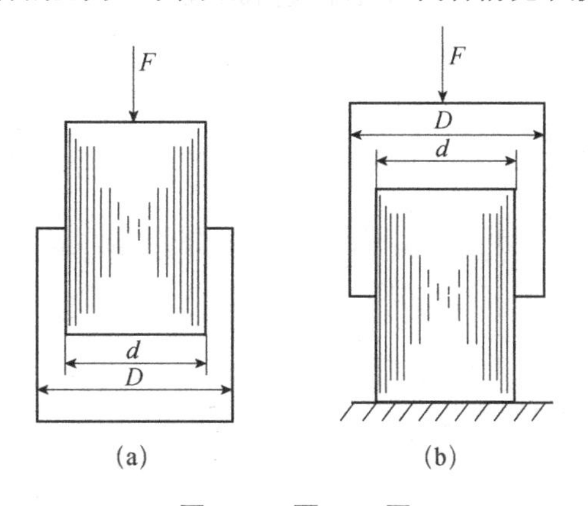

图 10-6　题 10-5 图

10-6　在如图 10-7 所示的液压装置中，已知 d_1=20mm，d_2=50mm，D_1=80mm，D_2=130mm，q_1=30L/min。求 v_1 和 v_2 各是多少？

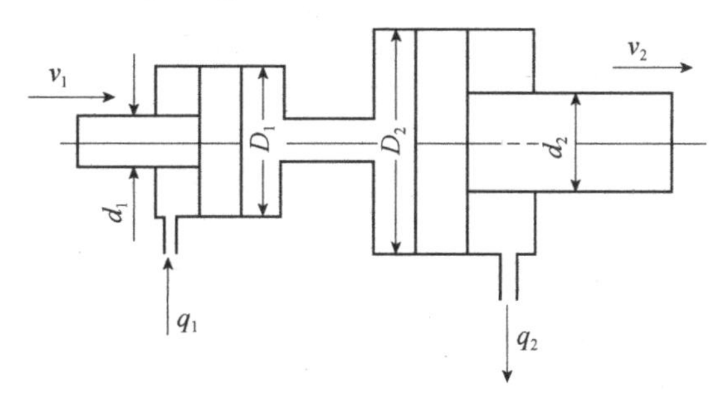

图 10-7　题 10-6 图

10-7　在如图10-8所示的简化液压千斤顶中，两个活塞的工作面积分别为$A_1=1\times10^{-3}\text{m}^2$、$A_2=5\times10^{-3}\text{m}^2$，中间连接管道的横截面积 $A_3=7\times10^{-4}\text{m}^2$，压下杠杆的力 F=400N，忽略各种损失，试求：

（1）通过杠杆机构作用在小活塞上的力 F_1，以及此时液压缸内部液压油的压力 p；

（2）大活塞能顶起的重物的重力 G；

（3）大、小活塞的运动速度哪个大，大多少倍；

（4）设小活塞下压速度 v_1=100mm/s，试求大活塞上升速度 v_2 和管道内液压油的平均流速 v_3。

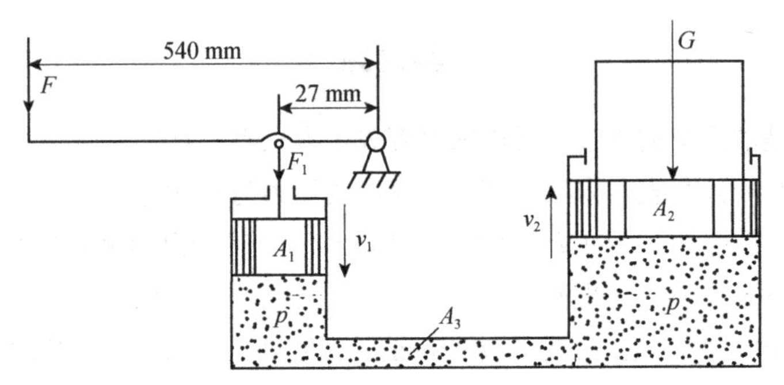

图 10-8　题 10-7 图

项目十一　液压动力元件

你知道吗?

液压系统中的液压动力元件是液压泵，其作用是把原动机输入的机械能转换成液压能输出，为液压系统提供液压油。液压泵的性能直接影响到液压系统的工作性能和可靠性，在液压系统中占有重要地位。

学习目标

- ✧ 掌握液压泵的工作原理及种类。
- ✧ 掌握液压泵的主要性能参数计算方法。
- ✧ 掌握齿轮泵、叶片泵、柱塞泵的工作原理及结构特点。
- ✧ 学会齿轮泵、叶片泵、柱塞泵的拆装方法。

任务一　液压泵概述

一、液压泵的工作原理及种类

图 11-1 所示为单柱塞液压泵的工作原理图。柱塞 2 安装在泵体内，当原动机驱动偏心轮 1 旋转时，柱塞 2 在偏心轮 1 和弹簧 3 的作用下在泵体中做左、右往复运动。泵体与柱塞 2 之间构成容积可变的密封腔 6。当柱塞 2 向右运动时，密封腔 6 容积变大，密封腔内产生局部真空，液压油在大气压力的作用下通过单向阀 4 被吸入泵体，液压泵完成吸油动作。此时单向阀 5 关闭，防止液压系统中的液压油回流。当柱塞 2 向左运动时，密封腔 6 容积变小，将已吸入的液压油通过单向阀 5 压出，液压泵完成压油动作。此时单向阀 4 关闭，以防止液压油回流到油箱中。如果偏心轮 1 不停地旋转，液压泵就不断地完成吸油和压油动作。

由此可见，液压泵是依靠密封腔的容积变化工作的，其排油量取决于密封腔的容积变化量，故这种泵又称为容积式泵。构成容积式泵必须具备以下 3 个条件。

（1）应具有容积能实现周期性变化的密封腔。当密封腔容积增大时，液压泵完成吸油动作；当密封腔容积减小时，液压泵完成压油动作。

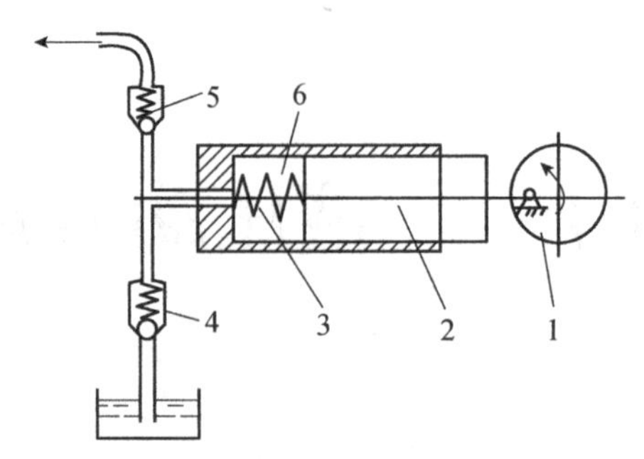

1—偏心轮；2—柱塞；3—弹簧；4、5—单向阀；6—密封腔。

图 11-1　单柱塞液压泵的工作原理图

（2）应具有把吸油腔和压油腔分开的机构，该机构称为配流机构或配流装置。该机构应保证密封腔容积由小变大时密封腔只与吸油管连通，密封腔容积由大变小时密封腔只与压油管连通。图 11-1 中的单向阀 4、5 就是配流机构，其根据液压泵的结构不同而采用不同的形式。

（3）油箱为敞口或压力油箱，这是液压泵能吸入液压油的外部条件。因此，为了保证液压泵能正常吸油，油箱必须与大气连通，或者采用密闭的压力油箱。

液压泵的种类有很多，按输出压力的高低可分为低压泵、中压泵和高压泵；按输出液压油的流量能否调节可分为定量泵和变量泵；按输出液压油的方向不同可分为单向泵和双向泵；按结构形式不同可分为齿轮泵、叶片泵、柱塞泵和螺杆泵等。部分类型液压泵的图形符号如图 11-2 所示。

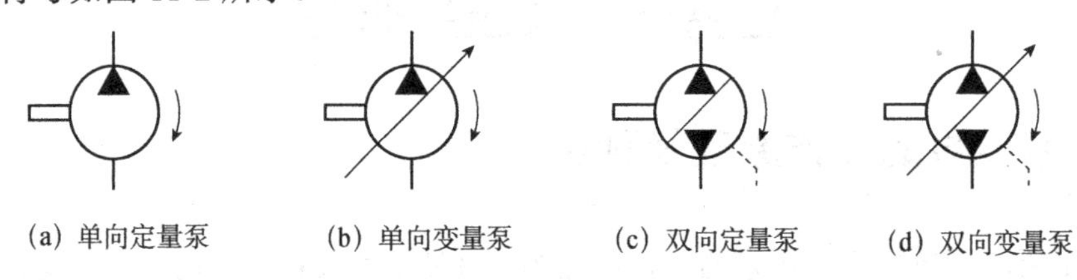

(a) 单向定量泵　　(b) 单向变量泵　　(c) 双向定量泵　　(d) 双向变量泵

图 11-2　部分类型液压泵的图形符号

二、液压泵的主要性能参数

1. 液压泵的压力

（1）工作压力 p。工作压力是指液压泵工作时输出液压油的实际压力，工作压力取决于负载，负载增大，液压泵的工作压力随之升高。

（2）额定压力 p_n。额定压力是指液压泵在使用过程中允许达到的最高工作压力，它反映了液压泵的工作能力。液压泵的额定压力受液压泵本身的泄漏情况和结构强度制约。当液压泵的工作压力超过额定压力时，液压泵会过载。

（3）最高允许压力。最高允许压力比额定压力稍高，可以看作液压泵工作能力的极限。

压力分级如表 11-1 所示。

表 11-1　压力分级

压力等级	低压	中压	中高压	高压	超高压
压力/MPa	0～2.5	2.5～8	8～16	16～32	＞32

2. 液压泵的排量和流量

（1）排量 $v_{排}$。排量是指在不考虑泄漏的情况下，液压泵轴每转所排出的液压油的体积，常用单位为 mL/r。

（2）流量。流量是指液压泵在单位时间内排出的液压油的体积。

① 理论流量 q_{vt}。理论流量是指在不考虑泄漏的情况下，单位时间内液压泵排出的液压油的体积。液压泵的理论流量等于排量和转速的乘积，即

$$q_{vt}=v_{排}n \tag{11-1}$$

② 实际流量 q。实际流量是指液压泵工作时的实际输出流量。由于液压泵存在泄漏，因此液压泵的实际流量等于理论流量减去泄漏量 Δq。

③ 额定流量 q_n。额定流量是指液压泵在额定压力和额定转速下的输出流量。

3. 液压泵的功率

液压泵输入的是机械能，表现形式为输入转矩 T_i 和转速 n；输出的是液压能，表现形式为输出流量 q 和压力 p。因此，液压泵的输入功率 P_i 为

$$P_i=2\pi nT_i \tag{11-2}$$

液压泵的输出功率 P_o 为

$$P_o=pq \tag{11-3}$$

4. 液压泵的效率

（1）容积效率 η_v。容积效率是指液压泵的实际流量与理论流量的比值，即

$$\eta_v=\frac{q}{q_{vt}}=\frac{q_{vt}-\Delta q}{q_{vt}}=1-\frac{\Delta q}{q_{vt}} \tag{11-4}$$

式中，Δq——泄漏量，与工作压力有关，工作压力越高，泄漏量越大。

液压泵的泄漏量、流量与压力的关系如图 11-3 所示。因此，液压泵的容积效率随压力的升高而减小。

（2）机械效率 η_m。机械效率是指驱动液压泵的理论输入转矩与实际输入转矩的比值，即

$$\eta_m=\frac{T_t}{T_i} \tag{11-5}$$

由于液压泵在工作时存在机械摩擦和液体黏性摩擦，因此实际所需转矩大于理论所需转矩。

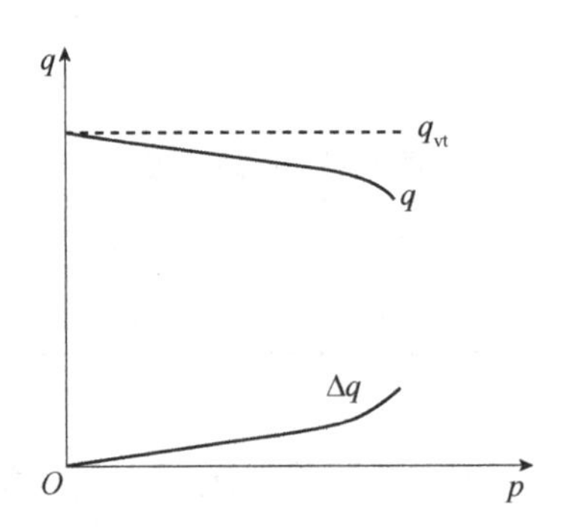

图 11-3　液压泵的泄漏量、流量与压力的关系

（3）总效率 η。总效率是指液压泵的输出功率与输入功率的比值，即

$$\eta = \frac{P_o}{P_i} = \eta_v \eta_m \tag{11-6}$$

式（11-6）说明，液压泵的总效率等于容积效率和机械效率的乘积。

例 11–1　某液压泵铭牌标示：转速 n=1450r/min，额定流量 q_n=60L/min，额定压力 p_n=8MPa，总效率 η=0.8。试求：

（1）该液压泵应选配的电动机功率；

（2）若将该液压泵应用于某一特定液压系统，系统要求液压泵的工作压力 p=4MPa，该液压泵应选配的电动机功率。

解：在确定液压泵应选配的电动机功率时，应按液压泵的使用场合进行计算。若液压泵的使用场合不确定，则可按铭牌标示的额定压力 p_n、额定流量 q_n 进行计算；若液压泵的使用场合、实际工作压力已确定，则按液压泵的实际工作压力进行计算。

（1）由于液压泵的使用场合不确定，因此可按铭牌标示的额定压力 p_n、额定流量 q_n 进行功率计算，即

$$P_i = \frac{P_o}{\eta} = \frac{p_n q_n}{\eta} = \frac{8 \times 60}{60 \times 0.8}\text{kW} = 10\text{kW}$$

（2）由于液压泵的使用场合、实际工作压力已确定，因此按液压泵的实际工作压力进行功率计算，即

$$P_i = \frac{P_o}{\eta} = \frac{p q_n}{\eta} = \frac{4 \times 60}{60 \times 0.8}\text{kW} = 5\text{kW}$$

想一想

1. 在图 11-1 中，若油箱完全密封，液压泵是否能正常工作？

2. 在图 11-1 中，若已知柱塞直径和偏心距，能计算出液压泵的排量吗？

任务二　齿轮泵

齿轮泵是一种常用的液压泵，具有结构简单、尺寸小、制造方便、价格低廉、工作可靠、自吸能力强、对液压油污染不敏感等优点。其缺点是流量和压力脉动大、噪声大、排量不可调。

齿轮泵可分为外啮合齿轮泵和内啮合齿轮泵。本任务重点介绍外啮合齿轮泵的工作原理和结构特点。

一、外啮合齿轮泵的结构组成及工作原理

图 11-4 所示为 CB-B 型外啮合齿轮泵的外形图，其工作原理图如图 11-5 所示。在泵体内有一对齿数和模数相等的外啮合齿轮，齿轮两端面用端盖（图 11-5 中未画出）罩住。泵体、端盖和齿轮之间形成密封腔，并由两齿轮的啮合线将左右两腔隔开，分成吸油腔和压油腔两部分。当齿轮按图 11-5 中标示的方向旋转时，右侧吸油腔内的轮齿逐渐脱开啮合，使右侧吸油腔容积增大，从而形成局部真空，油箱中的液压油在大气压力的作用下进入吸油腔，并由旋转的轮齿带入左侧压油腔。左侧压油腔内的轮齿逐渐进入啮合，使左侧压油腔容积减小，液压油通过压油口排出。当齿轮不断旋转时，吸油腔不断吸油，压油腔不断排油。

图 11-4　CB-B 型外啮合齿轮泵的外形图

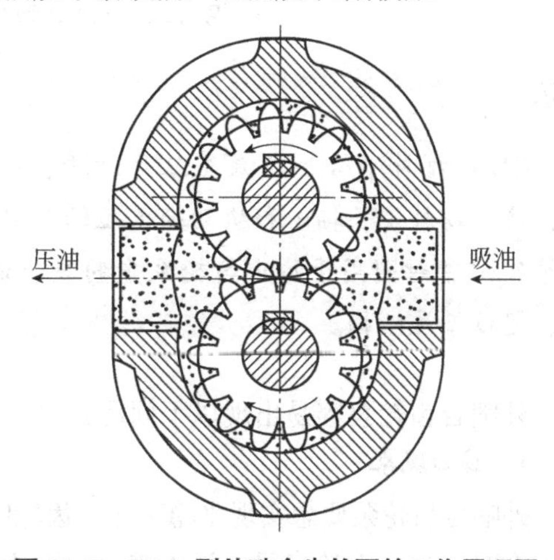

图 11-5　CB-B 型外啮合齿轮泵的工作原理图

二、外啮合齿轮泵的结构特点

CB-B 型外啮合齿轮泵的结构图如图 11-6 所示。该齿轮泵呈三片结构，即前端盖 6、后端盖 2 和泵体 5 这三片由 2 个定位销 11 定位，用 6 颗螺钉 7 连接。为了使齿轮能灵活转动，同时使泄漏量最少，在齿轮端面和端盖之间应留适当的空隙（轴向间隙）。另外，

为了避免齿顶和泵体内壁相碰，齿顶与泵体内表面之间也要留一定的空隙（径向空隙）。该齿轮泵采用内部泄油方式，即液压油先通过齿轮泵的轴向间隙润滑滚针轴承 1，然后经泄油道 9 流回吸油腔。在泵体 5 的前、后端面上开有卸荷槽 10，使泄漏油经卸荷槽流回吸油腔，同时降低泵体与端盖接合面之间的泄漏油压力，减小螺钉承受的拉力。

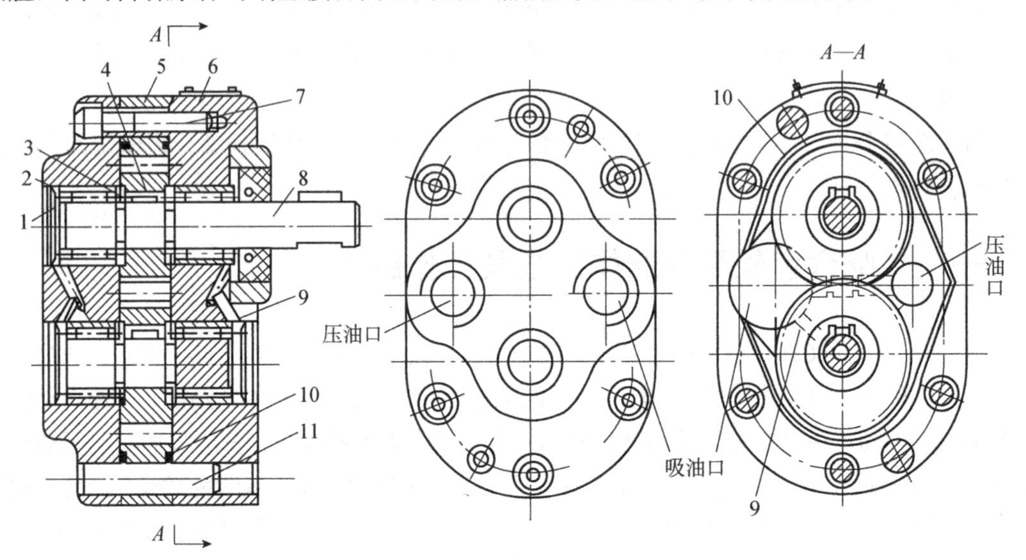

1—滚针轴承；2—后端盖；3—键；4—主动齿轮；5—泵体；
6—前端盖；7—螺钉；8—传动轴；9—泄油道；10—卸荷槽；11—定位销。

图 11-6　CB-B 型外啮合齿轮泵的结构图

提示

CB-B 型外啮合齿轮泵呈三片结构，一对齿数和模数相等的外啮合齿轮放置在泵体中，使主动轴（长轴）和从动轴（短轴）配合的两对轴承放置在前、后端盖中，方向朝内的弓字形密封圈用于防止齿轮泵中的液压油泄漏到外界，6 颗螺钉、2 个定位销用于连接、定位三片结构。

外啮合齿轮泵容易出现以下问题。

1. 困油现象

外啮合齿轮泵要想实现平稳工作，齿轮啮合的重合度必须大于 1，即前一对轮齿尚未脱离啮合时，后一对轮齿已经进入啮合，因而有时会发生两对轮齿同时啮合的现象。在两对轮齿同时啮合的这一小段时间内，留在齿间的液压油被困在由两对轮齿和前、后端盖所形成的一个密封腔中，如图 11-7（a）所示。当齿轮继续旋转时，这个密封腔容积逐渐减小，直到两个啮合点 *A*、*B* 处于节点两侧的对称位置时，密封腔容积减至最小，如图 11-7（b）所示。由于液压油的可压缩性很小，因此当密封腔容积减小时，被困的液压油受挤压，压力急剧上升，液压油从零件接合面的缝隙中强行挤出，使齿轮和轴承受到很大的径向力。当齿轮继续旋转时，这个密封腔容积又逐渐增大到如图 11-7（c）所示的最大位置，密封腔容积增大又会造成局部真空，使液压油中溶解的空气分离，产生空穴现象。这就是外啮合齿轮泵的困油现象，困油现象的发生将使外啮合齿轮泵产生很大的噪声。

消除困油现象的方法通常是在外啮合齿轮泵两端盖内侧面铣两个卸荷槽，如图 11-7（d）中虚线所示。当困油的密封腔容积减小时，右边的卸荷槽使困油的密封腔与压油腔连通，以便及时将被困液压油排出；当困油的密封腔容积增大时，左边的卸荷槽使困油的密封腔与吸油腔连通，以便及时补充液压油。

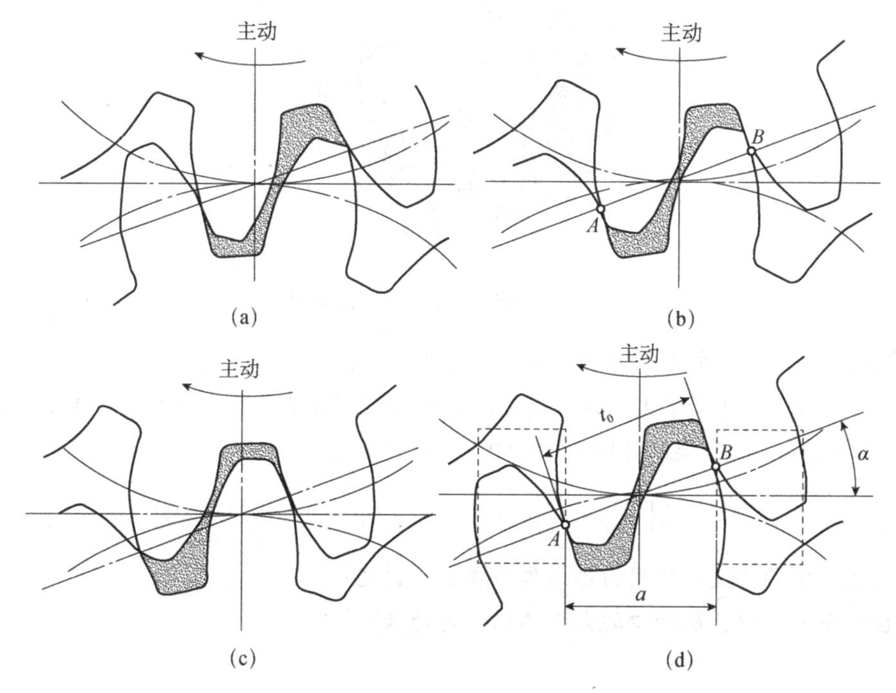

图 11-7　外啮合齿轮泵的困油现象

2. 泄漏

外啮合齿轮泵存在三条可能产生泄漏的途径：一是齿轮端面和端盖之间的空隙，即轴向间隙；二是齿轮齿顶和泵体内表面之间的空隙，即径向间隙；三是两齿轮齿面啮合处的啮合间隙。因轴向间隙泄漏途径的路程短且面积大，故此途径的泄漏量最大（约占总泄漏量的75%～80%）。轴向间隙越大，泄漏量就越大，容积效率也就越低。但轴向间隙过小会造成齿轮端面和端盖之间的摩擦增大，从而降低机械效率。因此，必须选择合适的轴向间隙。CB-B 型外啮合齿轮泵的轴向间隙为 0.01～0.04mm，其容积效率和机械效率可达 90%甚至更高。

3. 径向不平衡力

在外啮合齿轮泵中，液压油作用在齿轮外缘上的压力是不均匀的（见图 11-8），从低压腔到高压腔，压力沿齿轮旋转方向逐齿递增，因而齿轮和轴及轴承会受到径向不平衡力的作用。工作压力越高，径向不平衡力就越大。径向不平衡力很大时会使外啮合齿轮泵轴变弯，导致齿顶与泵体内表面接触，产生摩擦，同时会加速轴承的磨损，缩短外啮合齿轮泵的使用寿命。

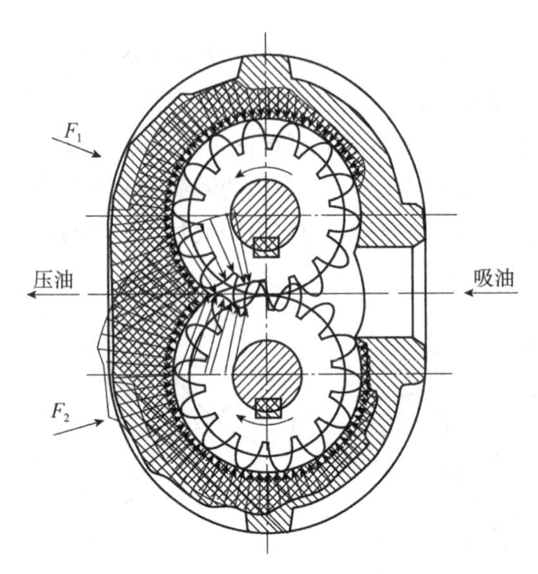

图 11-8　外啮合齿轮泵的径向不平衡力

为了减小径向不平衡力的影响，常采用缩小压油口的办法，这样做可以减小液压油的作用面积。同时可以适当增大齿顶径向间隙，使齿顶在压力作用下不至于和泵体内表面接触，CB-B 型外啮合齿轮泵的径向间隙为 0.13～0.16mm。

想一想

1. 在生活中哪些设备使用齿轮泵作为液压动力元件？
2. 齿轮泵吸油口、压油口的大小不同，为什么？

任务三　叶片泵

叶片泵在机床液压系统中的应用十分广泛，与其他液压泵相比，叶片泵具有结构紧凑、体积小、流量均匀、运动平稳、噪声小等优点。但叶片泵也存在结构较复杂、对液压油的污染比较敏感等缺点。按工作原理不同，叶片泵可分为双作用叶片泵和单作用叶片泵两大类。双作用叶片泵的流量均匀性好，所受的径向力基本平衡，应用较广泛。双作用叶片泵是定量泵，单作用叶片泵是变量泵。

一、双作用叶片泵

1. 双作用叶片泵的工作原理

图 11-9 所示为双作用叶片泵的外形图，其工作原理图如图 11-10 所示。定子 1 和转子 2 同心安装。定子内表面是由两段长半径圆弧、两段短半径圆弧和 4 段过渡曲线组成的。当转子转动时，叶片在离心力和叶片根部液压油压力的作用下，在转子槽内做径向滑动且

压紧定子内表面。这样，在定子的内表面、转子的外表面、两侧配流盘和两相邻叶片之间形成若干个密封腔。当转子顺时针旋转时，密封腔容积在左上角和右下角处逐渐增大，为吸油区；在右上角和左下角处逐渐减小，为压油区。这种叶片泵的转子每旋转一周，每个密封腔完成吸油和压油各两次，故称为双作用叶片泵。因为双作用叶片泵的两个吸油区和两个压油区是径向对称的，所以作用在转子上的径向力平衡。因此，双作用叶片泵又称为卸荷式叶片泵。双作用叶片泵的排量不可调节，是定量泵。

图 11-9　双作用叶片泵的外形图

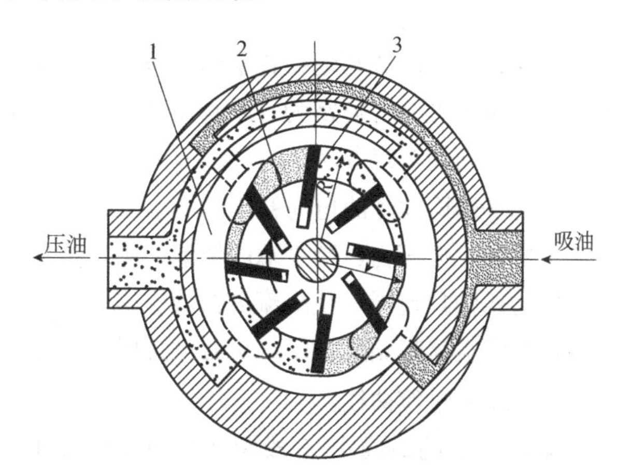

1—定子；2—转子；3—叶片。

图 11-10　双作用叶片泵的工作原理图

2. 双作用叶片泵的结构特点

图 11-11 所示为 YB_1 型双作用叶片泵的结构图。

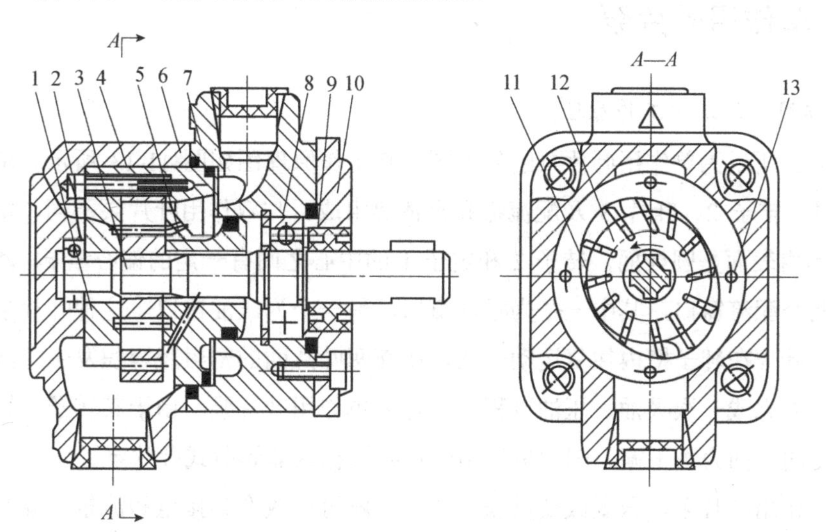

1—左配流盘；2、8—深沟球轴承；3—传动轴；4—定子；5—右配流盘；6—左泵体；7—右泵体；9—密封圈；10—端盖；11—叶片；12—转子；13—长螺钉。

图 11-11　YB_1 型双作用叶片泵的结构图

提示

YB_1 型双作用叶片泵的核心机构是转子、定子、叶片，在核心机构的两侧有两个配流盘，由长螺钉连接、固定的配流盘和定子一起放置在左泵体中。

双作用叶片泵有以下几个结构特点。

（1）叶片安放角。

为了保证叶片能顺利地在转子槽内滑动，双作用叶片泵转子上的叶片槽常沿旋转方向向前倾斜一个角度 θ（通常为 13°）安装。因此，在使用双作用叶片泵时，应确保驱动电动机的旋转方向为规定方向。

（2）转子端面间隙的自动补偿。

为了提高工作压力、减少端面泄漏，采取的转子端面间隙的自动补偿措施是将右配流盘的右侧与压油口连通，使配流盘在液压推力的作用下压向转子。双作用叶片泵的工作压力越高，配流盘就越贴紧转子，从而可实现转子端面间隙的自动补偿。

（3）定子的过渡曲线。

定子内表面的曲线由 4 段圆弧和 4 段过渡曲线组成。理想的过渡曲线应使叶片在转子槽内滑动时的径向速度和加速度变化均匀，而且应使圆弧之间圆滑过渡，以减小冲击和噪声。目前双作用叶片泵一般使用综合性能较好的等加速等减速曲线作为过渡曲线。

二、单作用叶片泵

1. 单作用叶片泵的工作原理

图 11-12 所示为单作用叶片泵的外形图，其工作原理图如图 11-13 所示。单作用叶片泵由定子 1、转子 2、叶片 3 及配流盘和泵体等组成。与双作用叶片泵不同，单作用叶片泵定子 1 的内表面是圆柱面，转子 2 和定子 1 的中心之间有一定的偏心量 e，两侧的配流盘上开有两个配流窗口，其中一个为吸油窗口，另一个为压油窗口。这种叶片泵的转子每旋转一周，叶片在转子槽内往复运动一次，相邻两叶片间的密封腔容积发生一次增大和减小的变化，并完成一次吸油、压油过程，故称为单作用叶片泵。由于其转子、轴和轴承等零部件承受的径向力不平衡，因此单作用叶片泵又称为非卸荷式叶片泵。

对于单作用叶片泵，只要改变其偏心量 e，就可以改变其排量和流量。偏心量可通过手动或自动的方式来调节。偏心量自动调节的单作用叶片泵按工作特性不同可分为限压式单作用叶片泵、恒压式单作用叶片泵及恒流量式单作用叶片泵三大类，其中限压式单作用叶片泵应用较多。

图 11-12　单作用叶片泵的外形图

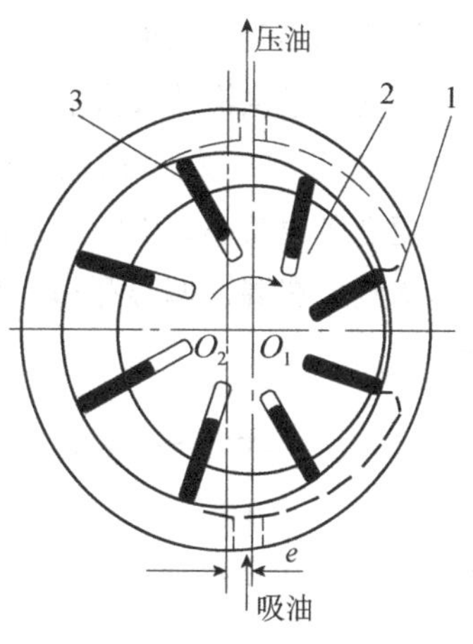

1—定子；2—转子；3—叶片。

图 11-13　单作用叶片泵的工作原理图

2. 限压式单作用叶片泵的工作原理

图 11-14 所示为外反馈限压式单作用叶片泵的工作原理图。转子 2 的中心固定不动，定子 3 在反馈液压缸 6 和弹簧 5 的作用下可左右移动。

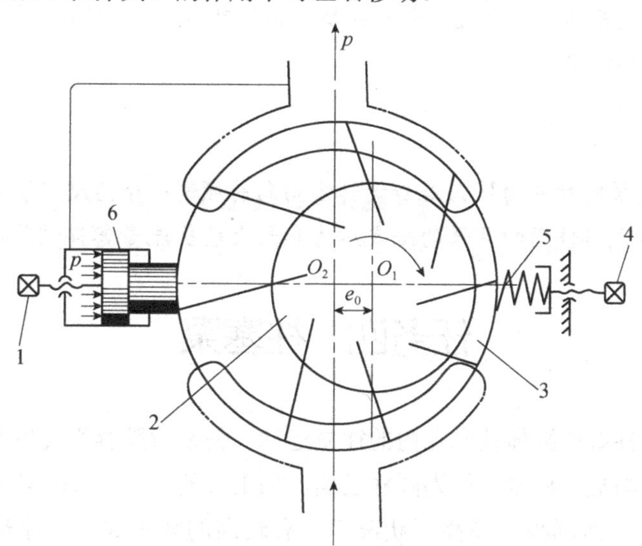

1—最大流量螺钉；2—转子；3—定子；4—压力螺钉；5—弹簧；6—反馈液压缸。

图 11-14　外反馈限压式单作用叶片泵的工作原理图

图 11-15 所示为外反馈限压式单作用叶片泵的流量-压力特性曲线。当叶片泵刚开始工作时，还未产生工作压力 p，即 p=0，定子在弹簧的作用下被推向最左端，此时有最大偏心量 e_{max}，它决定了叶片泵的最大流量 q_{max}。在叶片泵工作的过程中，反馈液压缸对定子施加向右的反馈力 pA（A 为活塞的工作面积）。当叶片泵的工作压力 p 达到调定压力 p_B 时，定子所受反馈力和弹簧力相平衡，即 $p_BA=kx_0$（k 为弹簧刚度系数，x_0 为弹簧预压缩量），则称 p_B

为叶片泵的限定压力。当叶片泵的工作压力 $p<p_B$ 时，$pA<kx_0$，定子不动，最大偏心量 e_{max} 保持不变，叶片泵的流量也维持最大值 q_{max}（图 11-15 中曲线 AB 段下降是由叶片泵泄漏所引起的）；当叶片泵的工作压力 $p>p_B$ 时，$pA>kx_0$，弹簧被压缩，定子右移，偏心距 e 减小，叶片泵的流量也随之迅速减小。当叶片泵的工作压力 p 达到某个极限值 p_C 时，弹簧被压缩至最短，定子移动到最右端，偏心距趋于 0，此时叶片泵的输出流量为 0。

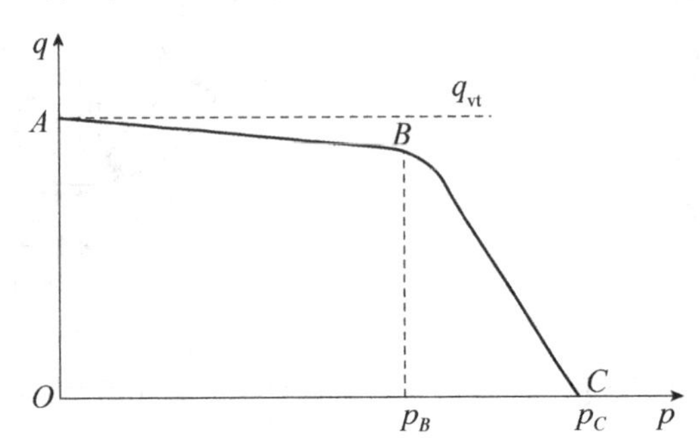

图 11-15　外反馈限压式单作用叶片泵的流量-压力特性曲线

外反馈限压式单作用叶片泵常用于对液压执行机构有快速、慢速运动要求的机床液压系统。液压执行机构快速运动时需要叶片泵提供低压大流量，液压执行机构慢速运动时需要叶片泵提供高压小流量。

想一想

1. 双作用叶片泵的叶片为什么沿着旋转方向向前倾斜一个角度安装？
2. 外反馈限压式单作用叶片泵的限定压力和最大输出流量怎样调节？

任务四　柱塞泵

柱塞泵是利用柱塞在缸体柱塞孔内的往复运动，使密封腔容积发生变化来实现吸油和压油的。由于柱塞与缸体柱塞孔均为圆柱表面，加工方便，可实现较高的配合精度，因此柱塞泵密封性能好、泄漏少，在高压状况下仍有较高的容积效率。柱塞泵具有额定压力高、结构紧凑、效率高、流量调节方便等优点，广泛应用于高压、大流量和流量需要调节的场合，如龙门刨床、拉床、液压机、起重设备等的液压系统。

按柱塞排列方向的不同，柱塞泵可分为轴向柱塞泵和径向柱塞泵两大类。

一、轴向柱塞泵

1. 轴向柱塞泵的工作原理

图 11-16 所示为斜盘式轴向柱塞泵的外观图，其工作原理图如图 11-17 所示。柱塞 3

平行于缸体 2 轴线安装，并均匀分布在缸体的圆周上。斜盘 4 和配流盘 1 固定不动，斜盘法线与缸体轴线的夹角为斜盘倾角 γ。缸体由传动轴 5 带动旋转，柱塞在底部弹簧的作用下始终紧贴斜盘。当缸体按图 11-17 中所标示的方向旋转时，在斜盘和弹簧的共同作用下，柱塞做往复运动，各柱塞与缸体柱塞孔之间的密封腔容积发生增大或减小的变化，通过配流盘上的吸油窗口 a 吸油，通过配流盘上的压油窗口 b 压油。

图 11-16　斜盘式轴向柱塞泵的外观图

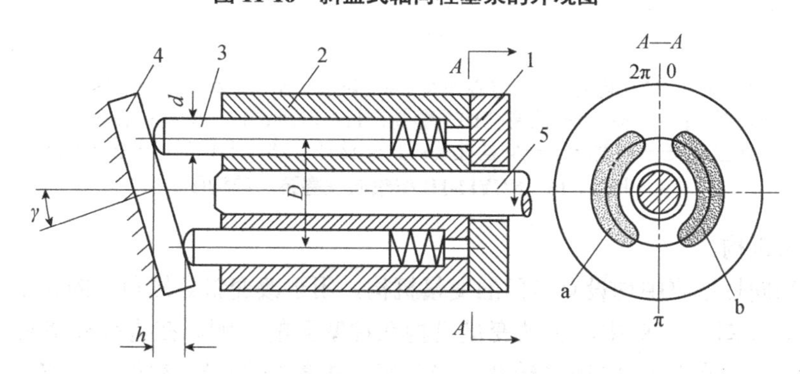

1—配流盘；2—缸体；3—柱塞；4—斜盘；5—传动轴。

图 11-17　斜盘式轴向柱塞泵的工作原理图

（其中 a 为吸油窗口，b 为压油窗口）

显然，改变斜盘倾角 γ 的大小，就可以改变柱塞往复运动的行程，也就可以改变柱塞泵的排量。若改变斜盘倾角的方向，则能改变吸油和压油的方向，从而使该柱塞泵成为双向变量泵。

2. 轴向柱塞泵的结构特点

图 11-18 所示为 SCYl4-1B 型轴向柱塞泵的结构图。

（1）滑履。

如图 11-17 所示，柱塞泵在工作时，各柱塞头部直接接触斜盘并滑动，柱塞头部与斜盘之间理论上为点接触。当柱塞泵工作时，柱塞头部接触应力大，极易产生磨损，故一般轴向柱塞泵都在柱塞头部装一个滑履（见图 11-18），改点接触为面接触，并且在相对运动表面之间通过小孔引入液压油，实现可靠的润滑，从而大大减少相对运动零件表面的磨损。

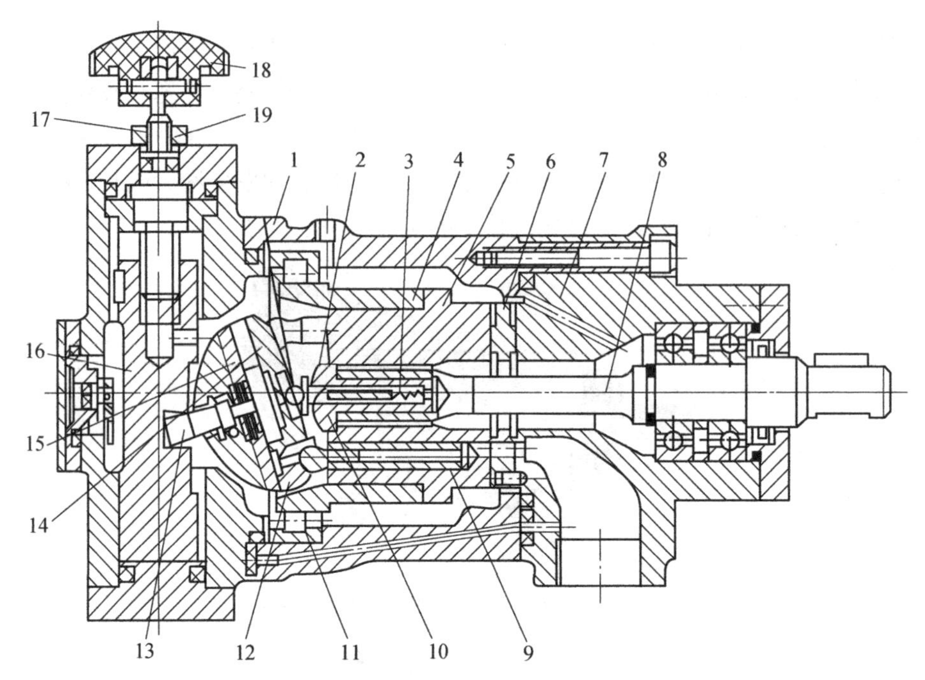

1—泵体；2—内套；3—定心弹簧；4—缸套；5—缸体；6—配流盘；
7—前泵体；8—轴；9—柱塞；10—套筒；11—轴承；12—滑履；13—销轴；
14—压盘；15—斜盘；16—变量柱塞；17—丝杆；18—手轮；19—锁紧螺母。

图 11-18　SCYl4-1B 型轴向柱塞泵的结构图

（2）变量机构。

在变量轴向柱塞泵中均设有专门的变量机构，用于改变斜盘倾角 γ 的大小，以调节柱塞泵的排量。在图 11-18 中，手动变量机构在柱塞泵的左侧。在进行柱塞泵的排量调节时，转动手轮 18，使丝杆 17 随之转动，带动变量柱塞 16 沿导向键做轴向移动，通过销轴 13 使支承在变量壳体上的斜盘 15 绕其中心转动，从而改变斜盘倾角 γ 的大小。手动变量机构结构简单，但所需操纵力较大，通常只能在柱塞泵停机或泵压较低的情况下才能实现柱塞泵排量的调节。

二、径向柱塞泵

图 11-19 所示为径向柱塞泵的外观图，其工作原理图如图 11-20 所示。转子 2 上径向均匀分布着数个柱塞孔，孔中装有柱塞 3。转子 2 的中心与定子 1 的中心之间有一个偏心量 e。在固定不动的配流轴 4 上，对应于柱塞孔的部位有相互隔开的上、下两个缺口，这两个缺口又分别通过所在部位的两个轴向孔与径向柱塞泵的吸油口、压油口连通。当转子旋转时，在离心力的作用下，柱塞头部与定子的内表面紧紧接触，由于转子的中心与定子的中心之间有一个偏心量，所以柱塞在随转子转动的同时，又在柱塞孔内做径向往复运动。当转子 2 按图 11-20 中所标示的方向旋转时，上半周的柱塞都往外滑动，柱塞孔内的密封腔容积增大，通过轴向孔吸油；下半周的柱塞都往里滑动，柱塞孔内的密封腔容积减小，通过轴向孔向外压油。

图 11-19　径向柱塞泵的外观图

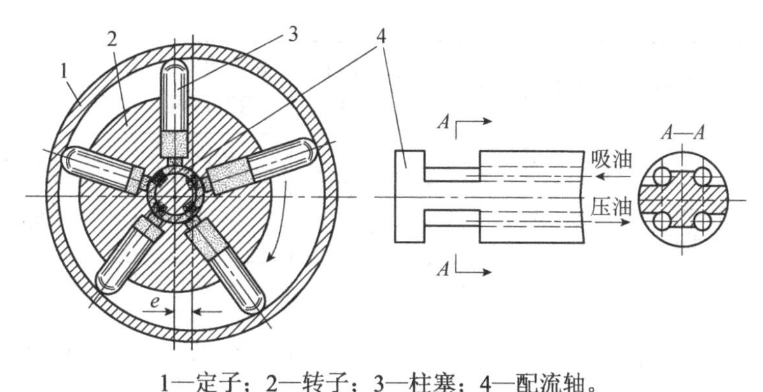

1—定子；2—转子；3—柱塞；4—配流轴。

图 11-20　径向柱塞泵的工作原理图

如果改变偏心量 e 的大小，径向柱塞泵的输油量就会发生改变。当移动定子使偏心量从正值变为负值时，径向柱塞泵的吸油口、压油口就互相调换，可以改变液压油的流向。因此，径向柱塞泵可用作双向变量泵。

径向柱塞泵的优点是流量大、工作压力较高、便于做成多排柱塞形式、轴向尺寸小、工作可靠等。其缺点是径向尺寸大、自吸能力弱、配流轴会受到径向不平衡力的作用、易于磨损、泄漏间隙不能自动补偿等。这些缺点限制了径向柱塞泵的转速和压力的提高。

想一想

1. 从外观上如何区分轴向柱塞泵和径向柱塞泵？
2. 如何调节轴向柱塞泵和径向柱塞泵的排量？

任务五　液压泵的选用

液压泵是液压系统的动力源，是每个液压系统中都不可缺少的核心元件，合理地选用液压泵对于降低能耗、提高效率、减小噪声、改善工作性能和保证系统的可靠性都十分重要。

液压泵的选用原则：根据主机工况、功率大小和液压系统对工作性能的要求，首先确定液压泵的类型，其次按液压系统所要求的压力、流量确定其规格、型号。

表 11-2 所示为各类液压泵的性能比较。

表 11-2　各类液压泵的性能比较

性能	外啮合齿轮泵	双作用叶片泵	限压式单作用叶片泵	径向柱塞泵	轴向柱塞泵	螺杆泵
输出压力	低压	中压	中压	高压	高压	低压
流量调节	不能	不能	能	能	能	不能

续表

性能	外啮合齿轮泵	双作用叶片泵	限压式单作用叶片泵	径向柱塞泵	轴向柱塞泵	螺杆泵
效率	低	较高	较高	高	高	较高
输出流量脉动	很大	很小	一般	一般	一般	最小
自吸能力	强	较弱	较弱	弱	弱	强
对液压油污染的敏感性	不敏感	较敏感	较敏感	很敏感	很敏感	不敏感
噪声	大	小	较大	大	大	最小

柱塞泵是目前性能比较完善、压力和效率较高的液压泵，在负载大、功率大的设备（如工程机械、压力机械、船舶机械、冶金机械等）中，可选用柱塞泵。在负载较大且有快慢速进给要求的机械设备（如组合机床、专用机床等）中，往往选用双作用叶片泵、限压式单作用叶片泵。齿轮泵最大的特点是抗污染，可适应比较恶劣的工作条件，如在筑路机械、港口机械、小型工程机械及机械设备的辅助装置（如补油装置、送料及夹紧机构）中，往往选用齿轮泵。

想一想

1. 选用液压泵应考虑哪些因素？
2. 各类液压泵在使用场合上有何不同？

小结

1. 液压泵是液压系统中的液压动力元件，是液压系统的起点。液压泵把机械能转换为液压能，为液压系统提供动力。
2. 液压泵只有具有容积能实现周期性变化的密封腔和配流机构才能工作。
3. 齿轮泵是单向定量泵；双作用叶片泵是单向定量泵，单作用叶片泵是双向变量泵；径向柱塞泵是双向变量泵，轴向柱塞泵是双向变量泵。

实验一　液压泵的拆装

一、实验目的

（1）获取常用液压泵的基本信息，联系工作原理辨认零件、理解其作用，分析液压泵的结构特点，正确判断液压泵轴的转动方向。

（2）通过对液压泵进行拆装，加深对液压泵工作原理的理解。

（3）锻炼实际动手能力。

二、实验元件、器具

实验所需的液压动力元件、器具如表 11-3 所示。

表 11-3　实验所需的液压动力元件、器具

序号	名称	规格/型号
1	CB-B 型外啮合齿轮泵	
2	YB（或 YB_1）型双作用叶片泵	
3	CY 型轴向柱塞泵	
4	台虎钳	200mm
5	内六角扳手	6mm、8mm、10mm
6	活口扳手	200mm
7	螺丝刀	200mm
8	游标卡尺	150mm
9	润滑油	32JHJ
10	化纤布料	

待拆装的液压泵外形图如图 11-21 所示。

1—CB-B 型外啮合齿轮泵；2—YB 型双作用叶片泵；3—CY 型轴向柱塞泵。

图 11-21　待拆装的液压泵外形图

三、实验内容

本实验包括 3 类液压泵的拆装和结构分析，即齿轮泵、叶片泵和柱塞泵。

先由实验教师对以上各类液压泵的结构、工作原理及性能，结合实物、剖开的实物、模型及示教板等进行讲解，然后学生自己动手拆卸各类液压泵，在充分理解并掌握课堂内容和如下内容的基础上，将拆开的液压泵正确组装好。

1. 齿轮泵

齿轮泵具有结构简单、尺寸小、制造方便、价格低廉、工作可靠、自吸能力强、对液压油污染不敏感等优点，广泛应用于各种液压系统。本实验拆装的齿轮泵是 CB-B 型外啮合齿轮泵，其结构图如图 11-22 所示，其型号含义如图 11-23 所示。

（1）掌握外啮合齿轮泵的结构和工作原理，并能正确对其进行拆装。

（2）掌握外啮合齿轮泵发生困油、泄漏、径向力不平衡等现象的原因、危害及解决方法。

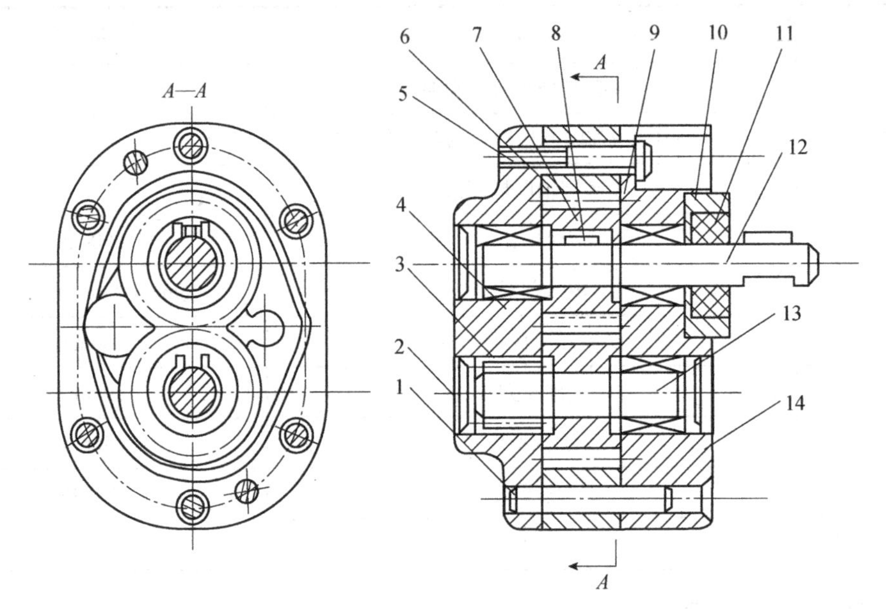

1—圆柱销；2—堵头；3—轴承；4—后端盖；5—螺钉；6—泵体；7—齿轮；8—平键；9—卡环；10—法兰；11—油封；12—长轴；13—短轴；14—前端盖。

图 11-22　CB-B 型外啮合齿轮泵的结构图

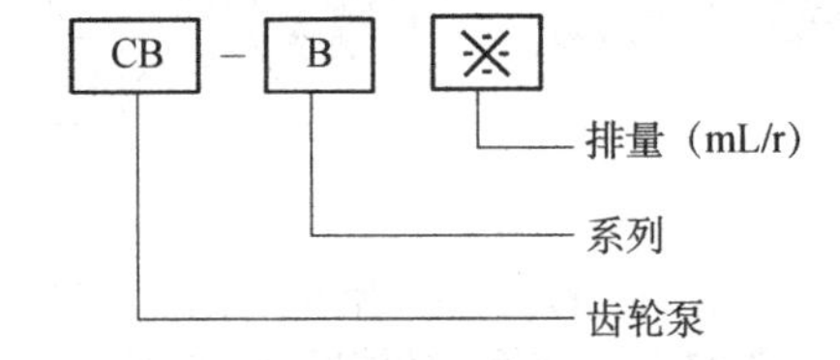

图 11-23　CB-B 型外啮合齿轮泵的型号含义

思考题：

（1）外啮合齿轮泵的困油现象是怎样发生的？有何危害？如何解决？

（2）为什么外啮合齿轮泵一般做成吸油口大、压油口小的形式？

（3）外啮合齿轮泵的密封工作区是指哪一部分？

2. 叶片泵

叶片泵具有结构紧凑、体积小、流量均匀、运动平稳、噪声小等优点，广泛应用于低、中压液压系统。本实验拆装的叶片泵是 YB（或 YB_1）型双作用叶片泵，其结构图如图 11-24 所示。

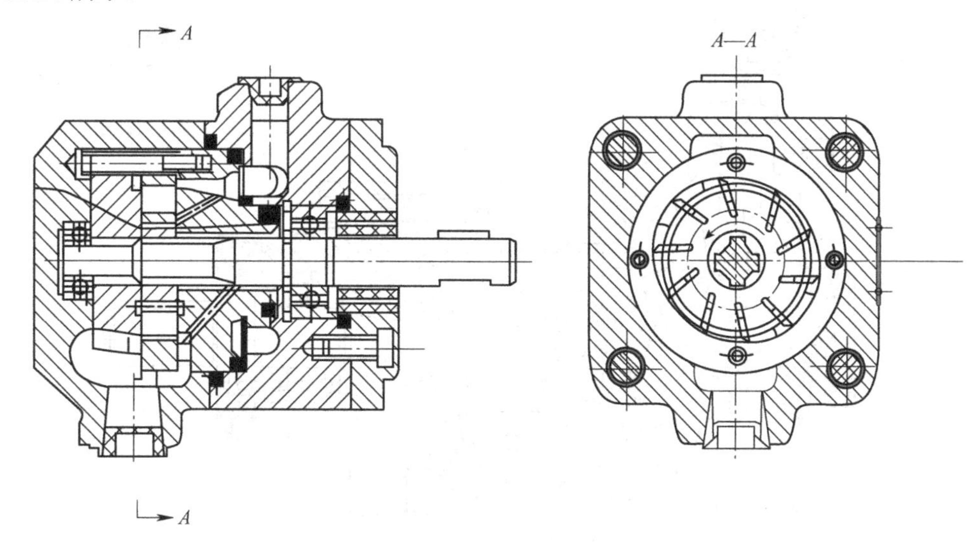

图 11-24 YB 型双作用叶片泵的结构图

（1）掌握双作用叶片泵的结构，理解其工作原理、使用性能，并能正确对其进行拆装。

（2）观察 YB（或 YB_1）型双作用叶片泵的结构特点：定子环内表面曲线形状，配流盘的作用及尺寸、角度要求，转子上叶片槽的倾角。

（3）了解双作用叶片泵与单作用叶片泵在结构上的主要区别。

思考题：

（1）YB（或 YB_1）型双作用叶片泵的结构上有什么特点？叙述其工作原理。

（2）配流盘上的三角槽的作用是什么？

（3）如何保证叶片与定子环的密封？双作用的含义是什么？在组装双作用叶片泵时需要注意哪几个问题？

3. 柱塞泵

柱塞泵具有额定压力高、结构紧凑、效率高、流量调节方便等优点，广泛应用于高压、大流量和流量需要调节的场合。本实验拆装的柱塞泵是 CY 型轴向柱塞泵，其结构图如图 11-25 所示。

要求掌握轴向柱塞泵的结构和工作原理，以及变量机构的种类和原理。

思考题：

（1）叙述轴向柱塞泵的结构和工作原理。

（2）内外套、定心弹簧的作用是什么？

（3）轴向柱塞泵的应用特点是什么？

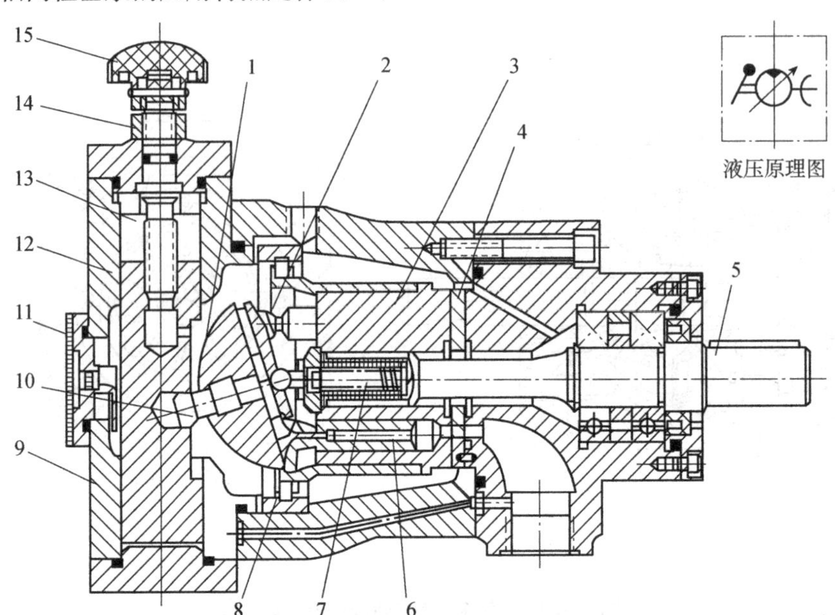

1—变量头；2—回程盘；3—缸体；4—配流盘；5—传动轴；6—柱塞；7—弹簧；8—滑履；9—变量壳体；10—销轴；11—刻度盘；12—变量柱塞；13—调节螺杆；14—锁紧螺母；15—手轮。

图 11-25　CY 型轴向柱塞泵的结构图

四、拆装注意事项

（1）如果有拆装流程示意图，则请参考该图进行拆装。

（2）如果仅有元件结构图或根本没有元件结构图，则拆装时请记录元件的拆卸顺序和方向。

（3）拆卸下来的零件，尤其是泵体内的零件，要做到不落地、不划伤、不锈蚀等。

（4）拆卸个别零件需要专用工具，如拆卸轴承需要用轴承起子、拆卸卡环需要用内卡钳等。

（5）在需要敲打某个零件时，请用铜棒，切忌用铁棒或钢棒。

（6）在拆卸（或安装）一组螺钉时，用力要均匀。

（7）在安装前要对元件去毛刺，用煤油清洗并晾干元件，切忌用棉纱擦干。

（8）检查密封元件有无老化现象，如果有，则请更换为新的。

（9）安装时不要将零件装反，要注意零件的安装位置。有些零件有定位槽孔，一定要对准。

（10）安装完毕后，检查现场有无漏装元件。

（11）将液压泵外表面擦拭干净，整理工作台。

练习题

11-1　液压泵要实现吸油和压油必须具备哪两个条件？

11-2　简述液压泵的工作压力和额定压力。两者之间有何关系？

11-3　哪些液压泵可以作为变量泵？说明其变量原理。

11-4　齿轮泵压力提高主要受到哪些因素的影响？

11-5　双作用叶片泵和限压式单作用叶片泵在结构上有何区别？

11-6　为什么轴向柱塞泵适用于高压场合？

11-7　试比较各类液压泵在性能上的异同点。

11-8　双作用叶片泵的叶片为什么不径向安装，而要倾斜一个角度？

11-9　在图 11-26 中，不计管路压力损失，试求在如图 11-26（a）、（b）、（c）、（d）所示的各工况下液压泵的工作压力 p（压力表的读数）。已知图 11-26（c）中节流阀的压力差为 Δp。

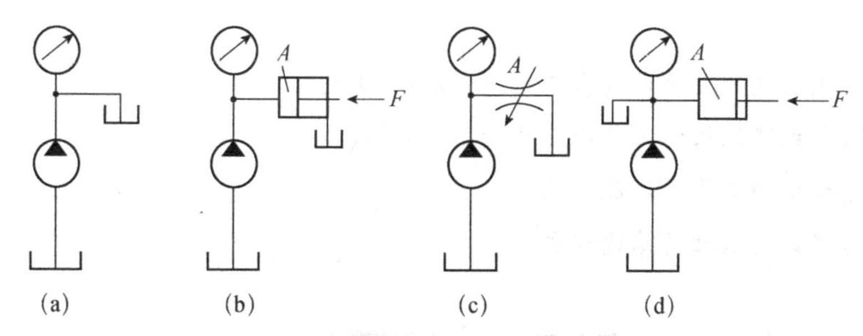

图 11-26　题 11-9 图

11-10　某液压系统中液压泵的输出工作压力 p=20MPa，实际输出流量 q=60L/min，容积效率 η_v=0.9，机械效率 η_m=0.9，试求驱动液压泵的电动机功率。

11-11　某液压泵的工作压力为 5MPa，转速为 1450r/min，排量为 40mL/r，容积效率为 0.93，总效率为 0.88，试求液压泵的实际输出功率和驱动该液压泵的电动机功率。

项目十二　液压执行元件

你知道吗?

在液压系统中，液压执行元件的功能是将液压能转换为机械能，以驱动外部工作部件运动。常见的液压执行元件有液压马达和液压缸两种类型。液压缸实现的是直线运动，液压马达实现的是连续的回转运动。

学习目标

✧ 掌握液压马达的主要类型、工作原理及结构特点。
✧ 掌握活塞式液压缸的工作原理及使用特性。
✧ 掌握差动缸的工作原理及应用。
✧ 了解活塞式液压缸的结构组成。

任务一　液压马达

一、液压马达的作用和分类

液压马达是将液压能转换为机械能，输出转矩 T 和转速 n 的液压执行元件。从原理上讲，液压马达和液压泵具有可逆性，即液压马达可以用作液压泵，液压泵也可以用作液压马达。但由于两者的使用目的不同，所以其在实际结构上存在某些差异。例如，液压马达有正反转要求，所以其内部结构应具有对称性，其进、出油口大小相等；液压泵一般只进行单向旋转，所以其内部结构没有对称性要求，为了改善吸油性能，其吸油口往往大于压油口。因此，在实际中只有少数液压泵能用作液压马达。

液压马达按排量是否可以调节可分为定量液压马达和变量液压马达；按额定转速高低可分为高速（高于 500r/min）液压马达和低速（低于 500r/min）液压马达；按结构类型不同可分为齿轮式液压马达、叶片式液压马达和柱塞式液压马达。下面主要介绍轴向柱塞式液压马达和叶片式液压马达的工作原理和结构特点。

1. 轴向柱塞式液压马达

（1）工作原理。

轴向柱塞式液压马达的工作原理图如图 12-1 所示。缸体 3 和柱塞 2 可绕缸体轴线转动，而斜盘 1 和配流盘 4 固定不动。柱塞 2 受其根部油压的作用，对斜盘 1 施加一个推力 F，同时斜盘 1 也给柱塞 2 一个反作用力 F。因为斜盘 1 有一个倾角 γ，所以 F 可分解为两个分力：一个是平行于柱塞轴线的分力 F_x，其大小等于液压油对柱塞的推力；另一个是垂直于柱塞轴线的分力 F_y。它们的大小分别为

$$F_x = p\frac{\pi}{4}d^2 \tag{12-1}$$

$$F_y = F_x \tan\gamma = p\frac{\pi}{4}d^2 \tan\gamma \tag{12-2}$$

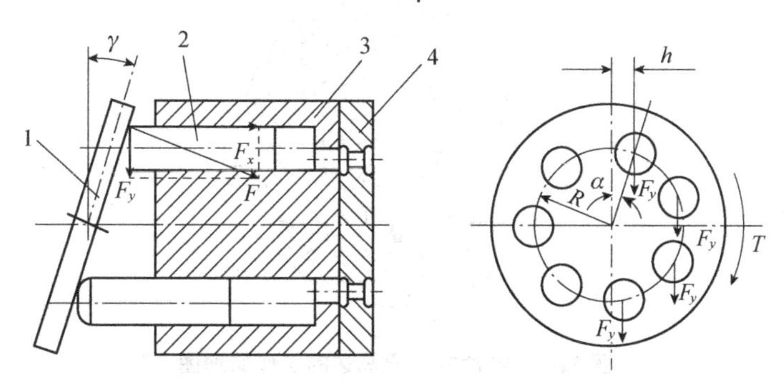

1—斜盘；2—柱塞；3—缸体；4—配流盘。

图 12-1　轴向柱塞式液压马达的工作原理图

F_x 和缸体轴线平行，其对缸体的力矩为零；F_y 对缸体产生力矩，带动缸体转动，缸体通过输出轴输出转矩和转速。由图 12-1 可知，在压油区（半周）内各柱塞上的 F_y 对缸体产生的瞬时转矩 T_i 为

$$T_i = F_y h = F_y R\sin\alpha = p\frac{\pi}{4}d^2 R\tan\gamma\sin\alpha \tag{12-3}$$

式中，d——柱塞直径；

R——柱塞在缸体上的分布圆半径；

h——F_y 与缸体轴线的垂直距离；

α——压油区内柱塞对缸体轴线的瞬时方位角；

p——液压马达的工作压力；

γ——斜盘倾角。

（2）结构特点及应用。

在压油区内各柱塞上的 F_y 对缸体产生的瞬时转矩 T_i 之和就是液压马达的输出转矩。由于压油区内柱塞对缸体轴线的瞬时方位角 α 是变化的，T_i 是 α 的正弦函数，所以液压马达输出的转矩是脉动的。如果改变斜盘倾角 γ 的大小，就可以改变液压马达的排量；如果

改变斜盘倾角 γ 的方向，就可改变液压马达的转动方向，这时液压马达就是双向变量液压马达。

2. 叶片式液压马达

（1）工作原理。

叶片式液压马达的工作原理图如图 12-2 所示。当液压油通入压油腔后，在叶片 1、3（或 5、7）上，一面作用有压力油，另一面为低压油。由于叶片 1 伸出的面积比叶片 3 伸出的面积大，因此作用在叶片 1 上的总液压力大于作用在叶片 3 上的总液压力，压力差使叶片带动转子沿顺时针方向转动。作用在叶片 5、7 上的液压力和作用在叶片 1、3 上的液压力相同。叶片 2、4、6、8 两面所受液压力相等，不产生作用力矩。

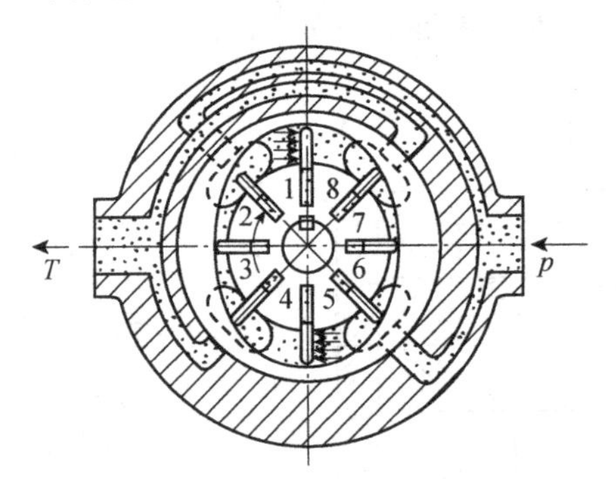

图 12-2　叶片式液压马达的工作原理图

（2）结构特点及应用。

与叶片泵相比，叶片式液压马达具有以下几个结构特点。

① 叶片式液压马达的叶片根部应设置预紧弹簧，以保证在叶片式液压马达启动时叶片贴近定子内表面，形成密封腔。

② 为了使叶片根部始终都通液压油，不受液压马达回转方向的影响，在吸油腔、压油腔到叶片根部的通路上应设置单向阀。

③ 叶片在转子中是径向放置的，这是因为液压马达有正反转要求。

叶片式液压马达体积小、转动惯量小、动作灵敏，但泄漏量较多，低速工作时不平稳。因此，叶片式液压马达一般适用于转速高、转矩小和要求换向频率较高的场合。

二、液压马达的主要性能参数

1. 液压马达的工作压力和额定压力

（1）工作压力 p。工作压力是指液压马达入口处液压油的实际压力。液压马达的工作压力取决于它所驱动的负载转矩，负载转矩越大，液压马达的工作压力就越高，反之液压马达的工作压力就越低。

（2）额定压力 p_n。额定压力是指液压马达在正常工作条件下，按试验标准规定连续运转的最高工作压力。液压马达的额定压力与其结构强度及泄漏量有关。

2. 液压马达的容积效率和转速

因为液压马达存在泄漏，所以输入液压马达的实际流量 q 必定大于理论流量 q_{vt}。液压马达的容积效率 η_v 为

$$\eta_v = \frac{q_{vt}}{q} \tag{12-4}$$

将 $q_{vt}=Vn$ 代入式（12-4）可得，液压马达的转速为

$$n = \frac{q}{V}\eta_v \tag{12-5}$$

3. 液压马达的机械效率和输出转矩

因为液压马达存在摩擦损失，所以液压马达的输出转矩 T_0 必定小于理论转矩 T_t。液压马达的机械效率 η_m 为

$$\eta_m = \frac{T_0}{T_t} \tag{12-6}$$

液压马达的输出转矩为

$$T_0 = T_t\eta_m = \frac{\Delta pV}{2\pi}\eta_m \tag{12-7}$$

4. 液压马达的总效率

液压马达的总效率为液压马达的输出功率 P_o 和输入功率 P_i 之比，即

$$\eta = \frac{P_o}{P_i} = \frac{2\pi nT}{pq} = \eta_v\eta_m \tag{12-8}$$

由此可见，液压马达的总效率为液压马达的机械效率 η_m 和容积效率 η_v 的乘积。

想一想

1. 有正反转要求的液压马达在结构上有什么特点？
2. 液压马达一般可以用作液压泵吗？试举例说明。

任务二　液压缸

液压缸是将液压能转换为机械能，输出速度 v 和力 F、实现往复直线运动（或摆动）的液压执行元件。液压缸结构简单、工作可靠，用它来实现往复运动可免去减速装置，且没有传动间隙，运动平稳，在各种液压系统中得到广泛应用。

一、液压缸的类型及其结构特点

液压缸按结构类型不同可分为活塞式液压缸、柱塞式液压缸和摆动式液压缸；按作用方式不同可分为单作用式液压缸和双作用式液压缸。单作用式液压缸的液压油压力只能使

活塞（或柱塞）实现单方向运动，反方向运动必须依靠外力（如弹簧力或自重）实现；双作用式液压缸可由液压油压力实现两个方向的运动。

1. 活塞式液压缸

活塞式液压缸有双杆和单杆两种结构形式，其安装方式有缸体固定和活塞杆固定两种。

（1）双杆活塞式液压缸。

图 12-3 所示为双杆活塞式液压缸的工作原理图。活塞两侧均装有活塞杆，当两活塞杆直径相等时，液压缸两腔的有效作用面积也相等。当供油压力和流量不变时，液压缸活塞在两个方向上的运动速度和其所受推力都相等，即

$$v = \frac{q}{A} = \frac{4q}{\pi(D^2 - d^2)} \tag{12-9}$$

$$F = (p_1 - p_2)A = \frac{\pi}{4}(D^2 - d^2)(p_1 - p_2) \tag{12-10}$$

式中，v——活塞（或缸体）的运动速度；

q——输入（或输出）液压缸的流量；

F——活塞（或缸体）所受推力；

p_1——液压缸的进油压力；

p_2——液压缸的出油压力；

A——液压缸的有效作用面积；

D——活塞直径；

d——活塞杆直径。

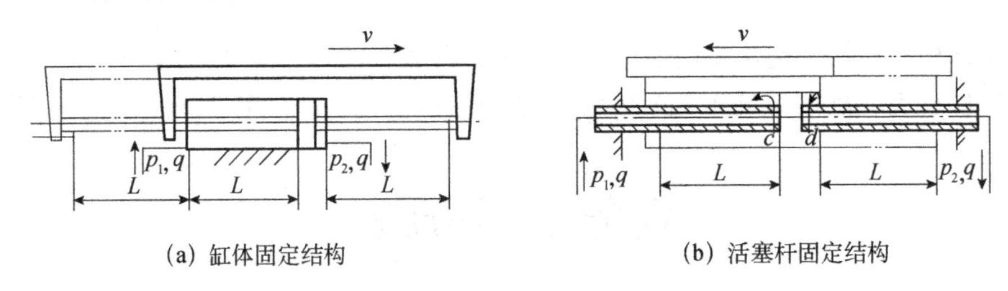

(a) 缸体固定结构　　(b) 活塞杆固定结构

图 12-3　双杆活塞式液压缸的工作原理图

图 12-3（a）所示为缸体固定结构，它的进、出油口布置在缸体两侧，活塞通过活塞杆带动工作台移动。这种安装方式的液压缸的运动范围约等于活塞有效行程的 3 倍，一般用于小型设备。图 12-3（b）所示为活塞杆固定结构，其进、出油口可以设置在固定的空心活塞杆的两端，这时液压油进出是通过空心活塞杆的轴向孔和径向孔实现的；也可设置在缸体两端，但油管需要采用软管（如橡胶软管）连接。这种安装方式的液压缸的运动范围约等于缸体有效行程的 2 倍，常用于大型设备。

（2）单杆活塞式液压缸。

图12-4所示为单杆活塞式液压缸的工作原理图。因为活塞只有一侧连活塞杆，所以液压缸两腔的有效作用面积不同。当向液压缸两腔分别供油，且供油压力和流量不变时，活塞（或缸体）在两个方向上的运动速度和其所受推力都不相等。

当无杆腔进油、有杆腔回油时，如图 12-4（a）所示，活塞的运动速度和其所受推力分别为

$$v_1 = \frac{q}{A_1} = \frac{4q}{\pi D^2} \tag{12-11}$$

$$F_1 = p_1A_1 - p_2A_2 = \frac{\pi}{4}[(p_1 - p_2)D^2 + p_2d^2] \tag{12-12}$$

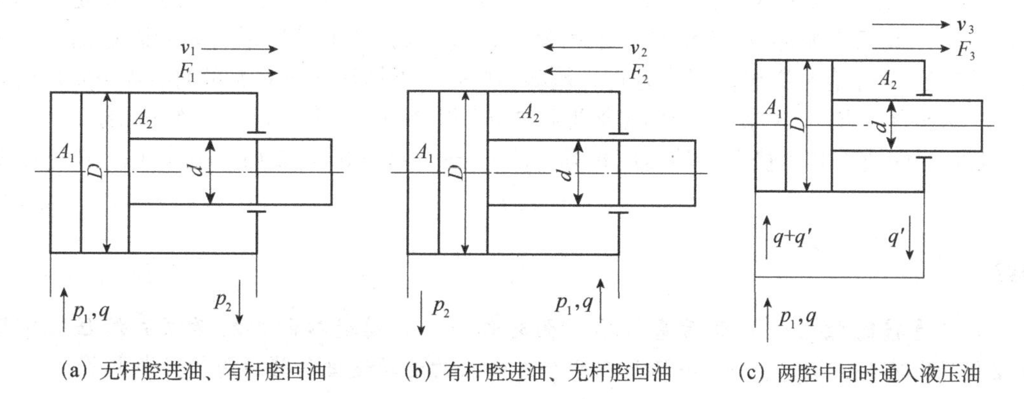

(a) 无杆腔进油、有杆腔回油　(b) 有杆腔进油、无杆腔回油　(c) 两腔中同时通入液压油

图 12-4　单杆活塞式液压缸的工作原理图

当有杆腔进油、无杆腔回油时，如图 12-4（b）所示，活塞的运动速度和其所受推力分别为

$$v_2 = \frac{q}{A_2} = \frac{4q}{\pi(D^2 - d^2)} \tag{12-13}$$

$$F_2 = p_1A_2 - p_2A_1 = \frac{\pi}{4}[(p_1 - p_2)D^2 - p_1d^2] \tag{12-14}$$

比较上述公式，由于 $A_1>A_2$，因此 $v_1<v_2$，$F_1>F_2$，即当无杆腔进油工作时，活塞的运动速度小而所受推力大；当有杆腔进油工作时，活塞的运动速度大而所受推力小。因此，单杆活塞式液压缸常用于活塞杆伸出时承受工作载荷、缩回时为空载或轻载的场合。例如，在各种切削机床、压力机械、工程机械等的液压系统中，经常使用单杆活塞式液压缸。

当两腔中同时通入液压油时，如图 12-4（c）所示，由于无杆腔的有效作用面积 A_1 大于有杆腔的有效作用面积 A_2，作用在活塞上向右的力大于向左的力，因此活塞杆向外伸出，并将有杆腔中的液压油挤出，使其流进无杆腔，从而提高了活塞杆的伸出速度。单杆活塞式液压缸两腔中同时通入液压油的这种油路连接方式称为差动连接。

差动连接时活塞所受推力和其运动速度分别为

$$F_3 = p_1(A_1 - A_2) = p_1 \frac{\pi}{4} d^2 \tag{12-15}$$

$$v_3 = \frac{q+q'}{A_1} = \frac{q+q'}{\frac{\pi}{4}D^2} = \frac{q + \frac{\pi}{4}(D^2 - d^2)v_3}{\frac{\pi}{4}D^2}$$

即

$$v_3 = \frac{4q}{\pi d^2} \tag{12-16}$$

由式（12-15）和式（12-16）可知，差动连接时活塞所受推力比非差动连接时小，但其运动速度比非差动连接时大。在实际应用中，液压系统常通过方向控制阀来改变单杆活塞式液压缸的油路连接方式，使其有不同的工作方式，从而实现“快进—工进—快退”的工作循环。在此工作循环中，“快进”采用差动连接方式，“工进”采用无杆腔进油工作方式，“快退”采用有杆腔进油工作方式。差动连接是在不增加液压泵流量的前提下实现活塞快速运动的有效方法，广泛应用于组合机床的动力滑台和各类专用机床的液压系统。

若使“快进”和“快退”的速度相等，即 $v_3=v_2$，则由式（12-13）和式（12-16）可得

$$D = \sqrt{2}d \tag{12-17}$$

小结

差动连接时相当于只有活塞杆横截面起作用。差动连接的单杆活塞式液压缸常取 $A_1=2A_2$，此时 $F_3=F_2$，$v_3=v_2$，即活塞在两个方向上的运动速度和其所受推力都相等。

2. 柱塞式液压缸

柱塞式液压缸是一种单作用液压缸，其工作原理图如图 12-5 所示。柱塞 2 与工作部件相连，缸体 1 固定在机架上。当液压油进入缸体时，推动柱塞带动工作部件向右移动，但柱塞反向退回必须依靠外力（如弹簧力或自重）来实现。为了实现双向运动，柱塞式液压缸常成对使用，如图 12-5（b）所示。当柱塞的直径为 d，输入液压油的流量为 q、压力为 p 时，柱塞所受推力和其运动速度分别为

$$F = pA = p\frac{\pi}{4}d^2 \tag{12-18}$$

$$v = \frac{q}{A} = \frac{4q}{\pi d^2} \tag{12-19}$$

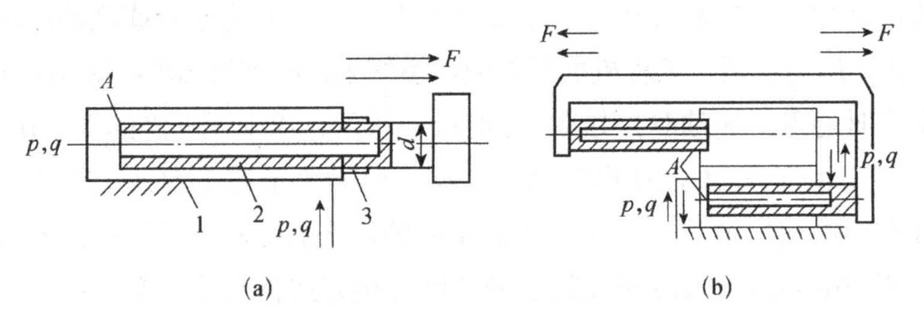

1—缸体；2—柱塞；3—导向套。

图 12-5　柱塞式液压缸的工作原理图

为了保证柱塞的刚度满足要求和得到较大的输出力，柱塞一般较粗且质量较大，在水平安装时易产生单边磨损，故柱塞式液压缸适宜垂直安装。当必须水平安装时，为减轻自重，可把柱塞做成空心的。

柱塞式液压缸结构简单、易于制造、维修方便，并且由于柱塞和缸体内壁不接触，因此缸体内表面不需要精加工，缸体的加工工艺性好，特别适用于行程较长的设备，如龙门刨床、导轨磨床、大型拉床等。

3. 摆动式液压缸

摆动式液压缸是一种输出转矩、实现往复摆动的液压执行元件，又称为摆动式液压马达。常用的摆动式液压缸有单叶片摆动式液压缸和双叶片摆动式液压缸两种，如图 12-6 所示。定子块 3 固定在缸体 2 上，回转叶片 4 和叶片轴连接在一起。单叶片摆动式液压缸的输出轴摆角可达 300°，双叶片摆动式液压缸的输出轴摆角小于 150°，但双叶片摆动式液压缸的输出转矩是单叶片摆动式液压缸的 2 倍。

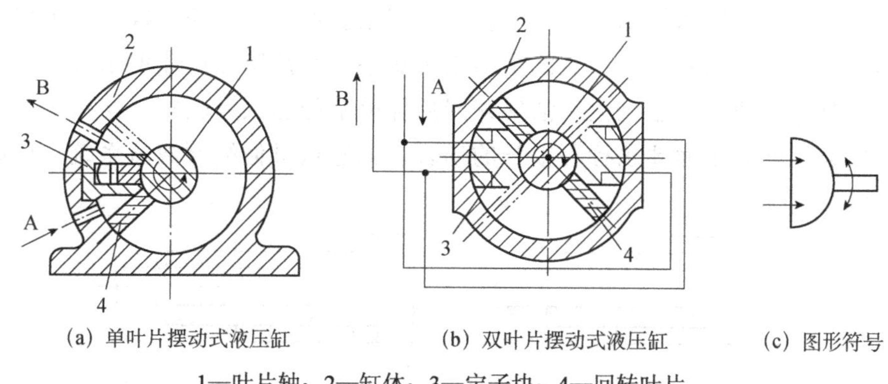

(a) 单叶片摆动式液压缸　　(b) 双叶片摆动式液压缸　　(c) 图形符号

1—叶片轴；2—缸体；3—定子块；4—回转叶片。

图 12-6　摆动式液压缸

摆动式液压缸结构紧凑、输出转矩大，但密封性较差，一般用于夹紧装置、送料装置、转位装置等中、低压液压系统。

4. 组合式液压缸

（1）增压缸。

增压缸可将输入的低压油转变为高压油，供液压系统中的高压支路使用。增压缸有单作用增压缸和双作用增压缸两种，如图 12-7 所示。增压缸由活塞缸和柱塞缸串接而成，若由增压缸大端输入的液压油的压力为 p_1，由增压缸小端输出的液压油的压力为 p_2（中间腔液压油的压力为 0），则有

$$p_2 = \left(\frac{D}{d}\right)^2 p_1 = Kp_1 \tag{12-20}$$

式中，K——增压比，$K=D^2/d^2$，它代表增压能力。

单作用增压缸只能在单方向行程中输出高压油，不能连续输出高压油。为了克服

这一缺点，可采用双作用增压缸，如图 12-7（b）所示，其由两个高压端连续向液压系统供油。

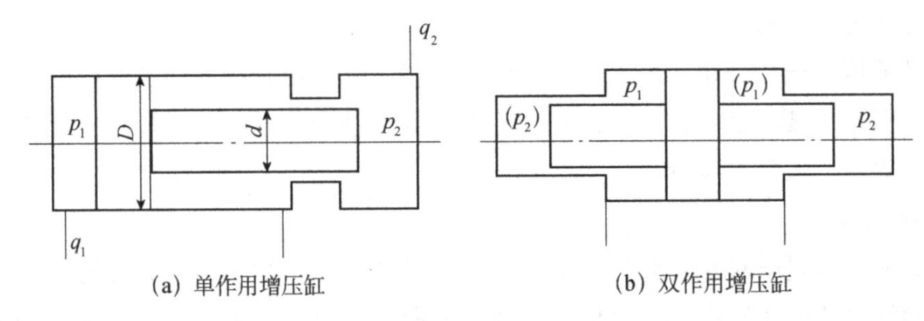

(a) 单作用增压缸　　(b) 双作用增压缸

图 12-7　增压缸

（2）伸缩缸。

伸缩缸又称为多级缸，由二级或多级活塞缸套装而成，如图 12-8 所示。前一级活塞缸的活塞是后一级活塞缸的缸体，当各级活塞依次伸出时可获得很长的工作行程。活塞伸出的顺序是从大到小，相应的推力由大变小，而活塞伸出速度由慢变快；活塞空载缩回的顺序一般是从小到大。活塞缩回后伸缩缸的总长度较短、结构紧凑。伸缩缸适用于安装空间有限而要求行程很长的场合，如起重机伸缩臂液压系统、自卸式汽车举升液压系统等。

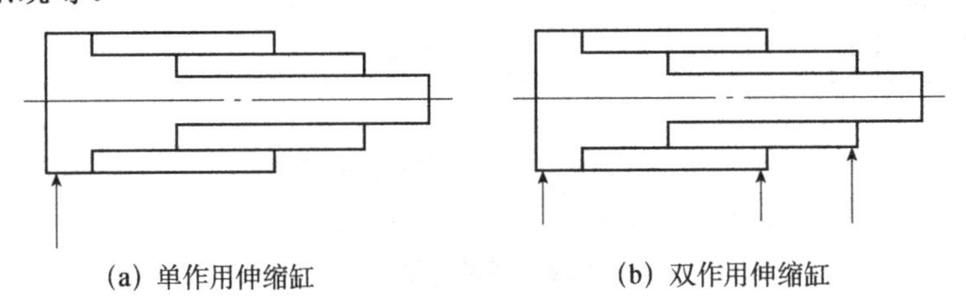
(a) 单作用伸缩缸　　(b) 双作用伸缩缸

图 12-8　伸缩缸

（3）齿条活塞缸。

齿条活塞缸又称为无杆式活塞缸，它由带有齿条的双活塞缸 1 和齿轮齿条机构 2 组成，如图 12-9 所示。液压油推动活塞做往复直线运动，该往复直线运动经齿轮齿条机构变成齿轮轴的往复转动。齿条活塞缸多用于自动线、组合机床等的转位和分度机构中。

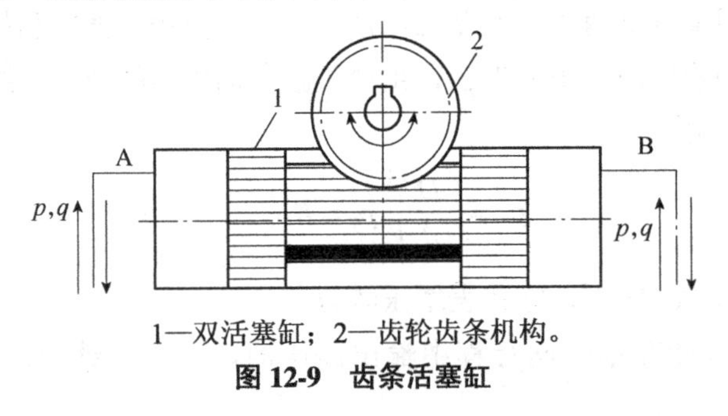

1—双活塞缸；2—齿轮齿条机构。

图 12-9　齿条活塞缸

二、液压缸的典型结构和组成

1. 液压缸的典型结构

单杆活塞式液压缸只有一端有活塞杆。图 12-10 所示为单杆活塞式液压缸的结构图，它由缸盖、缸头、缸底、缸体、活塞、活塞杆等主要部分组成。为防止液压油向外界泄漏，或者由高压腔向低压腔泄漏，在缸体与缸盖、活塞与活塞杆、活塞与缸体、活塞杆与缸盖之间均设置密封装置。为了防止活塞杆把脏物带入液压缸内部，在缸盖外侧装有防尘圈，用来刮除活塞杆上的脏物。为了防止活塞在快速到达终点时撞击缸头与缸盖，该液压缸设置了双向缓冲功能。

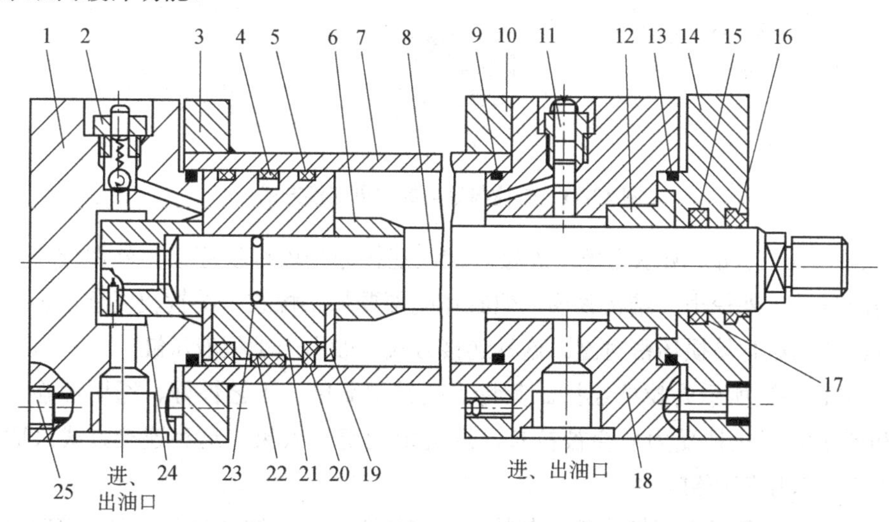

1—缸底；2—单向阀；3、10—法兰；4—格来圈；5、22—导向环；
6—缓冲套；7—缸体；8—活塞杆；9、13、23—O 形密封圈；
11—缓冲节流阀；12—导向套；14—缸盖；15—斯特圈；16—防尘圈；
17—Y 形密封圈；18—缸头；19—护环；20—Y 形密封圈；21—活塞；
24—无杆端缓冲套；25—连接螺钉。

图 12-10　单杆活塞式液压缸的结构图

2. 液压缸的组成

从图 12-10 中可以看出，液压缸的结构基本上可以分为缸体组件、活塞组件、密封装置、缓冲装置和排气装置五大部分。

（1）缸体组件。

缸体组件包括缸体、缸盖、导向套和连接件等。缸体与缸盖的常见连接方式如图 12-11 所示。

图 12-11（a）所示为法兰连接。其特点是结构简单、加工方便、连接可靠，但要求缸体端部有足够的壁厚，用于安装螺栓或螺钉。缸体端部常采用铸造、镦粗或焊接方式成型。

图 12-11（b）所示为半环连接。半环连接分为内半环连接和外半环连接两种。其特点

是工艺性好、连接可靠、结构紧凑，但要在缸体上开槽，这会削弱其强度。这种连接方式常用于连接无缝钢管缸体与缸盖。

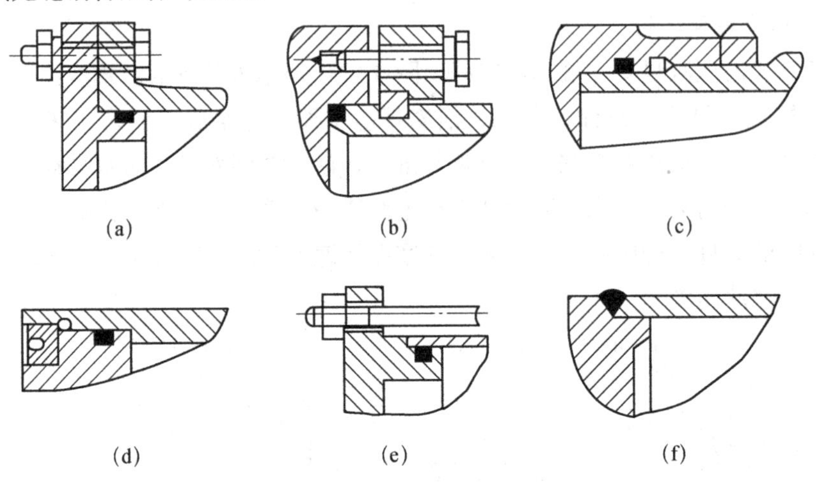

图 12-11 缸体与缸盖的常见连接方式

图 12-11（c）、（d）所示为螺纹连接。螺纹连接分为内螺纹连接和外螺纹连接两种。其特点是质量小、外径小、结构紧凑，但缸体端部要加工螺纹，结构较复杂，拆装时需要专用工具，旋缸盖时易损坏密封圈。这种连接方式一般用于小型液压缸。

图 12-11（e）所示为拉杆连接。其特点是结构简单、工艺性好、通用性强，但缸盖的体积和质量大，拉杆受力后会被拉长，这会影响密封效果。这种连接方式只适用于长度不大的中、低压液压缸。

图 12-11（f）所示为焊接连接。其特点是连接强度高、结构简单，但焊接时易引起缸体变形。这种连接方式主要用于长度较短的液压缸。

（2）活塞组件。

活塞组件包括活塞、活塞杆和连接件等。活塞与活塞杆的常见连接方式如图 12-12 所示。

整体式连接［见图 12-12（a）］和焊接连接［见图 12-12（b）］的特点是结构简单、轴向尺寸小，但损坏时需要整体更换。锥销连接［见图 12-12（c）］的特点是加工容易、装配简单，但承载能力弱，并且需要设置锥销防脱落装置。螺纹连接［见图 12-12（d）］的特点是结构简单、装拆方便，但加工螺纹削弱了活塞杆的强度，并且需要设置螺纹防松装置。半环连接［见图 12-12（e）］的特点是强度高、工作可靠，但结构复杂，拆装不方便。

（3）密封装置。

密封装置用于防止液压油泄漏。密封装置的设计质量直接影响液压缸的工作性能。一般要求密封装置具有良好的密封性能及尽可能长的使用寿命，并且制造简单、拆装方便、成本低。液压缸的密封主要包括缸体、缸盖处的静密封和活塞、活塞杆处的动密封。常见的密封装置有 O 形密封圈和 Y 形密封圈，以及组合式密封装置（格来圈）。密封装置的相关介绍详见项目十四。

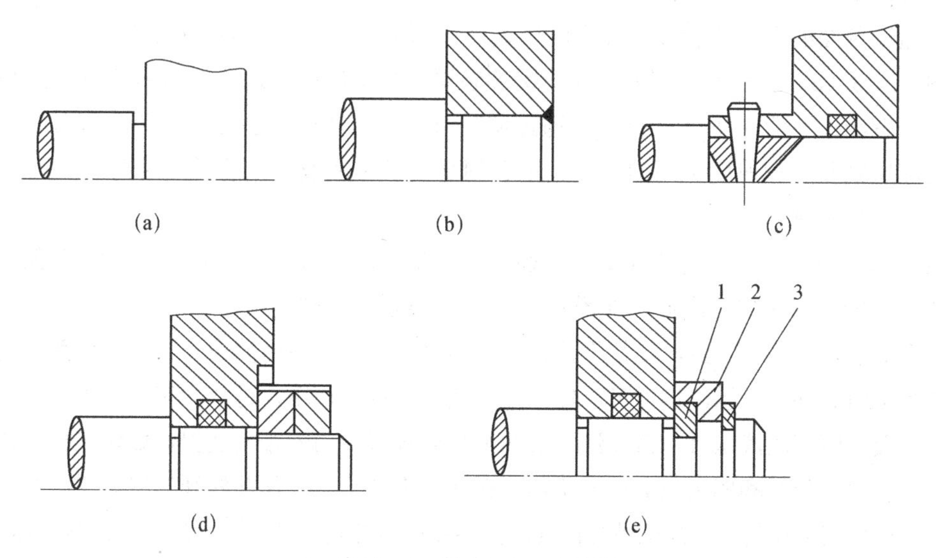

1—半环；2—轴套；3—弹簧圈。

图 12-12　活塞与活塞杆的常见连接方式

（4）缓冲装置。

为了避免活塞在行程两端与缸盖发生碰撞，产生冲击和噪声，常在大型、高速运行或要求较高的液压缸中设置缓冲装置。常见的缓冲装置如图 12-13 所示。

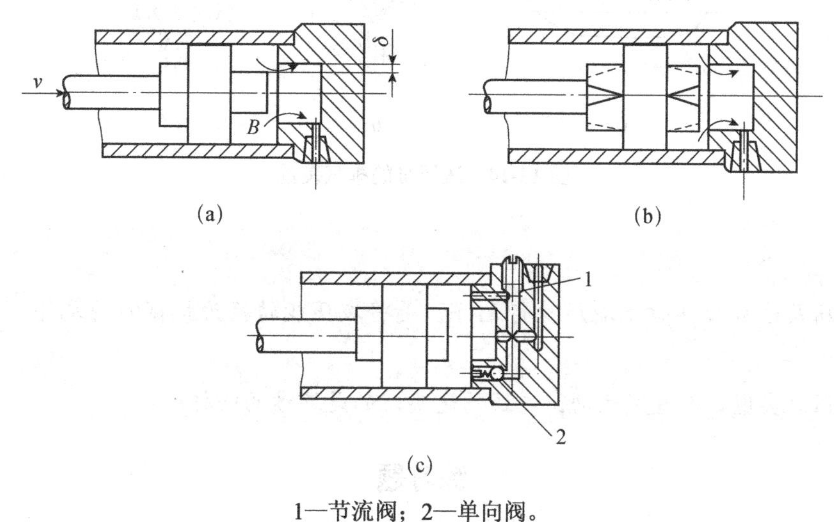

1—节流阀；2—单向阀。

图 12-13　常见的缓冲装置

图 12-13（a）所示为圆柱形环隙式缓冲装置。当缓冲柱塞进入缸盖上的内孔时，缸盖与缓冲活塞之间形成缓冲油腔，油腔中的液压油只能从环形间隙中排出，产生缓冲压力，实现减速制动。在此过程中，由于通流截面的面积不变，所以缓冲制动力将逐渐减小，缓冲效果较差。若采用圆锥形缓冲活塞，则缓冲效果较好。

图 12-13（b）所示为可变节流槽式缓冲装置。在缓冲柱塞上由浅入深开若干个三角槽，其通流截面的面积随着缓冲行程的增大而逐渐减小，缓冲压力变化比较平缓。

图 12-13（c）所示为可调节流孔式缓冲装置。当缓冲柱塞进入缸盖内孔时，油腔中的液压油只有经过节流阀 1 才能排出，通过调节节流阀的开口大小可控制缓冲压力的大小，以适应液压缸负载和速度不同的情况。单向阀 2 用于实现液压缸的反向启动。

（5）排气装置。

液压系统中混入空气会使其工作不稳定，产生振动、噪声、爬行或前冲等现象，严重时会使其不能正常工作。因此，在设计液压缸时必须考虑排气问题。

对于要求不高的液压缸，往往不设置专门的排气装置，而将油口布置在缸体两端的最高处，如图 12-14（a）所示，这样可以使空气先随液流排往油箱，再从油箱中逸出。对于对工作平稳性要求较高的液压缸，常在液压缸的最高处设置专门的排气装置，如排气塞、排气阀等，如图 12-14（b）和图 12-14（c）所示。在液压系统正式工作前松开排气装置的螺钉，让液压缸全行程空载往复运动几次进行排气，排气完毕后拧紧螺钉，液压缸便可正常工作。

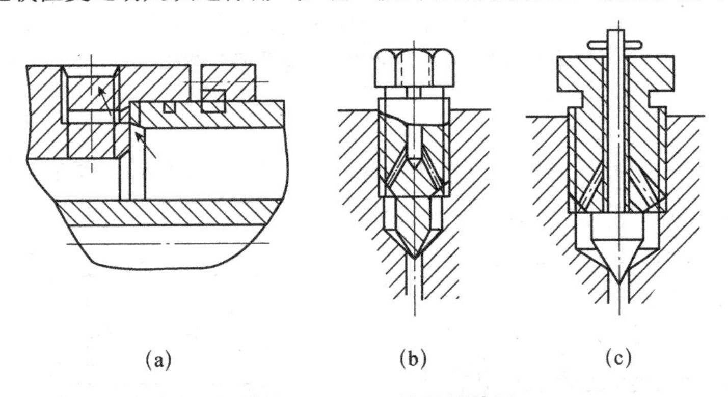

图 12-14　液压缸的排气装置

小结

1. 液压马达和液压缸是液压执行元件，是将液压能转换为机械能的元件，是液压系统的终点。

2. 液压缸实现的是直线运动，液压马达实现的是连续的回转运动。

练习题

12-1　什么是液压马达的工作压力、额定压力、排量和流量？

12-2　液压缸有哪些类型？各有什么结构特点？分别适用于什么场合？

12-3　双杆活塞式液压缸在缸体固定和活塞杆固定时，工作台运动范围有何不同？运动方向和进油方向之间是什么关系？

12-4　什么叫液压缸的差动连接？其适用于什么场合？怎样计算液压缸差动连接时活

塞的运动速度和其所受推力？

12-5　液压缸的哪些部位需要密封？常用的密封方法有哪些？

12-6　液压缸中缓冲装置的作用是什么？设置排气阀的目的是什么？

12-7　某液压马达的排量 V=200mL/r，进油压力 p_1=10MPa，出油压力 p_2=0.6MPa，总效率 η=0.93，机械效率 η_m=0.95，若输入流量 q=60L/min，试求马达的转速 n、转矩 T_0、输入功率 P_i 和输出功率 P_o。

12-8　如图 12-15 所示，3 个液压缸的活塞直径和活塞杆直径均分别为 D、d，当输入液压油的压力和流量都分别为 p、q 时，试分析各液压缸活塞的运动方向、运动速度和其所受推力大小。

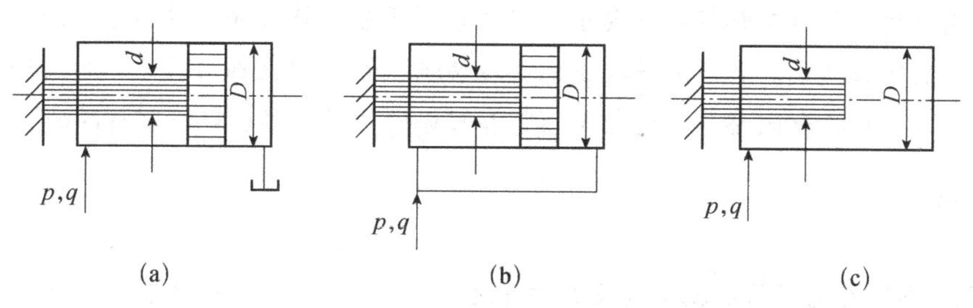

图 12-15　题 12-8 图

12-9　已知双杆活塞式液压缸的活塞直径 D=180mm，活塞杆直径 d=40mm。当输入流量 $q=4\times10^{-4}$L/min 时，若不计泄漏，试求往复运动速度。

12-10　已知单杆活塞式液压缸的活塞直径 D=80mm，活塞杆直径 d=40mm，进油压力 p_1=2MPa，输入流量 q=10L/min，回油压力 p_2=0.5MPa。若不计泄漏和摩擦，试计算单杆活塞式液压缸的活塞在 3 种连接方式下的运动速度和其所受推力。

12-11　已知单杆活塞式液压缸的活塞直径 D=100 mm，活塞杆直径 d=35 mm，输入流量 q=10L/min，试求：

（1）当该液压缸差动连接时活塞的运动速度；

（2）当该液压缸在差动阶段所能克服的负载 F=1000N 时，无杆腔内液压油的压力（不计管路压力损失）。

项目十三　液压控制元件

你知道吗？

在液压系统中，液压控制元件主要用来控制液压执行元件运动的方向、速度及其承载能力，以满足机械设备工作性能的要求。液压控制阀按功能可分为方向控制阀、压力控制阀和流量控制阀三大类。各类液压控制阀存在共性，在结构上都由阀体、阀芯和驱动机构等组成，所有液压控制阀都是通过控制阀芯和阀体的相对运动实现控制目的的。

学习目标

- ✧ 了解液压控制阀的基本结构及工作原理。
- ✧ 了解液压控制阀的分类及主要性能参数。
- ✧ 掌握单向阀、换向阀的主要组成及工作原理。
- ✧ 能正确选用三位换向阀的中位机能。
- ✧ 了解压力控制阀的结构和功能，掌握各种压力控制阀的工作原理。
- ✧ 了解流量控制阀的结构和功能，掌握各种流量控制阀的工作原理。

任务一　概述

液压控制阀是用来控制液压系统中液压油的流动方向、压力和流量，以满足液压执行元件对力（或转矩）、速度和方向的要求的液压控制元件。液压控制阀按功能可分为方向控制阀、压力控制阀和流量控制阀三大类。

一、液压控制阀的基本结构及工作原理

1. 基本结构

所有液压控制阀都是由阀体（阀套）、阀芯和驱动机构等组成的。阀体上除了有与阀芯配合的阀体孔，还有外接油管的进、出油口；阀芯主要有滑阀（圆柱形）、锥阀和球阀三种形式；驱动机构可以是手调机构，也可以是弹簧、电磁铁或液压驱动机构等。

2. 工作原理

所有液压控制阀都是通过控制阀芯和阀体的相对运动来控制阀的通断及开口大小，从而实现液压油的流动方向、压力和流量控制的。各类液压控制阀的开口大小，进、出油口间的压力差，以及通过液压控制阀的流量之间的关系都符合小孔流量公式（$q=KA_{T}\Delta p^{m}$），只是各类液压控制阀控制的参数各不相同而已。

二、液压控制阀的分类

1. 按功能分类

液压控制阀按功能可分为方向控制阀、压力控制阀和流量控制阀。在实际应用中，这三类液压控制阀可以进行组合，构成满足多种控制要求的复合阀，如单向顺序阀、电磁溢流阀等。

2. 按控制方式分类

液压控制阀按控制方式可分为手动液压控制阀、机动液压控制阀、电磁液压控制阀等，并且可以组合成机液、电液等控制方式的液压控制阀。

3. 按安装方式分类

液压控制阀按安装方式可分为管式（又称螺纹式）液压控制阀、板式液压控制阀、叠加式液压控制阀和插装式液压控制阀等。

（1）管式液压控制阀。管式液压控制阀的各油口均为螺纹孔，可以通过油管与其他元件连接，并由此固定在管路中。其结构简单、制造方便，但拆装不便、布置分散，仅用于简单液压系统。

（2）板式液压控制阀。板式液压控制阀的各油口都布置在同一个安装面上，油口不加工螺纹。通常先用螺钉将板式液压控制阀固定在有对应油口的连接板上，再通过连接板上的螺纹孔与管道或其他元件连接；或者把几个板式液压控制阀用螺钉固定在一个集成块的不同侧面，在集成块上打孔，连通各板式液压控制阀组成回路。板式液压控制阀由于拆装方便、连接可靠，因此应用较广泛。

（3）叠加式液压控制阀。叠加式液压控制阀的各油口通过阀体的上、下两个接合面与其他液压控制阀相互叠装连接成回路。每个液压控制阀除完成其自身的功能以外，还起油路通道的作用。叠加式液压控制阀结构紧凑、压力损失小。

（4）插装式液压控制阀。插装式液压控制阀无单独的阀体，由阀芯、阀套等组成的单元体插装在插装块的预制孔中，用连接螺纹或盖板固定，通过插装块内的通道将各插装式液压控制阀连通后组成回路。其中，插装块起到阀体和管路的作用。插装式液压控制阀是为适应液压系统集成化而发展起来的一种新型液压控制阀。

三、液压控制阀的主要性能参数

液压控制阀的性能参数是对液压控制阀进行评价和选用的依据，其反映了液压控制阀的规格和工作性能。液压控制阀的规格用公称通径 D_g 来表示。公称通径反映了液压控制阀的通流能力，是指液压控制阀进、出油口的名义尺寸，名义尺寸和实际尺寸不一定相等。公称通径对应于液压控制阀的额定流量，液压控制阀工作时的实际流量应小于或等于额定流量，最大不得超过额定流量的 1.1 倍。对于不同类型的液压控制阀，还可用不同的参数来表征其不同的工作性能，如压力、流量的限定值，以及压力损失、开启压力、允许背压、最小稳定流量等。

任务二　方向控制阀

一个液压系统中有各种类型的液压控制阀，其中方向控制阀在数量上占有比较大的比重。方向控制阀通过控制液压系统中液流的通断或流动方向，来实现对液压执行元件的启动、停止或运动方向的控制。它的工作原理是利用阀芯和阀体的相对位置的改变来控制油路的通断，以满足液压系统对油路的不同要求。方向控制阀主要分为单向阀和换向阀两大类。

一、单向阀

1. 普通单向阀

普通单向阀通常简称单向阀，它只允许液压油按某一方向流动，而反向截止。单向阀的结构图和图形符号如图 13-1 所示。

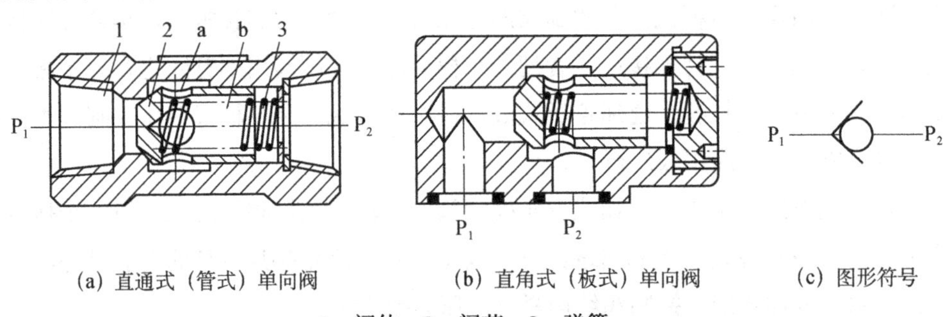

(a) 直通式（管式）单向阀　(b) 直角式（板式）单向阀　(c) 图形符号

1—阀体；2—阀芯；3—弹簧。

图 13-1　单向阀的结构图和图形符号

当液压油从进油口 P_1 流入时，克服弹簧力使阀芯 2 右移，阀口打开，液压油经阀口、阀芯上的径向孔 a 和轴向孔 b，从出油口 P_2 流出。当液压油从 P_2 口流入时，在弹簧力和油压的作用下，阀芯锥面压紧在阀座上，阀口关闭，使液压油不能通过。

单向阀要求液流正向通过时压力损失要小，反向截止时密封性能要好。因此，单向阀中的弹簧仅起到阀芯复位的作用，刚度较小，开启压力很小（0.04～0.1MPa）。单向阀在当作背压阀使用时，可将弹簧更换为硬弹簧，使开启压力为0.2～0.6MPa。

2. 液控单向阀

图13-2所示为液控单向阀的结构图和图形符号。液控单向阀由单向阀和液控装置两部分组成。当控制口 X 不通入液压油时，液控单向阀的作用和单向阀相同；当控制口 X 通入液压油时，控制活塞把单向阀的阀芯顶离阀座，液压油正反向均可流动，具体流动方向视两端压力大小而定。

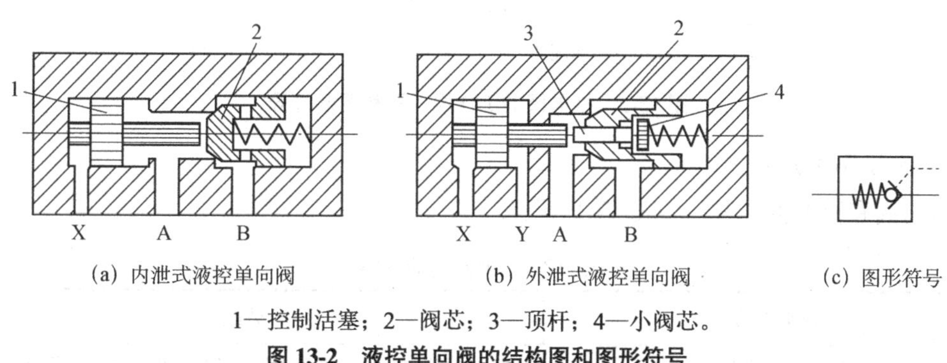

(a) 内泄式液控单向阀　　(b) 外泄式液控单向阀　　(c) 图形符号

1—控制活塞；2—阀芯；3—顶杆；4—小阀芯。

图 13-2　液控单向阀的结构图和图形符号

液控单向阀根据控制活塞右腔的泄油方式不同可分为内泄式液控单向阀［见图 13-2（a）］和外泄式液控单向阀［见图 13-2（b）］两种。前者泄油时液压油需要通过液控单向阀的油口 A，后者泄油时液压油直接引回油箱。为了减小液控单向阀的控制压力，图 13-2（b）所示的结构在阀芯内装有小阀芯，控制活塞右行时先顶开小阀芯使主油路卸荷，再顶开阀芯，其控制压力仅为工作压力的 5%，而没有卸荷小阀芯的液控单向阀，其控制压力为工作压力的 40%～50%。当液控单向阀的控制口 X 不工作时，应使其和油箱相通，否则控制活塞不能复位，液控单向阀不能反向截止液流。

液控单向阀具有良好的单向密封性能，常用于液压执行元件需要长时间保压、锁紧的场景，也可用于防止立式液压缸的活塞因自重而自行下滑。液控单向阀也称为液压锁。

二、换向阀

1. 换向阀的工作原理

换向阀通过改变阀芯和阀体的相对位置使阀体上各油口连通或断开，从而控制执行元件的启动、停止或运动方向。换向阀的工作原理图和图形符号如图 13-3 所示。在如图 13-3 所示的位置时，液压缸两腔不通入液压油，处于停止状态。若使换向阀的阀芯右移，则油口 P 和 A 连通，油口 B 和 T_2 连通，液压油经油口 P、A 进入液压缸的左腔，活塞右移，右腔液压油经油口 B、T_2 回到油箱。若使换向阀的阀芯左移，则油口 P 和 B 连通，油口 A 和 T_1 连通，活塞左移。

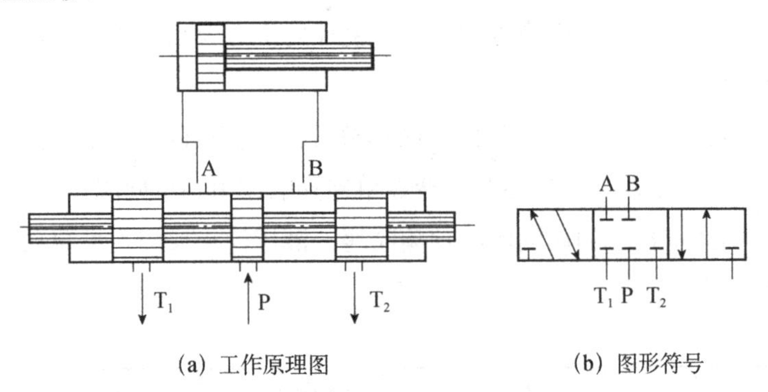

(a) 工作原理图　　(b) 图形符号

图 13-3　换向阀的工作原理图和图形符号

2. 换向阀的分类

换向阀有很多种类型，如表 13-1 所示。

表 13-1　换向阀的分类

分类方法	类型
按阀芯结构分类	滑阀式换向阀、锥阀式换向阀、球阀式换向阀等
按阀的工作位置数和通路数分类	二位二通换向阀、二位三通换向阀、二位四通换向阀、二位五通换向阀、三位四通换向阀、三位五通换向阀等
按控制方式分类	手动换向阀、机动换向阀、电磁换向阀、液动换向阀、电液换向阀等
按阀芯的定位方式分类	钢球定位式换向阀、弹簧复位式换向阀等

3. 换向阀的图形符号

表 13-2 所示为几种常见换向阀的结构图和图形符号。

表 13-2　几种常见换向阀的结构图和图形符号

名称	结构图	图形符号
二位二通换向阀	A　P	A P
二位三通换向阀	A　P　B	A　B P

续表

名称	结构图	图形符号
二位四通换向阀	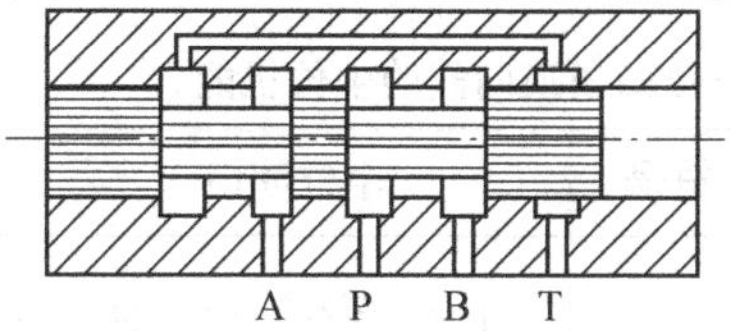 A P B T	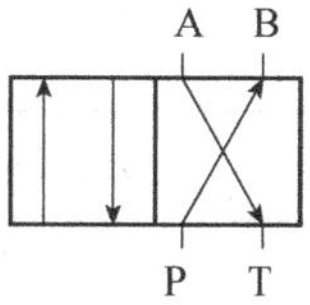 A B P T
二位五通换向阀	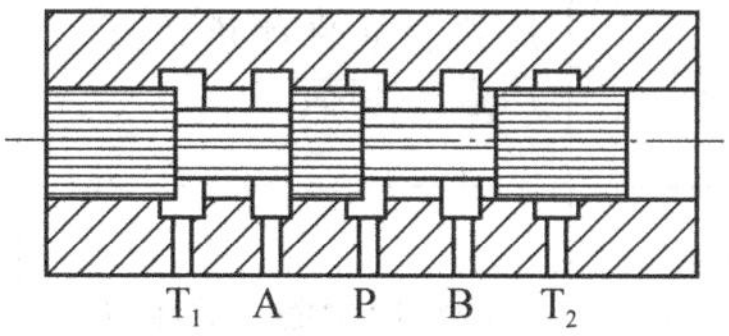 T_1 A P B T_2	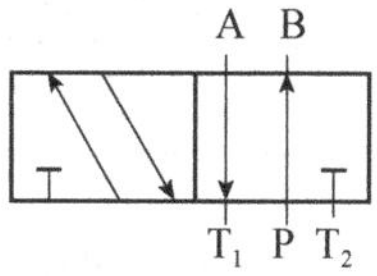 A B T_1 P T_2
三位四通换向阀	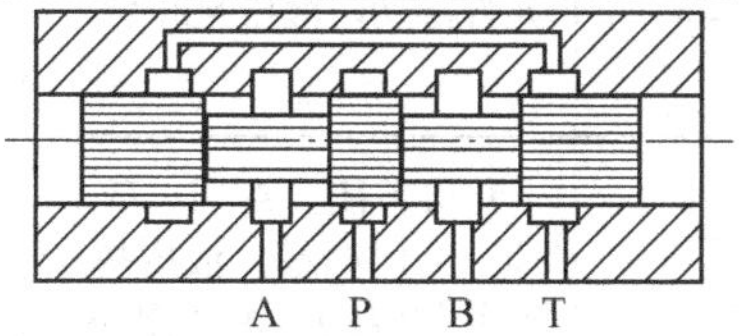 A P B T	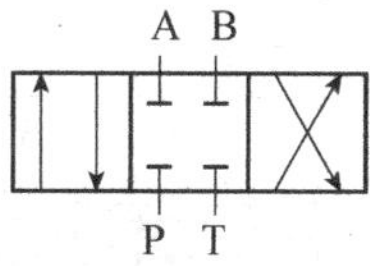 A B P T
三位五通换向阀	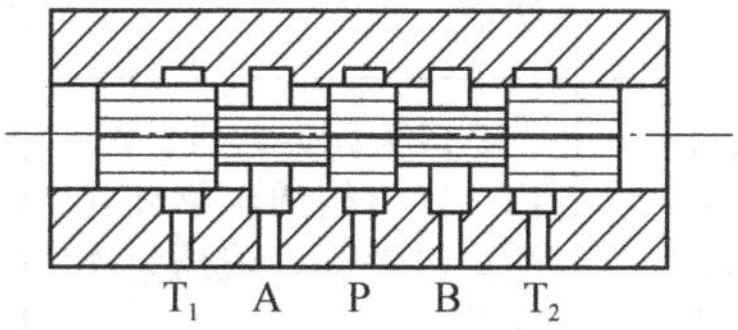 T_1 A P B T_2	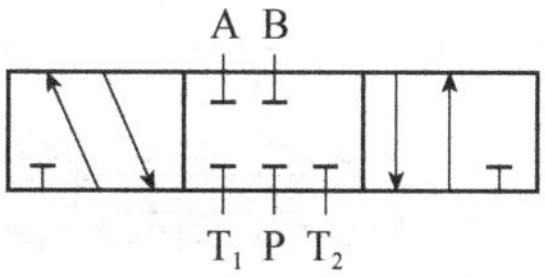 A B T_1 P T_2

换向阀图形符号的含义如下。

（1）方框数表示换向阀的工作位置数，有几个方框就是几位换向阀。

（2）在一个方框内，箭头或堵塞符号与方框的交点数为换向阀的通路数，有几个交点就是几通换向阀，箭头表示两油口连通，但不表示液流实际流向；“⊥”表示此油口截止（堵塞）。

（3）P 表示进油口，P 口只能接液压泵；T 表示回油口，T 口接回油箱；A、B 表示工作油口，常与液压缸或液压马达相连。

（4）控制方式和复位弹簧的符号画在图形符号的两侧。

4. 常态位和中位机能

换向阀都有两个或两个以上工作位置，其中有一个是常态位，即阀芯未受到外部操纵力作用时所处的位置（各油口的连通方式）。图形符号中的中位是三位换向阀的常态位。利用弹簧复位的二位换向阀以靠近弹簧符号的一个方框为常态位。在液压系统原理图中，换向阀的图形符号与油路的连接应画在常态位上。

二位二通换向阀有常开型二位二通换向阀和常闭型二位二通换向阀两种，常开型二位二通换向阀的常态位两油口是连通的，常闭型二位二通换向阀的常态位两油口是不通的。

对于三位换向阀，其常态位（中位）各油口的连通方式称为中位机能。中位机能不同，中位时换向阀对液压系统的控制性能也不相同。表13-3所示为三位四通换向阀的中位机能。

表 13-3　三位四通换向阀的中位机能

代号	结构图	中位符号	中位油口	其他机能符号示例
O	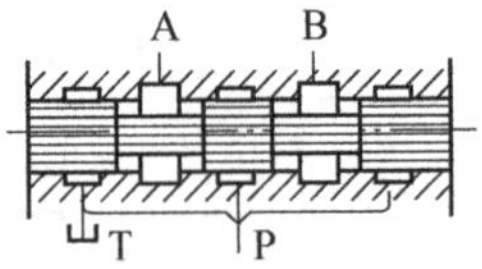 A B T P	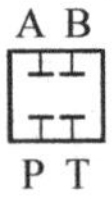 A B P T	回油口全关闭，液压执行元件闭锁，液压泵不卸荷	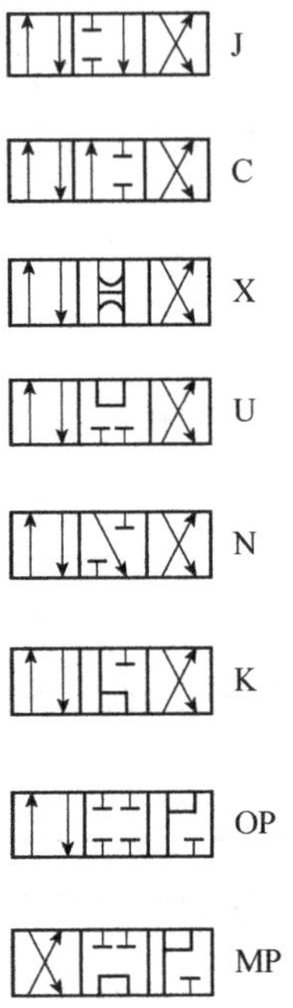 J C X U N K OP MP
H	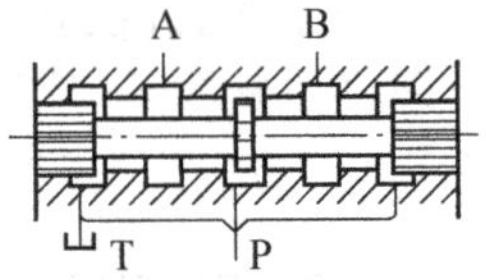 A B T P	 A B P T	回油口全通，液压执行元件浮动，液压泵卸荷	
Y	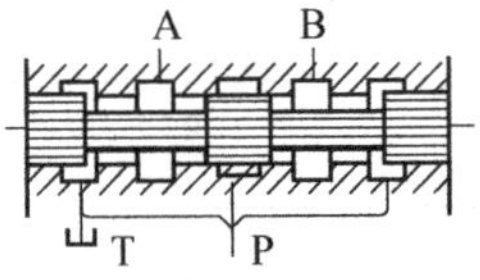 A B T P	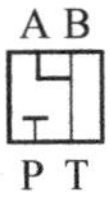 A B P T	P口关闭，A口、B口、T口相通，液压执行元件浮动，液压泵不卸荷	
P	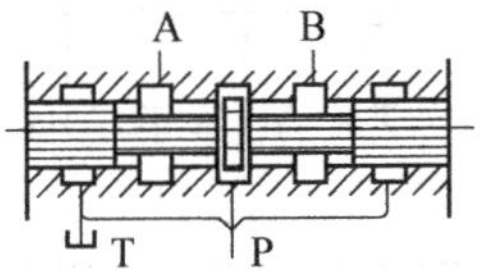 A B T P	 A B P T	T口关闭，P口、A口、B口相通，单杆式活塞缸差动，液压泵不卸荷	
M	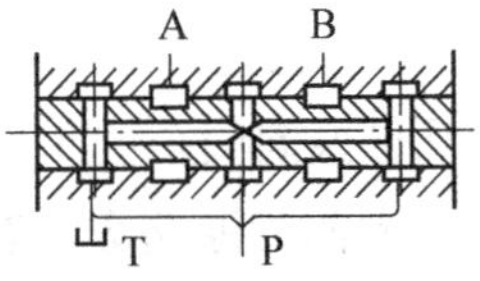 A B T P	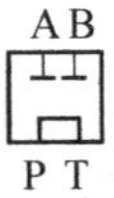 A B P T	A口、B口关闭，P口、T口相通，液压执行元件闭锁，液压泵卸荷	

5. 几种常见的换向阀

（1）手动换向阀。

手动换向阀利用手动杠杆来改变阀芯的工作位置从而实现换向。按阀芯的定位方式的不同，手动换向阀有弹簧复位式手动换向阀和钢球定位式手动换向阀两种，如图13-4所示。当操作手柄的外力撤去后，前者在弹簧力的作用下使阀芯自动回到初始位置（处于中位）；后者因钢球卡在定位槽中，故可使阀芯处于原换向位置不动（称为“记忆”功能）。

手动换向阀结构简单、操作安全，有的还可人为地控制阀口的大小，从而控制液压执行元件的运动速度。但手动换向阀由于要依靠手动操纵，因此只适用于间歇动作且要求人工控制的场合，如工程机械中。

（2）机动换向阀。

机动换向阀又称为行程换向阀，利用行程挡块或凸轮推动阀芯实现换向。图13-5所示为二位二通机动换向阀。在常态位（图示位置）时，P口和A口不通；当固定在运动部件上的挡块压下滚轮时，阀芯移动，P 口和 A 口相通。机动换向阀通常是弹簧复位式二位换向阀，有二通、三通、四通和五通几种形式。

机动换向阀结构简单、动作可靠、换向位置精度高，改变挡块的迎角或凸轮的形状，可使阀芯获得合适的换向速度，以减小换向冲击。机动换向阀不经常应用于机床液压系统的速度换接回路。

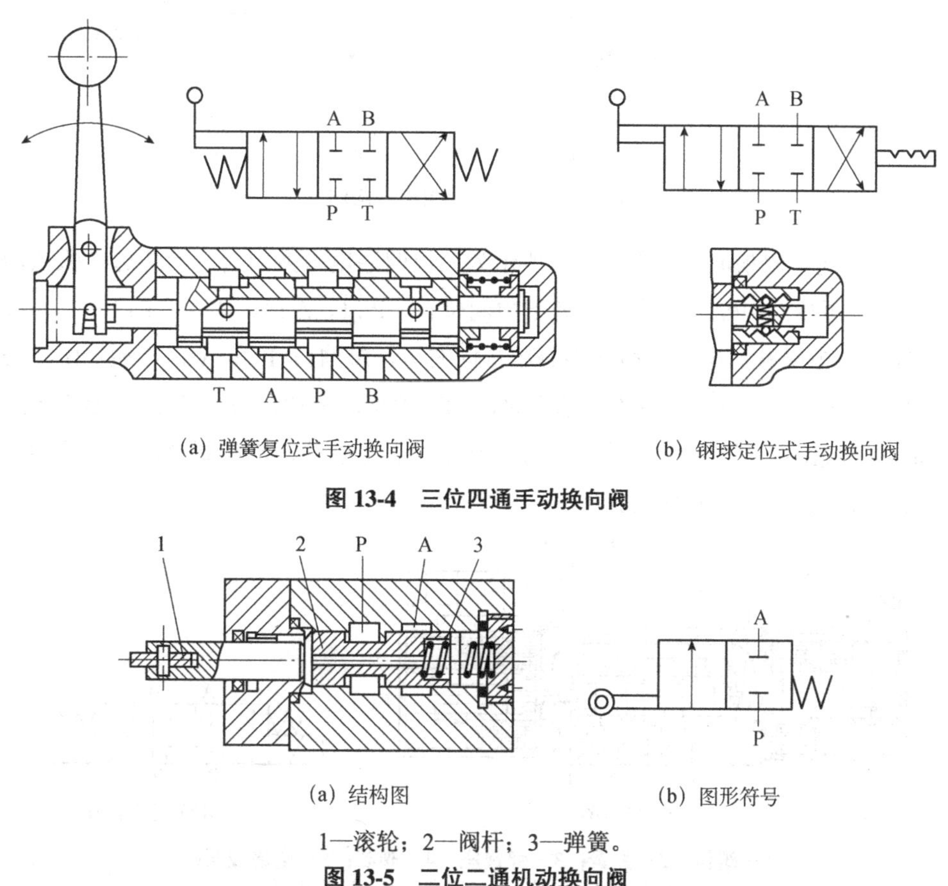

(a) 弹簧复位式手动换向阀　　(b) 钢球定位式手动换向阀

图 13-4　三位四通手动换向阀

(a) 结构图　　(b) 图形符号

1—滚轮；2—阀杆；3—弹簧。

图 13-5　二位二通机动换向阀

（3）电磁换向阀。

电磁换向阀利用电磁铁吸力使阀芯移动实现换向。电磁铁按使用的电源不同可分为交流电磁铁和直流电磁铁两种。交流电磁铁使用方便、吸力大、换向时间短（0.01～0.07s），但换向冲击大、噪声大、换向频率低（约 30 次/min），并且当因为阀芯被卡住或电压低等吸合不上时，线圈容易被烧毁。直流电磁铁工作可靠、换向冲击小、使用寿命长、换向频率可达 120 次/min，其缺点是需要直流电源，成本较高。

① 二位三通电磁换向阀。图 13-6 所示为二位三通电磁换向阀。当电磁铁断电时，进油口 P 与 A 口相通，B 口关闭。当电磁铁通电时，产生的电磁吸力通过推杆将阀芯推向右端，进油口 P 与 B 口相通，A 口关闭。

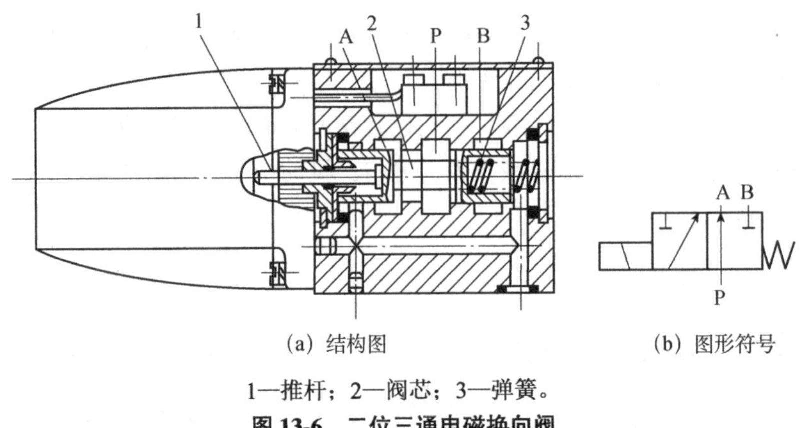

(a) 结构图　　(b) 图形符号

1—推杆；2—阀芯；3—弹簧。

图 13-6　二位三通电磁换向阀

② 三位四通电磁换向阀。图 13-7 所示为三位四通电磁换向阀。当两边电磁铁均不通电时，阀芯在两端对中弹簧的作用下处于中间位置，P 口、A 口、B 口、T 口互不相通（中位）。当左侧的电磁铁通电时，衔铁将阀芯推向右边，进油口 P 和 A 口相通，B 口与回油口 T 相通（左位）；当右侧的电磁铁通电时，阀芯被推向左边，进油口 P 和 B 口相通，A 口与回油口 T 相通（右位）。因此，通过控制左、右电磁铁通电和断电，就可控制液流的方向，实现液压执行元件的换向。

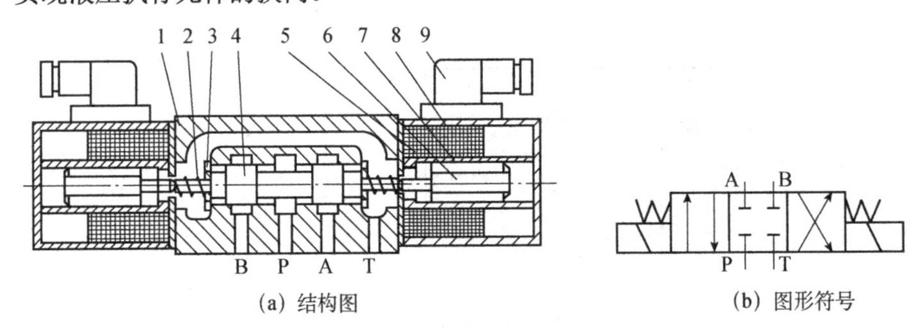

(a) 结构图　　(b) 图形符号

1—阀体；2—弹簧；3—弹簧座；4—阀芯；5—电磁线圈；
6—衔铁；7—隔套；8—壳体；9—插头组件。

图 13-7　三位四通电磁换向阀

电磁换向阀具有动作迅速、操作方便、易于实现自动控制等优点。但由于电磁铁的吸力有限，因此电磁换向阀只适合用在流量不大的场合。

（4）液动换向阀。

液动换向阀利用液压系统中液压油（控制油）的作用来改变阀芯的工作位置从而实现换向。图 13-8 所示为三位四通液动换向阀。当阀芯两端控制口 K_1 和 K_2 均不通入液压油时，阀芯在两端弹簧的作用下处于中间位置，此时 P 口、A 口、B 口、T 口互不相通（中位）；当 K_1 口通入液压油、K_2 口接通油箱时，阀芯右移，使进油口 P 与 A 口相通，B 口与回油口 T 相通（左位）；当 K_2 口通入液压油、K_1 口接通油箱时，阀芯左移，使进油口 P 与

B 口相通，A 口与回油口 T 相通（右位）。

液动换向阀结构简单、动作可靠、换向平稳，并且由于液压驱动力大，因此可以通过较大的流量。液动换向阀较少单独使用，常与小电磁换向阀联合使用。

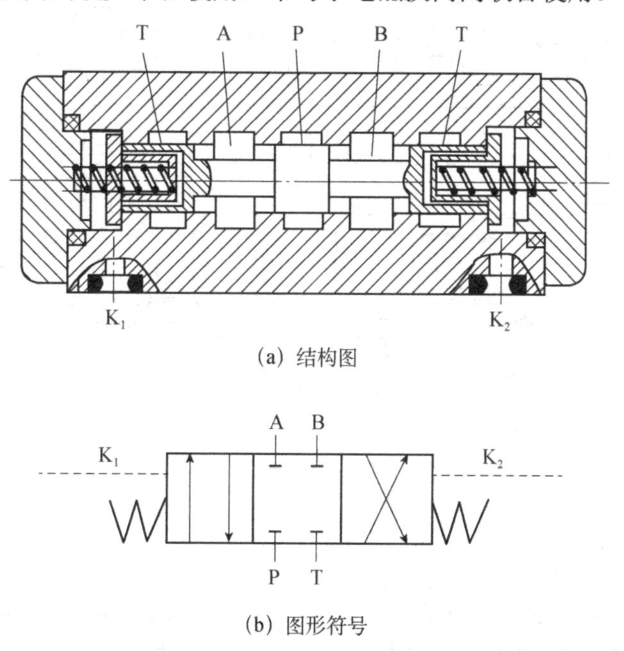

（a）结构图

（b）图形符号

图 13-8　三位四通液动换向阀

（5）电液换向阀。

电液换向阀由电磁换向阀和液动换向阀组合而成。其中，电磁换向阀用来改变液动换向阀的控制油路方向，称为先导阀；液动换向阀用来实现主油路的换向，称为主阀。图 13-9 所示为三位四通电液换向阀。当先导阀的两个电磁铁都不通电时，先导阀处于中位，主阀两端控制口均不通入液压油，在主阀阀芯两端对中弹簧的作用下，主阀亦处于中位；当先导阀左端电磁铁通电时，其阀芯右移，先导阀换到左位，控制油路的液压油进入主阀左控制口，推动主阀阀芯右移，主阀也换到左位，此时 P 口与 A 口相通，B 口与 T 口相通；当先导阀右端电磁铁通电时，其阀芯左移，先导阀换到右位，控制油路的液压油进入主阀右控制口，推动主阀阀芯左移，主阀也换到右位，此时 P 口与 B 口相通，A 口与 T 口相通。调整主阀两端阻尼调节器上的节流阀开口大小，就可以改变主阀阀芯的移动速度，从而调整主阀换向时间。电液换向阀综合了电磁换向阀和液动换向阀的优点，控制方便、通过的流量大。

想一想

1. 二位四通电磁换向阀能否当作二位三通或二位二通阀用？应如何连接？
2. 对于弹簧对中型电液换向阀，其先导阀为什么通常采用 Y 型中位机能？

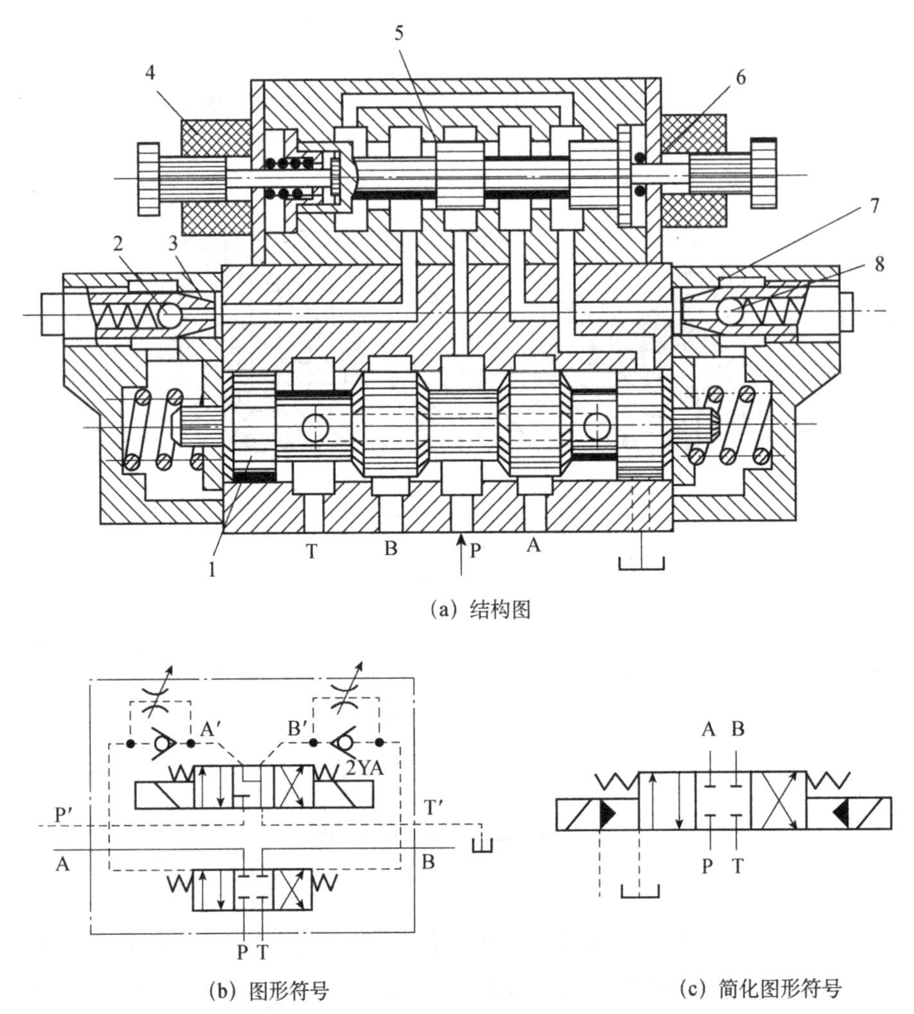

(a) 结构图

(b) 图形符号

(c) 简化图形符号

1—主阀阀芯；2、8—单向阀；3、7—节流阀；4、6—电磁铁；5—先导阀阀芯。

图 13-9 三位四通电液换向阀

任务三 压力控制阀

在液压系统中，用来控制液压油压力高低或利用压力信号控制其他元件产生动作的阀统称为压力控制阀。压力控制阀的共同点是，它们都是利用作用在阀芯上的液压力和弹簧力相平衡的原理来工作的。压力控制阀按照功能和用途不同可分为溢流阀、减压阀、顺序阀和压力继电器。

一、溢流阀

溢流阀的主要作用有两个：一是在定量泵节流系统中用来保持液压泵出油压力恒定，

并将液压泵输出的多余的液压油溢回油箱；二是在液压系统中起安全保护作用。溢流阀根据结构不同可分为直动式溢流阀和先导式溢流阀两类。

1. 溢流阀的工作原理

（1）直动式溢流阀。

图 13-10 所示为直动式溢流阀。当进油口 P 从液压系统中接入的液压油压力不高时，锥阀芯被弹簧紧压在阀座孔上，阀口关闭；当进油压力升高到能克服弹簧阻力时，便推开锥阀芯使阀口打开，液压油就先由进油口 P 流入，再从回油口 T 流回油箱（称为溢流），进油压力也就不再继续升高。在溢流时，溢流量随阀口的开大而增加，但溢流阀进油压力基本保持为定值，因此可认为溢流阀在溢流时具有稳压性能。拧动调节螺钉改变弹簧的预压缩量，便可调整溢流阀的溢流压力。

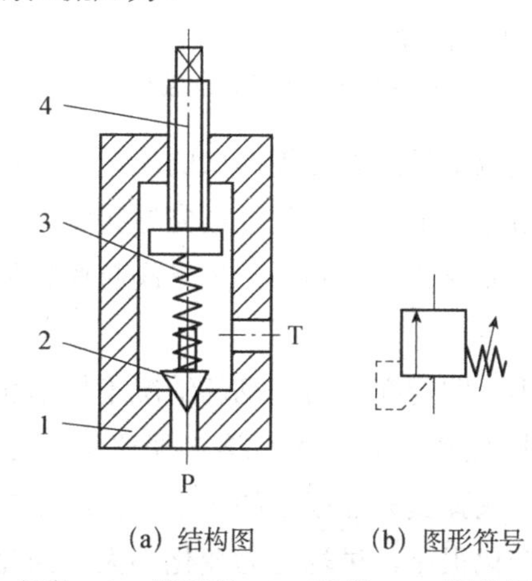

（a）结构图　　（b）图形符号

1—阀体；2—锥阀芯；3—弹簧；4—调节螺钉。

图 13-10　直动式溢流阀

直动式溢流阀利用液压力直接和弹簧力相平衡来进行压力控制。若液压系统所需液压力较高且流量较大，则需要安装刚度大的硬弹簧，这样会使直动式溢流阀的稳压性能变差，而且调节费力，故直动式溢流阀只适用于低压小流量液压系统。

（2）先导式溢流阀。

图 13-11 所示为先导式溢流阀，其由先导阀和主阀两大部分组成。先导阀实际上就是一个小流量的直动式溢流阀，其阀芯呈锥形；主阀阀芯端部呈锥形且开有一个阻尼孔 R。液压油从进油口 P 进入，经阻尼孔 R 后到主阀弹簧腔并作用在先导阀阀芯的右侧（此时外控口 X 是堵塞的）。当进油压力不高时，作用在先导阀阀芯上的液压力不能克服先导阀的弹簧力，先导阀阀口关闭，阀内部无液压油流动。此时，因主阀阀芯上、下腔油压相等，故主阀阀芯在弹簧力作用下压紧阀座，主阀阀口也关闭。当进油压力升高到先导阀弹簧预调压力时，先导阀阀口打开，主阀弹簧腔中的液压油经过先导阀阀口并经阀体上的通道和回油口 T 流回油箱。此时，液流经过主阀上的阻尼孔 R 产生的压力损失使主阀阀芯上、下腔形成压力差。主阀阀芯在此压力差的作用下克服弹簧阻力（此主阀阀芯弹簧较

软，仅起复位作用）向上移动，使阀口打开，进油口 P 与回油口 T 相通，达到稳压溢流的目的。调节先导阀的弹簧预压缩量（调节螺钉），便可调节溢流压力。

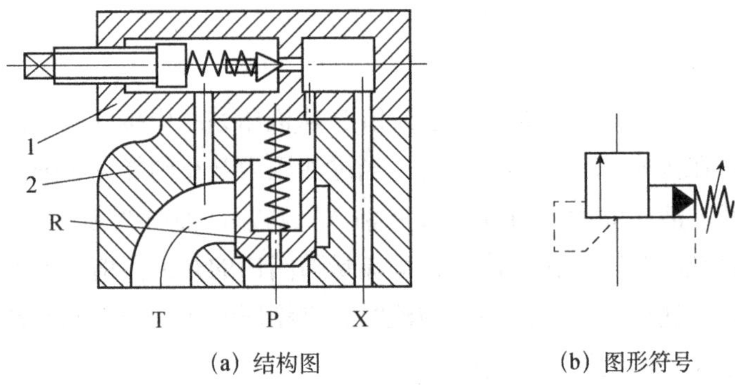

(a) 结构图　　(b) 图形符号

1—先导阀；2—主阀；3—阻尼孔。

图 13-11　先导式溢流阀

先导式溢流阀的总溢流量包括经过先导阀阀口的流量（经过阻尼孔的流量）和经过主阀阀口的流量两部分。由于阻尼孔很细，因此经过先导阀阀口的流量很小，绝大部分溢流量经过主阀阀口流回油箱。在先导式溢流阀中，先导阀起控制和调节压力作用，主阀起溢流作用。

由于先导阀阀口直径较小，即便在压力较高的情况下作用在先导阀阀芯上的液压力也不大，因此选择的调压弹簧刚度也不必很大，这样调整压力时就比较轻松。因主阀阀芯上、下端均受油压作用，故主阀弹簧只需很小的刚度。当溢流量变化较大时，主阀阀口开度变大、变小引起的弹簧力变化很小，进油压力变化不大，因此先导式溢流阀的稳压性能优于直动式溢流阀。但由于先导式溢流阀是二级阀，因此其灵敏度低于直动式溢流阀。先导式溢流阀适用于中、高压液压系统。

2. 溢流阀的静态特性

溢流阀是液压系统中极其重要的液压控制元件，其静态特性对液压系统的工作性能影响很大。溢流阀的静态特性是指其在稳定工作状态下的性能。溢流阀的静态特性指标有很多，主要有压力–流量特性和启闭特性。

（1）压力–流量特性。

压力–流量特性是指当溢流阀在某一调定压力下工作时，溢流量变化与进油压力之间的关系，即稳压性能。理想的压力–流量特性曲线应是一条平行于流量坐标轴的直线，即进油压力达到调压弹簧所确定的压力后立即溢流，并且无论溢流量怎样变化，进油压力始终保持恒定。但实际上，溢流量的增大会引起阀口开度，即弹簧压缩量的增大，进油压力会随之缓慢升高。图 13-12 所示为直动式溢流阀和先导式溢流阀的压力–流量特性曲线。其中，p_o 为直动式溢流阀阀口刚被打开时的压力，即开启压力；p_n 为溢流量为额定值（全溢流量）q_n 时的压力，称为调定压力。调定压力 p_n 与开启压力 p_o 之差称为调压偏差，即溢流量变化时溢流阀控制压力的变化幅度。先导式溢流阀的压力–流量特性曲线较平缓，调压偏差小，故其稳压性能优于直动式溢流阀。

（2）启闭特性。

启闭特性是指溢流阀阀口在开启和关闭全过程中的压力–流量特性。由于摩擦力的存在，溢流阀阀口开启和关闭时的压力–流量特性曲线并不重合。由于主阀阀芯开启时所受摩擦力和进油压力方向相反，而主阀阀芯闭合时两者相同，因此在相同的溢流量下，溢流阀的开启压力大于闭合压力，如图 13-13 所示。在某溢流量下，两条曲线压力坐标的差值区称为不灵敏区，当进油压力在此范围内变化时，溢流阀阀口开度无变化。

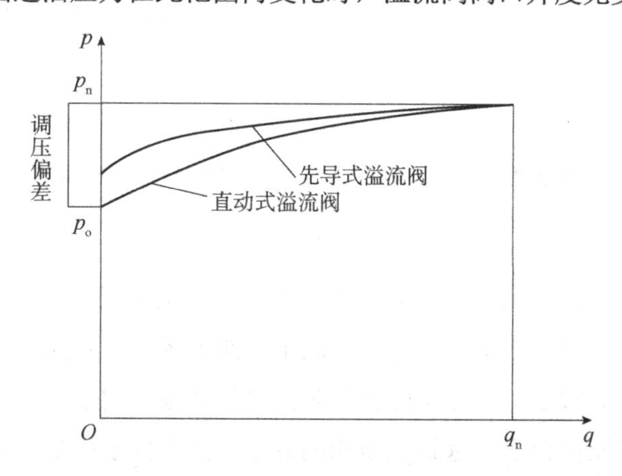

图 13-12　直动式溢流阀和先导式溢流阀的压力–流量特性曲线

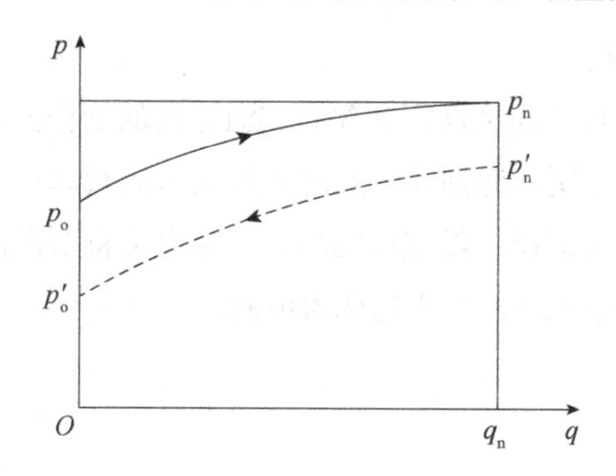

图 13-13　溢流阀的启闭特性曲线

3. 溢流阀的应用

（1）用于溢流稳压。

在定量泵液压系统中，溢流阀通常接在定量泵出口处，如图 13-14 所示。定量泵的一部分液压油经节流阀进入液压缸，而多余的液压油从溢流阀溢回油箱，溢流阀在溢流的同时稳定了定量泵的供油压力。

（2）用于过载保护。

如图 13-15 所示，液压系统采用变量泵供油，系统内无多余液压油，不需要溢流。变量泵的工作压力由负载决定，溢流阀用于限制变量泵出口的最高压力。液压系统正常工作时溢流阀阀口关闭，只有液压系统过载时溢流阀阀口才打开，以保证液压系统的安全，故称其为安全阀。

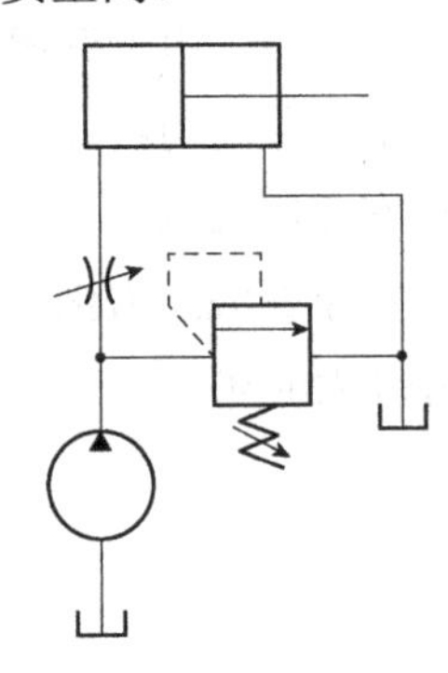

图 13-14　溢流阀用于溢流稳压

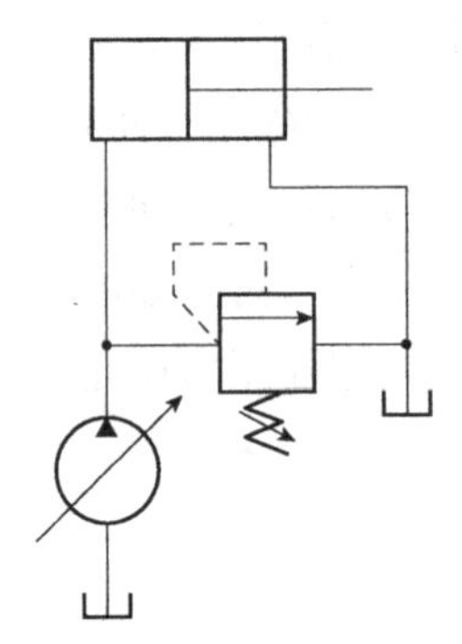

图 13-15　溢流阀用于过载保护

（3）用于远程调压。

如图 13-16 所示，远程调压阀实际上是一个直动式溢流阀，接在先导式溢流阀的远程控制口上，其与先导式溢流阀上的先导阀并联于主阀上腔，即主阀上腔的液压油同时作用在远程调压阀和先导阀阀芯上。在实际使用时，先导式溢流阀常安装在液压泵的出口上，而远程调压阀安装在操作台上，远程调压阀的调定压力应低于先导式溢流阀的调定压力，否则调节远程调压阀无效。

（4）用于使液压泵卸荷。

如图 13-17 所示，二位二通换向阀和先导式溢流阀的远程控制口相通，当电磁铁通电时，先导式溢流阀的远程控制口通油箱，此时先导式溢流阀阀口全开，液压泵输出的液压油全部流回油箱，使液压泵卸荷，以减小功耗。实际中常将溢流阀和串接在该阀远程控制口的微型电磁阀组合成一个元件，称为电磁溢流阀。

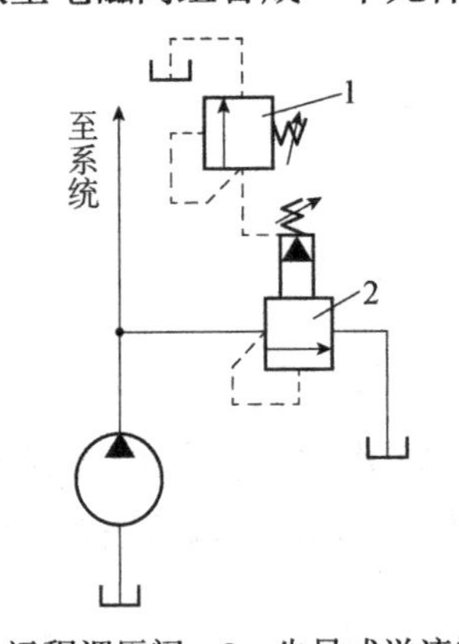

1—远程调压阀；2—先导式溢流阀。

图 13-16　溢流阀用于远程调压

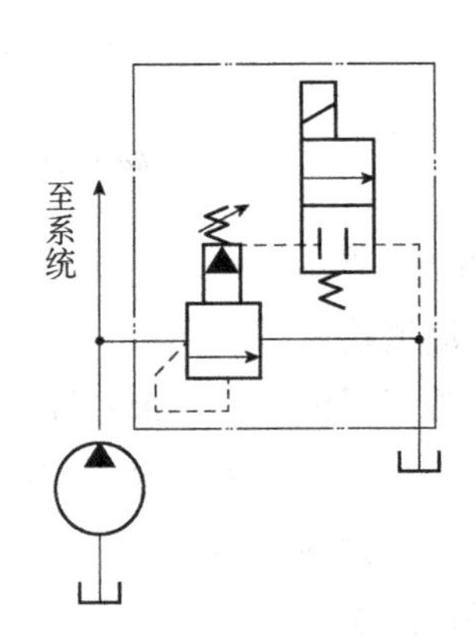

图 13-17　溢流阀用于使液压泵卸荷

提示

1. 溢流阀阀口常闭（原始状态下阀口关闭）。
2. 溢流阀通过进油压力控制阀芯移动。
3. 溢流阀阀口打开后，进油压力基本不变；溢流阀出口接回油箱，出油压力为零。

二、减压阀

减压阀是一种利用液流通过缝隙产生压力降的原理，使出油压力低于进油压力的压力控制阀。其作用是降低液压系统中某条支路的液压油压力，使同一系统能有两个及以上不同压力的输出。减压阀在各种液压设备的夹紧回路、润滑回路和控制回路中应用较多。

减压阀分为直动式减压阀和先导式减压阀两种，其中先导式减压阀应用较广。图 13-18 所示为先导式减压阀的结构图，它能使出油压力降低并保持恒定，故称为定值减压阀。

在图 13-18 中，液压油经进油口 A 流入，经主阀阀口（减压口长度为 x）减压后，从出油口 B 流出。同时，从出油口流出的液压油经阀芯中间的小孔流到主阀阀芯的左腔和右腔，并作用在先导阀的下端锥面上。当出油压力未达到先导阀的调定值时，先导阀阀口关闭，主阀阀芯左、右两端的压力相等，主阀阀芯被主阀弹簧推到最左端，主阀阀口全开，不起减压作用。当出油压力升高到超过先导阀的调定压力时，先导阀阀口打开，主阀弹簧腔的液压油便由泄油口 Y 排回油箱。由于主阀阀芯的轴向孔 e 为内径很小的阻尼孔，液压油在孔内流动使主阀阀芯左、右两端产生压力差，主阀阀芯在此压力差作用下克服弹簧力右移，主阀阀口减小，引起出油压力降低。当出油压力等于先导阀的调定压力时，先导阀阀芯和主阀阀芯同时处于受力平衡状态，出油压力保持不变。通过调节调压弹簧的预压缩量，即可改变先导式减压阀的出油压力。图 13-19 所示为两种减压阀的图形符号。

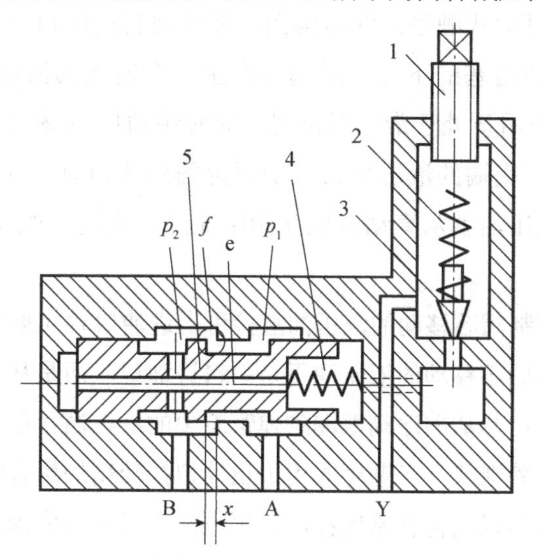

1—调节螺钉；2—调压弹簧；3—阀芯；4—主阀弹簧；5—主阀阀芯。

图 13-18　先导式减压阀的结构图

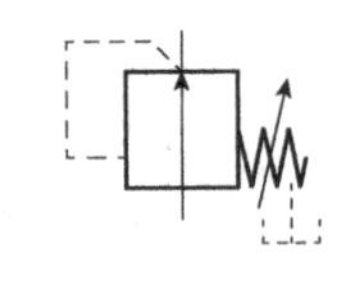

(a) 直动式减压阀

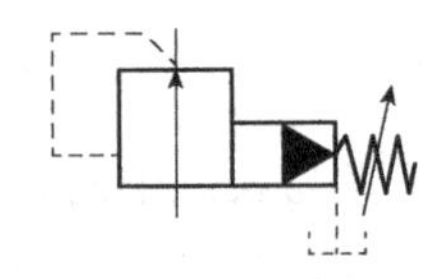

(b) 先导式减压阀

图 13-19　两种减压阀的图形符号

由此可以看出，与溢流阀相比，减压阀阀口常开；依靠出油压力控制阀口开度大小，使出油压力恒定；经过先导阀阀口的少部分液压油须单独排回油箱。

提示

1. 减压阀阀口常开（原始状态下阀口打开）。
2. 减压阀通过出油压力控制阀芯移动。
3. 当减压阀起减压作用时，出油压力稳定。

三、顺序阀

顺序阀是利用液压系统中的压力自动接通或切断某条油路的压力控制阀。顺序阀常用于控制液压系统中各液压执行元件动作的先后顺序，故称为顺序阀。

顺序阀按结构不同可分为直动式顺序阀、先导式顺序阀；按控制液压油来源不同可分为内控式顺序阀、外控式顺序阀；按卸油方式不同可分为内泄式顺序阀、外泄式顺序阀。

1. 顺序阀的结构和工作原理

图 13-20 所示为直动式顺序阀的结构图。液压油自进油口 A 进入阀体，经阀体和下盖上的小孔流入控制活塞的下方，对阀芯产生一个向上的液压推力。当进油压力较低时，阀芯在弹簧力作用下处于最下端位置，此时进油口 A 和出油口 B 不通。当进油压力升高到作用于阀芯底端的液压推力大于调定的弹簧力时，阀芯上移，使进油口 A 和出油口 B 相通，液压油就从直动式顺序阀中流过。直动式顺序阀的开启压力可以用调节螺钉来调节。

在顺序阀中，当控制阀芯移动的液压油直接引自进油口时（见图 13-20），这种控制方式称为内控式；当控制阀芯移动的液压油不是引自进油口，而是从外部油路中引入时，这种控制方式称为外控式；当从顺序阀泄漏到弹簧腔中的液压油（称为泄油）直接引回油箱时，这种泄油方式称为外泄式；当顺序阀用于出油口接油箱的场合时，泄油可通过内部通道并入顺序阀的出油口，以简化管路连接，这种泄油方式称为内泄式。不同控制、泄油方式的顺序阀的图形符号如图 13-21 所示。在实际应用中，不同控制、泄油方式可通过变换顺序阀的下盖或上盖的安装方位来实现。

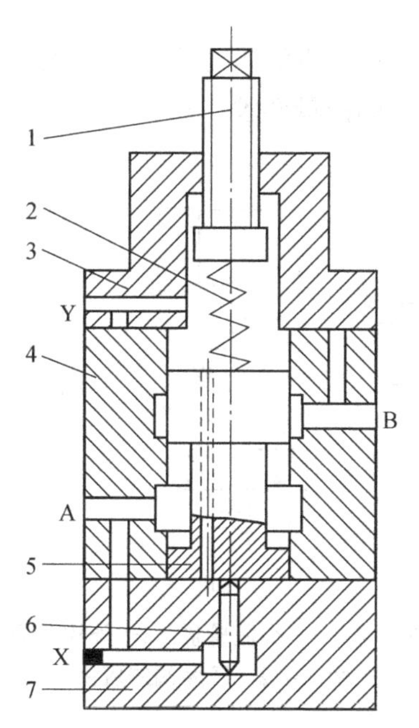

1—调节螺钉；2—弹簧；3—上盖；4—阀体；
5—阀芯；6—控制活塞；7—下盖。

图 13-20　直动式顺序阀的结构图

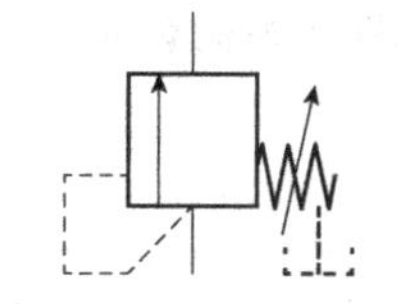

（a）内控外泄式顺序阀

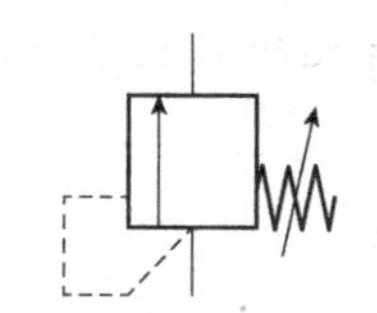

（b）内控内泄式顺序阀

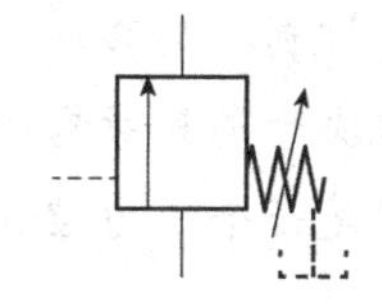

（c）外控外泄式顺序阀

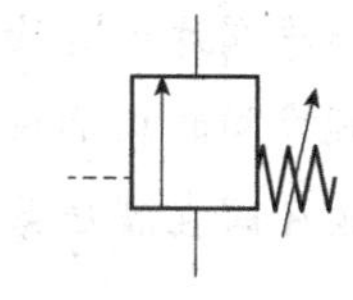

（d）外控内泄式顺序阀

图 13-21　不同控制、泄油方式的顺序阀的图形符号

2. 顺序阀的应用

（1）控制多个液压执行元件顺序动作。

如图 13-22（a）所示，若要求 A 缸先动，B 缸后动，则通过顺序阀的控制可以实现。顺序阀在 A 缸动作时处于关闭状态，当 A 缸的动作到达终点时，液压油压力升高，达到顺序阀的调定压力后，顺序阀打开，从而实现 B 缸动作。

（2）与单向阀构成单向顺序阀。

为了保证立式液压缸的活塞不因自重而自行下滑，可将单向阀与顺序阀并联构成的单向顺序阀接入油路，如图 13-22（b）所示。此单向顺序阀又称为平衡阀。在这里，顺序阀的开启压力要足以支撑运动部件的重力。当换向阀处于中位时，液压缸即可悬停。

（3）控制双泵系统中的大泵卸荷。

如图 13-22（c）所示，泵 1 为大流量泵，泵 2 为小流量泵，两泵并联。当系统中的液压缸快速运动时，泵 1 输出的液压油和泵 2 输出的液压油一齐流往液压缸，使液压缸快速运动；当液压缸慢速工进时，液压缸进油压力升高，外控式顺序阀 3 被打开，泵 1 卸荷，泵 2 单独向系统供油以满足工进的流量要求。

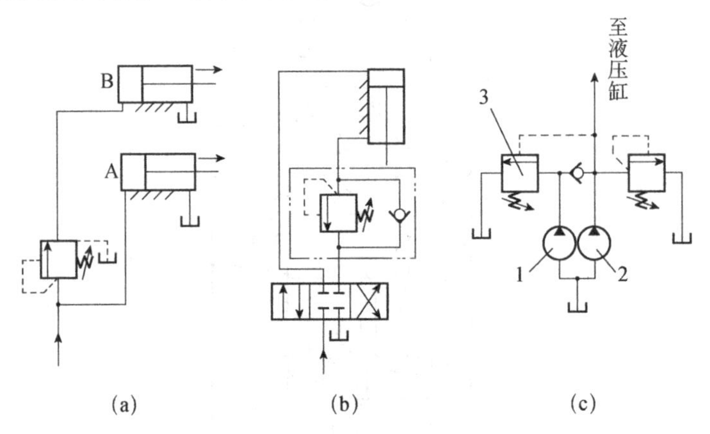

1—大流量泵；2—小流量泵；3—外控式顺序阀。

图 13-22　顺序阀的应用

提示

1. 顺序阀阀口常闭（原始状态下阀口关闭）。
2. 顺序阀通过进油压力控制阀芯移动，顺序阀的开启压力等于顺序阀的调定压力。
3. 顺序阀的出油压力取决于负载所需压力。
4. 顺序阀在液压系统中是一个压力控制开关。

四、压力继电器

压力继电器是一种将液压油的压力信号转换成电信号的压力控制元件。当液压油压力达到压力继电器的调定压力时，即可触动电气开关以控制电磁铁、电磁离合器、继电器等元件动作，实现油路卸荷、换向、液压执行元件顺序动作、系统安全保护等功能。

图 13-23 所示为单柱塞式压力继电器，其主要零件包括柱塞、顶杆、调节螺钉和微动开关等。当进油压力达到调定压力时，作用在柱塞上的液压力克服弹簧力，使柱塞上移并通过顶杆使微动开关的触点闭合，发出电信号。

压力继电器的主要性能指标如下。

（1）调压范围。

调压范围是指发出电信号的最低压力和最高压力之间的范围。拧动调节螺钉，即可调整工作压力。

（2）通断调节区间。

压力继电器发出电信号时的压力称为开启压力，切断电信号时的压力称为闭合压力。

为了避免压力继电器时通时断，产生误动作，要求开启压力与闭合压力有一个可调的差值范围，该范围称为通断调节区间。

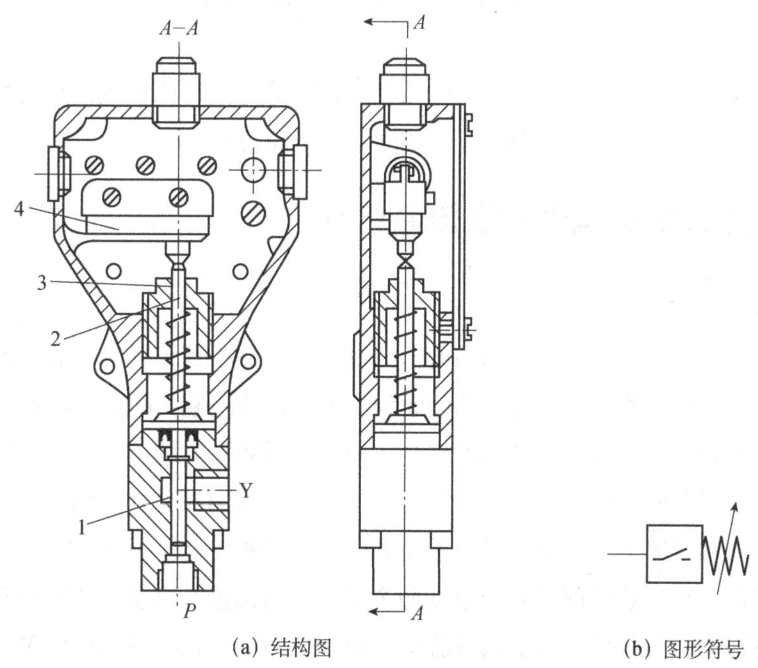

(a) 结构图　　(b) 图形符号

1—柱塞；2—顶杆；3—调节螺钉；4—微动开关。

图 13-23　单柱塞式压力继电器

想一想

1. 当压力控制阀的铭牌丢失或不清楚时，在不拆卸的前提下如何判断哪个是溢流阀、哪个是减压阀、哪个是顺序阀？

2. 先导式溢流阀的阻尼孔堵塞或内径过大对液压泵出油压力有什么影响？

小结

1. 压力控制阀都是利用作用在阀芯上的液压力和弹簧力相平衡的原理来工作的。

2. 一般来说，溢流阀的进油压力达到调定压力时其阀口才能打开，否则其阀口关闭。溢流阀阀口打开后，它的进油压力基本不变。

3. 当减压阀的出油压力达到调定压力时，减压阀才起减压作用。

4. 顺序阀的进油压力达到调定压力时其阀口才能打开，否则其阀口关闭。顺序阀的出油压力与负载有关：如果负载小于顺序阀的调定压力，顺序阀的进油压力等于它的调定压力，则顺序阀阀口开度一定；如果负载大于顺序阀的调定压力，顺序阀的进油压力继续升高，作用在阀芯上的液压力大于弹簧力，则顺序阀阀口全开，顺序阀进、出油压力相等。

任务四　流量控制阀

流量控制阀通过改变阀口通流截面的面积来调节通过阀口的流量，从而控制液压执行元件的运动速度。常用的流量控制阀有节流阀、调速阀两种。

一、节流口的结构形式及流量特性

1. 节流口的结构形式

常用节流口的结构形式如图 13-24 所示。图 13-24（a）所示为针阀式节流口，当针阀芯做轴向移动时，通过改变环形通流截面面积的大小调节流量。图 13-24（b）所示为偏心槽式节流口，在阀芯上开有一个截面形状为三角形（或矩形）的偏心槽，当转动阀芯时，可以通过改变通流截面面积的大小调节流量。这两种形式的节流口结构简单、制造容易，但节流口容易堵塞且流量不稳定，适用于性能要求不高的场合。图 13-24（c）所示为轴向三角槽式节流口，在阀芯端部开有一个或两个斜的三角沟槽，当轴向移动阀芯时，可以通过改变三角槽通流截面面积的大小调节流量。图 13-24（d）所示为周向缝隙式节流口，阀芯上开有狭缝，液压油可以通过狭缝流入阀芯内孔，并由左侧孔流出，转动阀芯就可以改变缝隙通流截面面积的大小，以调节流量。图 13-24（e）所示为轴向缝隙式节流口，在套筒上开有轴向缝隙，轴向移动阀芯即可改变缝隙通流截面面积的大小，以调节流量。这三种形式的节流口性能较好，尤其是轴向缝隙式节流口，其节流通道厚度很薄，为 0.07～0.09mm，可以得到较小的稳定流量。

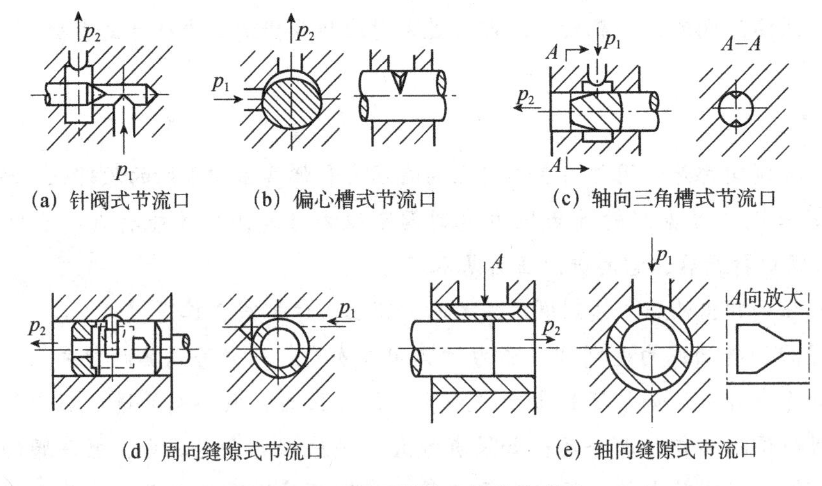

(a) 针阀式节流口　(b) 偏心槽式节流口　(c) 轴向三角槽式节流口

(d) 周向缝隙式节流口　(e) 轴向缝隙式节流口

图 13-24　常用节流口的结构形式

2. 节流口的流量特性

通过节流口的流量与节流口的结构形式有关，实际使用的节流口都介于理想薄壁孔和细长孔之间，因此其流量特性可采用小孔流量公式 $q=KA_{\mathrm{T}}\Delta p^{m}$ 来描述。节流口的流量特性曲线如图 13-25 所示。

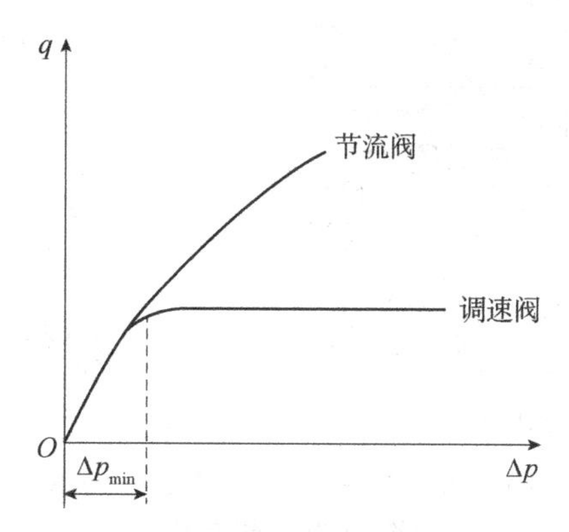

图 13-25　节流口的流量特性曲线

由小孔流量公式可知，影响通过节流口的流量的主要因素有以下两个。

（1）节流口两端的压力差。液压系统的负载一般情况下不为定值，当负载变化时，液压执行元件的工作压力也随之变化，与液压执行元件相连的流量控制阀，其节流口两端的压力差发生变化，通过节流口的流量也随之变化。由于薄壁孔的 m 值最小，通过薄壁孔的流量受压力差的影响最小，因此目前流量控制阀大多数采用薄壁式节流口。

（2）油温。随油温变化，液压油的黏度发生变化。黏度对通过细长孔的流量影响较大，而对通过薄壁孔的流量几乎没有影响。

3. 最小稳定流量

实验表明，当流量控制阀阀口开度很小时，虽然节流口两端的压力差和油温均保持不变，但通过节流口的流量会出现时多时少的脉动，甚至会断流，这种现象称为阻塞。产生阻塞的主要原因是液压油中的污物堵塞节流口。

由于流量控制阀的堵塞会使流量控制阀在很小的流量下工作时流量不稳定，从而导致液压执行元件出现爬行现象，因此对流量控制阀应有一个能正常工作的最小流量限制，这个限制值称为最小稳定流量。在使用流量控制阀时，必须保证通过节流口的流量大于最小稳定流量，否则会导致液压执行元件工作不稳定。

二、节流阀

图 13-26 所示为节流阀。这种节流阀节流口的结构形式为轴向三角槽式。液压油从进油口进入，经阀芯上的轴向三角槽式节流口，从出油口流出。转动调节手轮，可通过推杆使阀芯做轴向移动，通过改变节流口的通流截面面积的大小调节流量。阀芯在弹簧力的作

用下始终贴紧在推杆上，这种节流阀的进、出油口可互换。

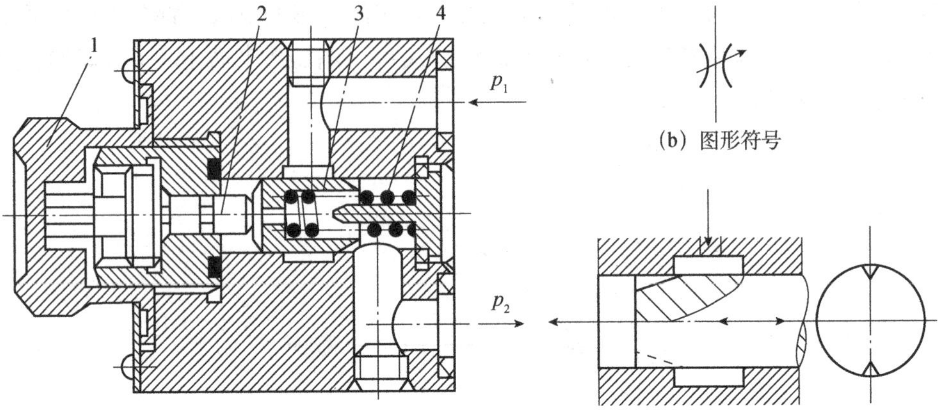

(b) 图形符号

(a) 结构图

(c) 阀口结构

1—调节手轮；2—推杆；3—阀芯；4—弹簧。

图 13-26 节流阀

节流阀结构简单、体积小，但负载和温度的变化对流量的稳定性影响较大。因此，节流阀只适用于负载和温度变化不大或对速度稳定性要求不高的液压系统。

三、调速阀

1. 调速阀的工作原理

调速阀是由一个可调节流阀和一个定差减压阀串联而成的组合阀。可调节流阀用于调节通过的流量；定差减压阀用于自动补偿负载变化的影响，保证可调节流阀两端的压力差为定值，从而消除负载变化对流量的影响。

图 13-27 所示为调速阀。调速阀的进油口（液压泵的出油口）液压油压力 p_1 由溢流阀调定，工作时基本保持恒定，液压油进入调速阀后，先经过定差减压阀的阀口，压力降为 p_2，然后经过可调节流阀流出，压力为 p_3。p_3 的大小由液压缸的负载决定。当负载 F 变化时，p_3 和调速阀两端的压力差 p_1-p_3 随之变化，但可调节流阀两端的压力差 p_2-p_3 却不变。例如，当 F 增大时，p_3 也增大，定差减压阀右腔作用在阀芯上的液压力也增大，阀芯左移，定差减压阀阀口开度 x 增大，减压作用减小，使 p_2 有所增大，结果压力差 p_2-p_3 保持不变；当 F 减小时，压力差 p_2-p_3 同样保持不变。因此，通过调速阀的流量就能保持不变。在调速阀中，可调节流阀部分设有流量调节手轮，而定差减压阀部分设有行程限位器。

2. 调速阀的流量特性

由图 13-25 可见，当调速阀两端的压力差大于最小压力差 Δp_{min} 时，流量保持稳定。当调速阀两端的压力差小于 Δp_{min} 时，流量随压力差的变化而变化，其变化情况与节流阀相同。这是因为当调速阀两端的压力差过小时，将导致调速阀内部的定差减压阀阀口开至最大，即定差减压阀处于非减压状态，只剩下可调节流阀在起作用，故调速阀的此段曲线和节流阀相同。因此，当调速阀正常工作时，应保证其两端的压力差大于最小压力差 Δp_{min}（中、低压调速阀的 Δp_{min} 约为 0.5MPa）。

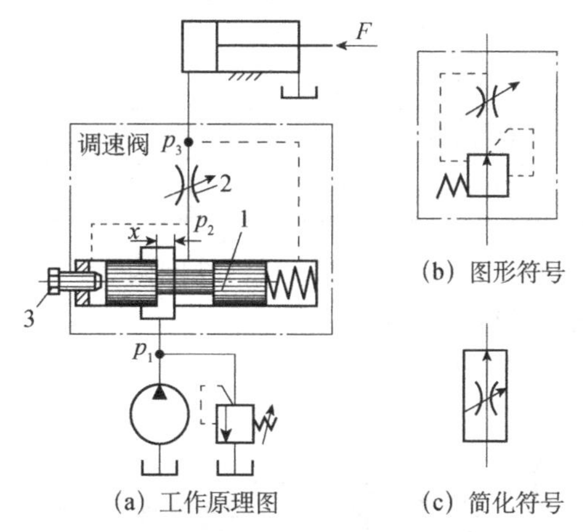

（a）工作原理图　（b）图形符号　（c）简化符号

1—定差减压阀；2—可调节流阀；3—行程限位器。

图 13-27　调速阀

实验二　液压控制阀的拆装与结构分析实验

一、实验目的

（1）了解液压控制阀的种类及分类方法。

（2）通过对各类液压控制阀进行实际拆装操作，掌握其工作原理和结构。

（3）掌握典型液压控制阀的结构特点、应用范围及设计选型。

（4）锻炼实际动手能力。

二、实验元件、器具

实验所需的液压控制元件、器具如表 13-4 所示。

表 13-4　实验所需的液压控制元件、器具

序号	名称	规格/型号
1	各类液压控制阀	（见图 13-28）
2	台虎钳	150mm
3	内六角扳手	8mm、10mm、12mm
4	活口扳手	200mm
5	螺丝刀	200mm

续表

序号	名称	规格/型号
6	游标卡尺	250mm
7	润滑油	32#
8	化纤布料	自定
9	拆装实验台	自定

方向控制阀：手动换向阀、电磁换向阀、电液换向阀等。

压力控制阀：溢流阀、减压阀、顺序阀等。

流量控制阀：节流阀、调速阀等。

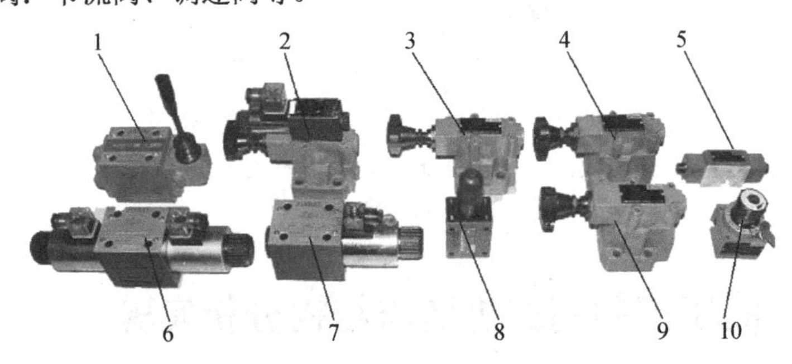

1—手动换向阀；2—电磁溢流阀；3—先导式溢流阀；4—减压阀；5—节流阀；6、7—电磁换向阀；8—直动式溢流阀；9—顺序阀；10—调速阀。

图 13-28　液压控制阀

三、实验内容

先由实验教师对以上各类液压控制阀的结构、工作原理及性能，结合实物、剖开的实物、模型及示教板等进行讲解，然后学生自己动手拆卸各类液压控制阀，在充分理解并掌握课堂内容和如下内容的基础上，将拆开的液压控制阀正确组装好。

液压控制阀的分类如图 13-29 所示。

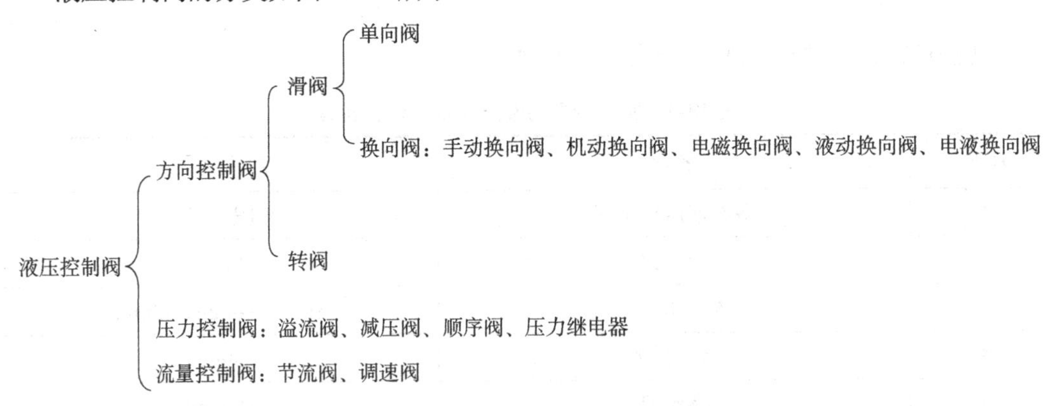

图 13-29　液压控制阀的分类

1. 方向控制阀

方向控制阀是控制液压系统中液流方向的阀。其工作原理是利用阀芯和阀体的相对位置的改变来控制油路的通断，以满足液压系统对油路的不同要求。方向控制阀主要分为单向阀和换向阀两大类。本实验主要要求了解手动换向阀、电磁换向阀、电液换向阀的结构组成、工作原理及控制方式，并正确对其进行拆装。同时了解换向阀的中位机能及其应用。

思考题：

（1）换向阀的控制方式有哪几种？

（2）在选择三位换向阀的中位机能时，从对液压系统工作性能的影响方面要考虑哪些问题？

（3）滑阀的液压卡紧问题是怎样产生的？从结构上如何解决该问题？

（4）电液换向阀中的先导阀的中位机能是什么？

2. 压力控制阀

用于实现系统压力控制的阀统称为压力控制阀，它们都是利用作用在阀芯上的液压力和弹簧力相平衡的原理来工作的。常用的压力控制阀有溢流阀、减压阀、顺序阀和压力继电器等。本实验要求掌握溢流阀、减压阀、顺序阀的结构组成及工作原理。

思考题：

溢流阀：

（1）溢流阀在液压系统中起什么作用？它有哪几种形式？

（2）在先导式溢流阀中，先导阀和主阀各起什么作用？

（3）溢流阀调压的原理是什么？

（4）在如图 13-30 所示的液压原理图中，液压系统中的压力 p 各是多少？

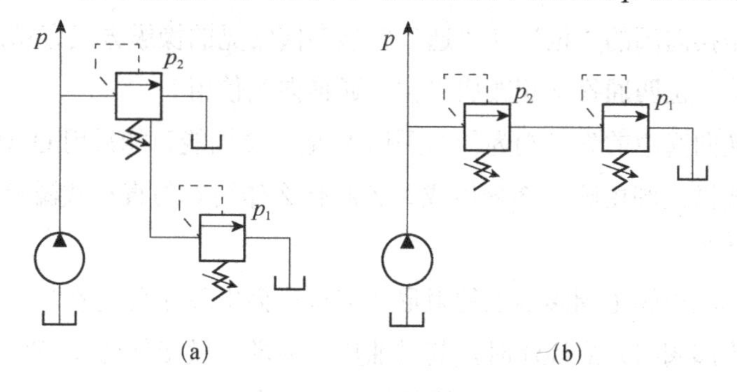

图 13-30　液压原理图

减压阀：

（1）减压阀在液压系统中起什么作用？它是如何减压的？

（2）减压阀与溢流阀有什么区别？它能实现远程控制吗？

顺序阀：

（1）顺序阀的工作原理是什么？它与溢流阀的本质区别是什么？它在液压系统中起的作用是什么？

（2）顺序阀中有哪几种控制方式？有哪几种泄油方式？可以组合成哪几种形式？

3. 流量控制阀

流量控制阀包括节流阀和调速阀等，它们在液压系统中用于调节流量，以控制液压执行元件的运动速度。本实验要求掌握节流阀、调速阀的结构组成及工作原理。

思考题：

（1）叙述节流阀的结构。由于存在的缺点，其适用于什么场合？

（2）调速阀是由哪两个阀组成的？它的工作原理是什么？

（3）调速阀中的减压阀是定差的还是定值的？最小压力差是多少？

（4）在定量泵供油的节流调速系统中，必须选择什么样的阀配合使用？

四、拆装注意事项

（1）能够指出各零件的名称。

（2）按拆卸的相反顺序装配液压控制阀，即后拆卸的零件先装配，先拆卸的零件后装配。在装配时，如果有零件被弄脏，则应该用煤油清洗干净后再装配。在装配阀芯时，可在其台肩上涂抹液压油，以防止阀芯被卡住。装配时严禁遗漏零件。

（3）将液压控制阀外表面擦拭干净，整理拆装实验台。

练习题

13-1　什么是换向阀的“位”和“通”？换向阀常见的操纵方式有哪几种？

13-2　能否将二位四通换向阀改成二位二通换向阀使用？

13-3　电液换向阀中的先导阀为什么采用 Y 型中位机能？能采用 O 型中位机能吗？

13-4　先导式溢流阀由哪几部分组成？各起什么作用？与直动式溢流阀相比，先导式溢流阀有什么优点？

13-5　先导式溢流阀主阀阀芯上的阻尼孔堵塞后会出现什么现象？

13-6　当溢流阀阀口开启溢流时，其进油压力随溢流量变化而改变吗？

13-7　按液压油来源和泄油途径的不同，顺序阀有几种形式？试分别画出其图形符号。

13-8　减压阀的出油压力取决于什么？其出油压力在什么时候才基本稳定？

13-9　如图 13-31 所示，溢流阀的调定压力为 6MPa，当电磁铁断电、负载趋于无穷大和负载压力为 4MPa 时，系统的压力分别是多少？当电磁铁通电、负载压力为 4MPa 时，系统的压力又是多少？

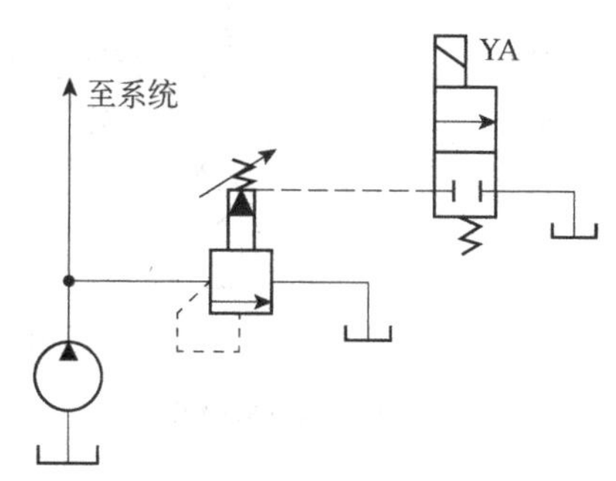

图 13-31　题 13-9 图

13-10　如图 13-32 所示，各溢流阀的调定压力分别为 p_A=4MPa，p_B=2MPa，p_C=5MPa，当负载趋于无穷大时，液压泵的出油压力为多少？

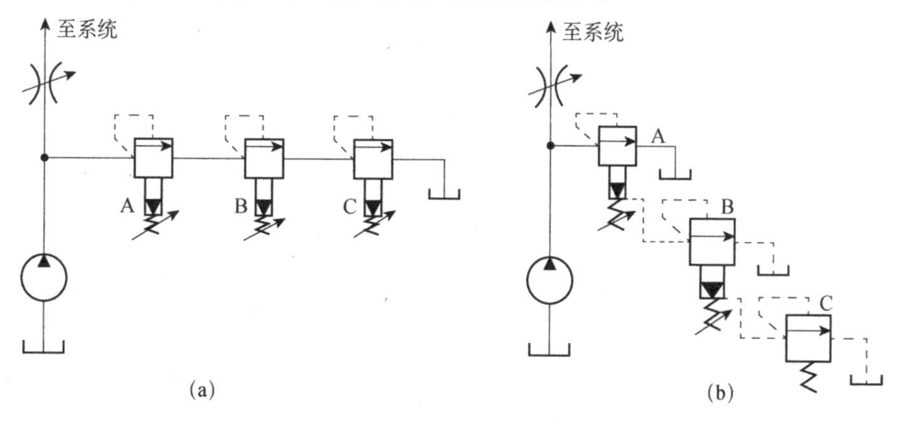

图 13-32　题 13-10 图

13-11　如图 13-33 所示，溢流阀的调定压力 p_y=5MPa，减压阀的调定压力 p_j=3MPa，液压缸无杆腔的有效作用面积 A_1=60cm^2，负载 F_L=10000N，试分析在活塞运动时和活塞运动到终点停止时 A、B 两点的压力各是多少？

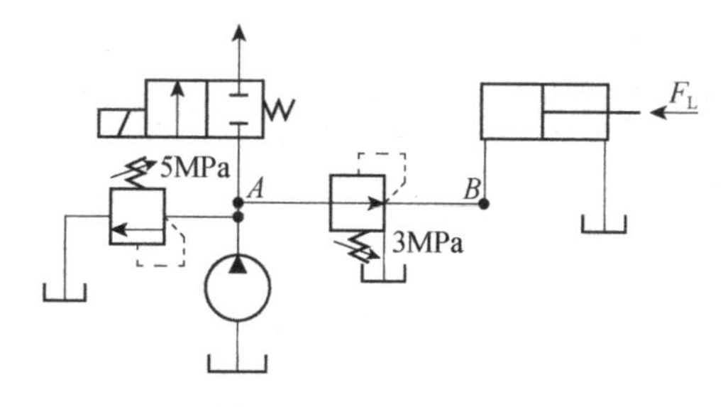

图 13-33　题 13-11 图

13-12　如图 13-34 所示，已知顺序阀的调定压力为 3MPa，溢流阀的调定压力为

5MPa，当负载趋于无穷大时，两回路中 A 点处的压力分别是多少？

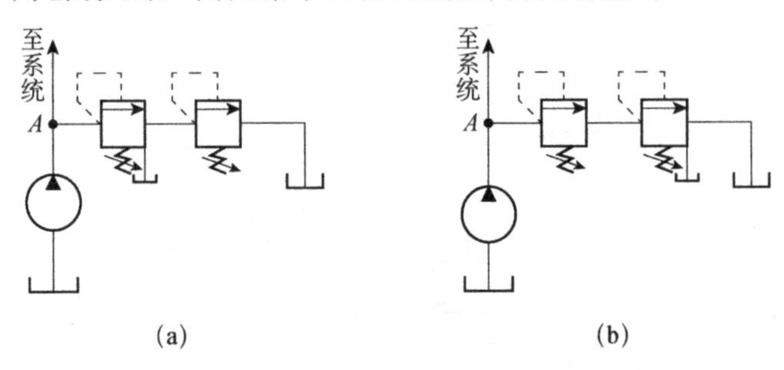

图 13-34　题 13-12 图

项目十四　辅助元件

你知道吗?

在液压系统中，辅助元件是指那些既不直接参与能量转换，也不直接参与方向、压力、流量等的控制，但系统中必不可少的元件。辅助元件主要包括蓄能器、滤油器、油箱、管件、密封装置等，除油箱通常需要自行设计以外，其余的辅助元件均为标准件。辅助元件对液压系统的性能、效率、温升、噪声和使用寿命等有很大的影响。因此，在选用辅助元件时必须予以足够的重视。

学习目标

- ✧ 了解蓄能器的主要用途及类型。
- ✧ 了解蓄能器的安装与使用注意事项。
- ✧ 了解滤油器、密封装置的类型及特点。
- ✧ 了解滤油器的安装与使用注意事项和密封圈的类型及特点。

任务一　蓄能器

蓄能器是液压系统中用于储存压力能的装置，是储能元件。蓄能器可用于间歇需要大流量的系统，以达到节约能量、减少投资的目的，也可用于液压系统，起吸收压力脉动和减小液压冲击的作用。

一、蓄能器的用途

1. 作为辅助动力源

当液压系统工作循环内所需的流量变化比较大时，可采用一个蓄能器与一个流量较小的液压泵配合工作。当液压系统所需流量较小时，液压泵将多余的液压油向蓄能器充油，在短期需要大流量时，由液压泵和蓄能器同时供油，这样可以降低电动机的功耗、减小液压系统的温升。另外，在停电或液压泵的原动机出现故障时，蓄能器可作为应急动力源短期使用。

2. 保压补漏

当液压系统要求在较长时间内保持压力基本不变时，如夹紧工件时，可采用蓄能器补充其泄漏，使系统压力保持在一定范围内。

3. 缓和冲击、吸收压力脉动

当液压控制阀突然关闭或液压缸突然制动时，液压系统中产生的液压冲击可由安装在冲击部位的蓄能器来吸收，使压力峰值减小。

二、蓄能器的类型

蓄能器主要有弹簧式蓄能器、重锤式蓄能器和充气式蓄能器三大类，其中常用的是充气式蓄能器，它又可分为活塞式蓄能器、气囊式蓄能器和隔膜式蓄能器三种。下面主要介绍活塞式蓄能器和气囊式蓄能器。

1. 活塞式蓄能器

图 14-1（a）所示为活塞式蓄能器。活塞的上部为压缩气体，下部为液压油，气体由气门充入，液压油经油孔 a 通入液压系统。活塞把压缩气体与液压油上下隔开，利用气体的压缩、膨胀来储存和释放压力能。活塞式蓄能器结构简单、使用寿命长、容易安装、维修方便，但活塞由于有惯性且会受到摩擦阻力的影响，因此反应不够灵敏。

2. 气囊式蓄能器

图 14-1（b）所示为气囊式蓄能器。气囊用耐油橡胶制成。气囊式蓄能器利用气囊将气体与液压油隔开，有效地防止了气体进入液压油。气囊式蓄能器的优点是气囊惯性小、反应灵敏、气体保存时间长且充气方便，故被广泛应用于液压系统。其缺点是气囊及壳体制造较难。

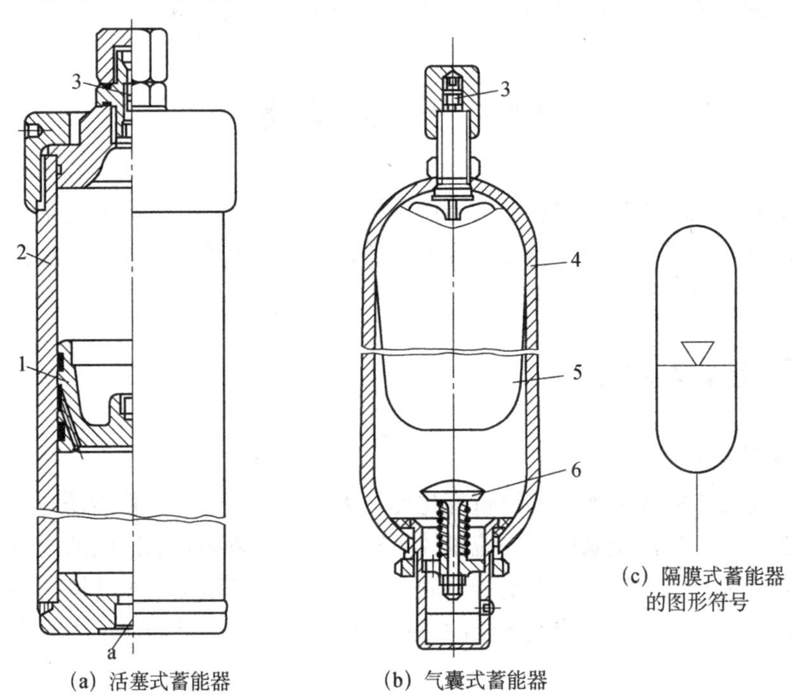

(a) 活塞式蓄能器　　(b) 气囊式蓄能器

1—活塞；2—缸体；3—充气阀；4—壳体；5—气囊；6—限位阀。

图 14-1　充气式蓄能器

三、蓄能器的安装与使用

在液压回路中，蓄能器的安装位置随其用途不同而不同：在用于缓和冲击或吸收液压脉动时应安装在冲击源或脉动源附近；在用于保压补漏时宜安装在尽可能接近有关的液压执行元件处。

使用蓄能器时需要注意以下几点。

（1）气囊式蓄能器原则上应垂直安装（油口向下），只有在空间位置受限时才允许倾斜或水平安装。安装在管路上的蓄能器必须用支板或支架固定。

（2）蓄能器与管路系统之间应安装截止阀，以供充气、检修时使用。蓄能器与液压泵之间应安装单向阀，以防止液压泵停机时蓄能器内储存的液压油倒流。

（3）蓄能器必须安装在便于检查、维修的位置，并且应远离热源。

（4）蓄能器是压力容器，使用时必须注意安全，搬运和拆装时应先排出压缩气体。

想一想

1. 气囊式蓄能器内部气囊中一般充入什么气体？可以是空气吗？
2. 蓄能器一般应怎样安装？试解释其原因。

任务二　滤油器

液压系统所使用的液压油中不可避免地存在一定量的杂质成分，这些杂质包括一些残留杂质（如型砂、切屑）、外界侵入杂质（如灰尘、沙粒）及自身生成杂质（如金属、橡胶颗粒）等。统计资料表明，75%以上的液压系统故障是由工作介质中混入杂质造成的，这主要是因为液压油中的固体颗粒杂质加剧了元件的磨损，并且可能会卡死运动件或堵塞阀口，从而造成液压系统的故障。进入液压油的水分会腐蚀金属，还会使液压油变质、乳化等。因此，保持液压油的清洁、防止液压油污染对液压系统来说是十分重要的。

一、滤油器的作用和基本要求

滤油器的作用是过滤混在液压油中的杂质，使进入液压系统的液压油的污染度降低，保证液压系统正常工作。一般对滤油器的基本要求有如下几点。

（1）有足够的过滤精度。过滤精度是指滤油器滤芯滤除杂质的粒度大小，以其直径 d 的公称尺寸（单位为 μm）表示。粒度越小，过滤精度越高。一般将过滤精度分为 4 个等级：粗（$d \geqslant 100\mu m$）、普通（$10\mu m \leqslant d < 100\mu m$）、精（$5\mu m \leqslant d < 10\mu m$）、特精（$1\mu m \leqslant d < 5\mu m$）。

（2）有足够的过滤能力。过滤能力是指在一定压力差作用下允许通过滤油器的最大流量，一般用滤油器的有效过滤面积来表示。

（3）有一定的机械强度。制造滤油器所采用的材料应保证在一定的工作压力下滤油器不会因液压力的作用而受到破坏。

二、滤油器的类型及特点

滤油器按滤芯材料和结构形式可分为网式滤油器、线隙式滤油器、纸芯式滤油器、烧结式滤油器及磁性滤油器等。

1. 网式滤油器

图 14-2 所示为网式滤油器，在周围开有很多网孔的塑料或金属筒形骨架上包着一层或两层铜丝网。其过滤精度由网孔大小和铜丝网层数决定。网式滤油器结构简单、通油能力强、压力损失小，但过滤精度较低。网式滤油器一般安装在液压泵的吸油口处，用于对液压油进行粗过滤，以保护液压泵。

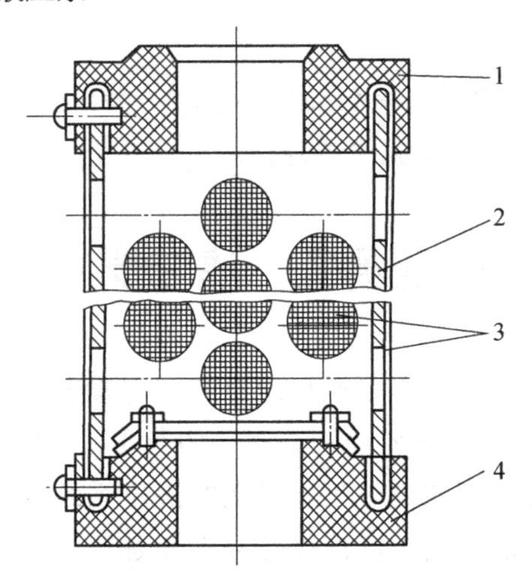

1—上盖；2—筒形骨架；3—铜丝网；4—下盖。

图 14-2　网式滤油器

2. 线隙式滤油器

图 14-3 所示为线隙式滤油器，其滤芯由铜丝绕在筒形骨架的外部制成，依靠铜丝间的微小缝隙来滤除固体颗粒杂质。液压油经铜丝间的缝隙和骨架槽孔流入滤油器，并从上部孔道流出。线隙式滤油器结构简单、通油能力强、过滤精度高，但不易清洗。

3. 纸芯式滤油器

图 14-4 所示为纸芯式滤油器，其结构与线隙式滤油器相似，只是其滤芯为滤纸。一般纸芯式滤油器的滤芯由三层组成：外层为粗眼钢板网，中间层为折叠成 W 形的滤纸，内层由金属丝网与滤纸一并折叠而成。滤芯的中央还装有支承弹簧。纸芯式滤油器的特点是过滤精度高、结构紧凑、通油能力强，但滤纸无法清洗，需要经常更换滤芯。多数纸芯式

滤油器上方装有堵塞状态发信装置，当滤芯堵塞时，发出堵塞信号，提醒操作人员更换滤芯。

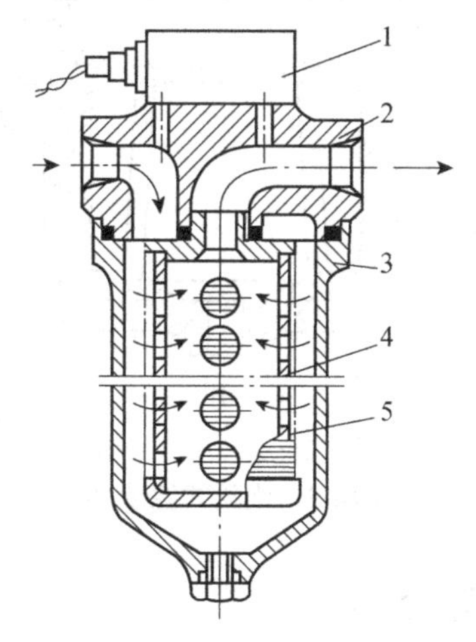

1—发信装置；2—端盖；3—壳体；4—骨架；5—铜丝。

图 14-3　线隙式滤油器

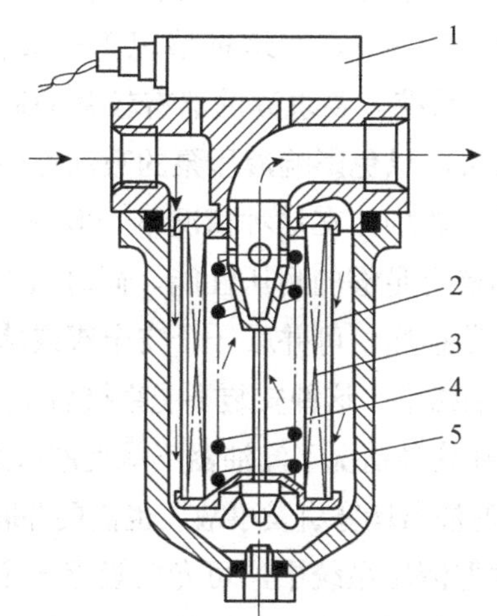

1—发信装置；2—滤芯外层；3—滤芯中间层；4—滤芯内层；5—支承弹簧。

图 14-4　纸芯式滤油器

4. 烧结式滤油器

图 14-5 所示为烧结式滤油器，其滤芯由青铜颗粒通过粉末冶金烧结工艺高温烧结而成，利用颗粒间的微孔进行过滤。粉末粒度越小，间隙越小，过滤精度就越高。烧结式滤油器的特点是过滤精度高、抗腐蚀性强、滤芯强度高，能在较高油温下工作，但滤芯易堵塞，难以清洗，在使用过程中颗粒容易脱落。

5. 磁性滤油器

磁性滤油器用于滤除液压油中的铁质微粒，特别适用于经常加工铸件的机床液压系统。因为单纯的磁性滤油器对其他杂质不起作用，所以经常将其与其他过滤材料（如滤纸、钢丝网等）一起构成组合滤芯。

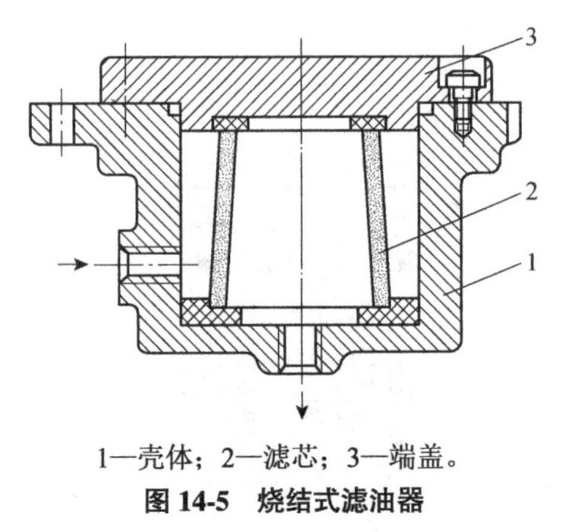

1—壳体；2—滤芯；3—端盖。

图 14-5　烧结式滤油器

三、滤油器的安装与使用

滤油器在液压系统中的安装位置通常有以下几种情况。

（1）安装在液压泵的吸油管路中。在这种情况下一般使用粗滤油器（如网式滤油器），以保护液压泵和整个液压系统，要求滤油器有较强的通油能力（不小于液压泵额定流量的两倍）和较小的压力损失，以免影响液压泵的吸油性能。

（2）安装在液压泵的压油管路中。在这种情况下一般使用精滤油器，以保护除液压泵外的其他液压元件，要求滤油器有足够的耐压性能，同时压力损失不能太大。为了防止滤油器堵塞造成液压泵过载或滤芯损坏，可并联一个安全阀或堵塞指示器。

（3）安装在液压系统的回油路中。这种安装不能直接防止杂质进入液压系统，但能循环地滤除液压油中的部分杂质。在这种情况下滤油器不承受液压系统的工作压力，可以使用耐压性能低的滤油器。为了防止滤油器堵塞引发事故，也需要并联一个安全阀或堵塞指示器。

（4）独立过滤系统。在大型液压系统中，可专门设置一个由液压泵和滤油器组成的独立过滤系统，专门滤除油箱中的杂质，通过不断循环提高液压油的清洁度。专用过滤车也是一种独立过滤系统。

任务三　密封装置

一、密封装置的作用和要求

密封装置的作用在于防止液压元件和液压系统中液压油的内、外泄漏，保证产生必要的工作压力，防止外漏液压油污染工作环境，避免空气进入液压系统，以免影响液压系统的工作性能等。因此，对液压系统中的密封装置必须予以足够重视。密封装置的要求如下。

（1）在一定的工作压力和温度范围内，具有良好的密封性能，并且随着压力的升高能自动提高密封性能。

（2）密封装置和运动件之间的摩擦系数要稳定，耐磨性好，磨损后在一定程度上能自动补偿。

（3）摩擦力小，运动灵活，抗腐蚀性强，不易老化，使用寿命长。

（4）结构简单，制造、使用、维护简便，价格低廉。

二、密封装置的类型和特点

1. 间隙密封

间隙密封利用相对运动零件配合面之间的微小缝隙来进行密封，常用在柱塞、活塞或阀的圆柱配合副中，配合间隙一般取 0.02～0.05mm。在如图 14-6 所示的间隙密封中，阀芯的外表面开有几条等距离的环形沟槽，称为压力平衡槽。压力平衡槽的主要作用是使阀芯能在孔中自动对中，减小摩擦力，增大泄漏阻力，以减少泄漏，同时使径向压力分布均匀，减小液压卡紧力。压力平衡槽一般宽 0.3～0.5mm，深 0.5～1.0mm。

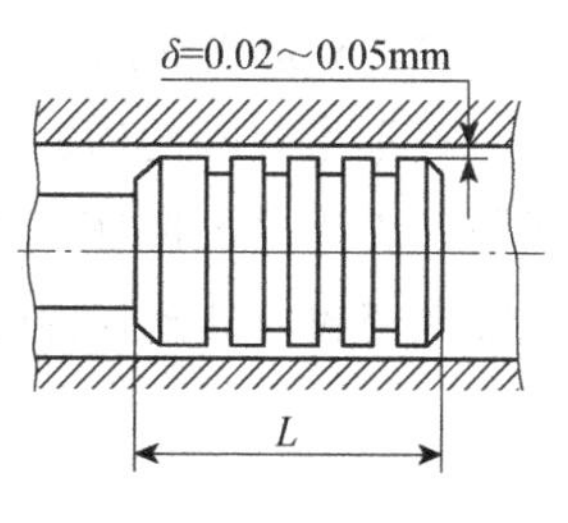

图 14-6　间隙密封

间隙密封的优点是结构简单、摩擦力小、耐高温；缺点是磨损后不能自动补偿，泄漏量较大并且随着时间的增加而增大，加工要求高。间隙密封主要用于尺寸小、压力低、运动速度大的圆柱面之间，如液压泵内的柱塞与缸体之间、滑阀的阀芯与阀孔之间。

2. 密封圈密封

（1）O 形密封圈。

O 形密封圈利用密封圈的安装变形来进行密封，一般安装在横截面为矩形的环形沟槽内。O 形密封圈一般用耐油橡胶制成，其横截面呈 O 形，如图 14-7（a）所示。O 形密封圈在安装时要有合理的预压缩量 δ_1 和 δ_2，如图 14-7（b）所示，预压缩量过小会导致不能密封，过大会增大摩擦力，导致密封圈磨损加剧。O 形密封圈在沟槽中受到液压油压力的作用而变形，会紧贴槽侧和配合偶件的壁，因此其密封性能可随压力的升高而提高。当工作压力超过 10MPa 时，O 形密封圈在往复运动中容易被挤入间隙而提前损坏，如图 14-7（c）所示，为此要在它的侧面安放一个 1.2～1.5mm 厚的聚四氟乙烯挡圈。当单向受力时要在受力侧的对面安放一个挡圈，如图 14-7（d）所示；当双向受力时在两侧各放一个挡圈，如图 14-7（e）所示。

O 形密封圈结构紧凑、制造方便，具有良好的密封性能，内外侧和端面都能起密封作用，运动件的摩擦阻力小，且装拆方便、成本低，在高、低压条件下均可以使用，故在液压系统中得到广泛的应用。

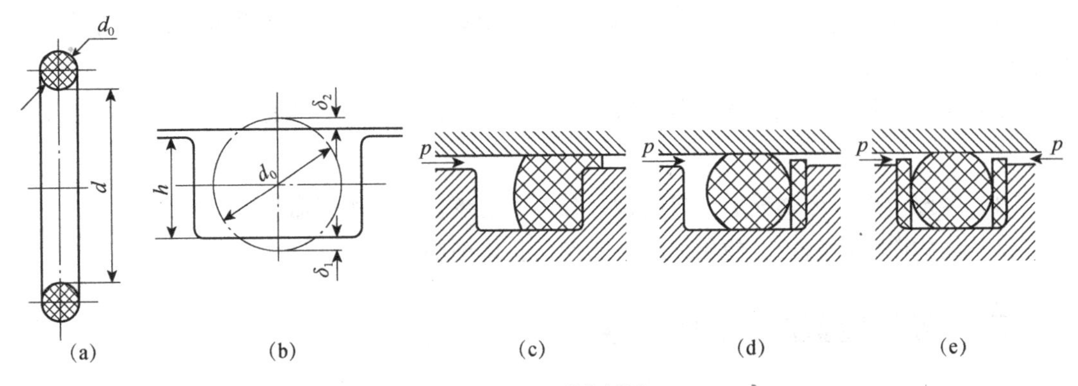

图 14-7 O 形密封圈

（2）Y 形密封圈。

Y 形密封圈的横截面呈 Y 形，属于唇形密封圈，如图 14-8 所示，其制作材料为耐油橡胶。Y 形密封圈在工作时利用液压油的压力使两唇边张开紧压在配合偶件的两接合面上以实现密封，其密封性能可随压力的升高而提高，并且在磨损后有一定的自动补偿能力。

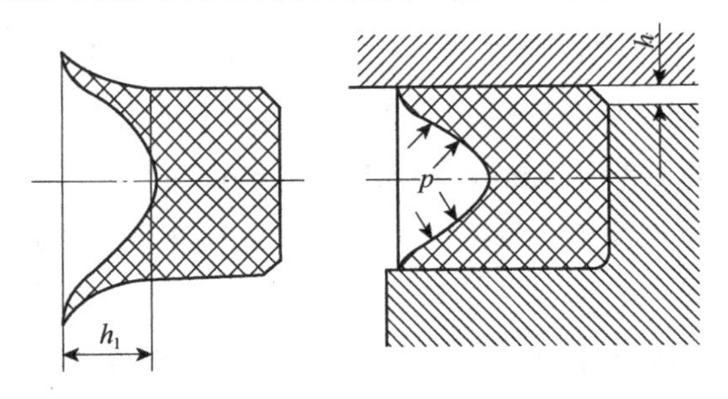

图 14-8 Y 形密封圈

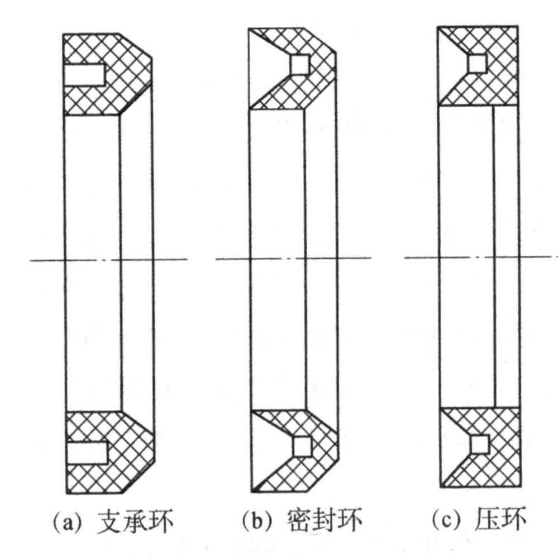

图 14-9 V 形密封圈

Y 形密封圈在安装时唇口应面向压力高的一侧，当工作压力变化较大时要加支承环，以防止 Y 形密封圈翻转。Y 形密封圈密封性能良好、摩擦力小、稳定性好，适用于工作压力小于 20MPa、工作温度为-30～+80℃、相对运动速度小于 0.5m/s 的场合。

（3）V 形密封圈。

V 形密封圈的横截面呈 V 形，也属于唇形密封圈，如图 14-9 所示。它由支承环、密封环和压环组合在一起使用。当工作压力高于 10MPa 时，可增加密封环的数量。V 形密封圈在安装时 V 形环开口应面向压力高的一侧。V 形密封圈耐高压、密封性能良好、使用寿命长，但密封处的摩擦阻力较大且拆换不便，主要用于大直径、高压、相对运动速度不大的场合。

想一想

1. 在安装 O 形密封圈时，为什么在其侧面要安放一个或两个挡圈？

2. Y 形密封圈和 V 形密封圈在安装时唇口应面向压力高的一侧还是压力低的一侧？为什么？

练习题

14-1　常用的蓄能器有哪些用途和类型？

14-2　蓄能器在安装时应注意哪些事项？

14-3　常用的滤油器有哪几种类型？各有什么特点？

14-4　说明滤油器一般安装在液压系统中的什么位置。

14-5　液压系统中的密封装置有哪些要求？密封装置的类型有哪些？各有什么特点？

14-6　安装唇形密封圈时应注意什么问题？

项目十五 液压基本回路

你知道吗?

液压系统无论多复杂，总是由一些液压基本回路组成的。所谓液压基本回路，是指由若干液压元件组成并且能完成某种特定功能的回路。例如，用来调节液压泵供油压力的压力控制回路，以及用来改变液压执行元件运动方向的方向控制回路等都是常见的液压基本回路。熟悉并掌握典型液压基本回路的组成、工作原理和性能，可为分析、设计、使用和维护各种液压系统打下基础。

液压基本回路根据完成的功能不同可分为方向控制回路、压力控制回路、速度控制回路和多缸工作控制回路。

学习目标

- ✧ 理解各种方向控制回路的组成及工作原理。
- ✧ 掌握各种方向控制回路的功能，学会合理选择方向控制回路。
- ✧ 理解各种压力控制回路的组成及工作原理。
- ✧ 掌握各种压力控制回路的功能，学会合理选择压力控制回路。
- ✧ 理解节流调速回路、容积调速回路及容积节流调速回路的组成及工作原理。
- ✧ 理解各种多缸工作控制回路的组成及工作原理。

任务一 方向控制回路

方向控制回路是控制液压系统中的液压执行元件的启动、停止和换向的回路，包括换向回路和锁紧回路两种。

一、换向回路

几乎所有的液压系统中都包含换向回路，如图15-1所示。除在容积调速的闭式回路中采用双向变量泵来控制液压执行元件的换向以外，在其他回路中都是依靠各种换向阀来实现液压执行元件的换向的。换向阀的选用要根据回路的要求和使用场合来定。

手动换向阀的换向精度和平稳性不高，常用于换向不频繁且无须实现自动化的设备，如机床夹具、工程机械中。对于运动速度和惯性较大的液压系统，采用机动换向阀较为合理，只需改变运动部件上挡块的迎角，即可减小换向冲击，并且可实现较高的换向位置精度。电磁换向阀使用方便，易于实现自动化，但换向时间短，换向冲击大，适用于流量小、对平稳性要求不高的场合。对于流量较大、对换向精度和平稳性有一定要求的液压系统，可采用电液换向阀，也可采用以手动换向阀或机动换向阀作为先导阀、液动换向阀作为主阀的复合换向阀。

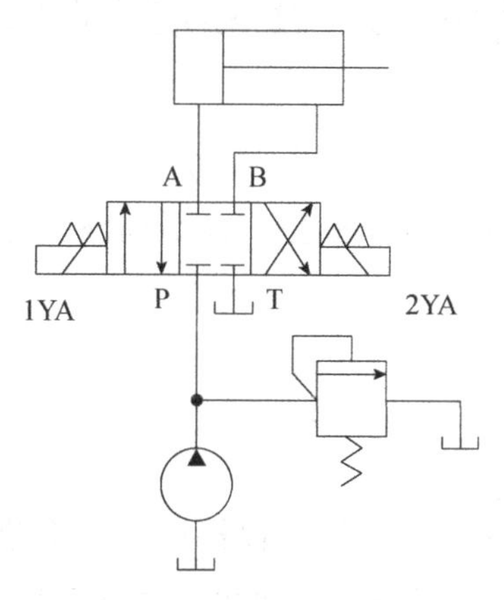

图 15-1　换向回路

二、锁紧回路

锁紧回路的功能是使液压执行元件在行程中的任意位置上停止，并且防止其停止运动后因外力作用而发生移动。

通常采用 O 型或 M 型中位机能的三位换向阀构成锁紧回路。当换向阀处于中位时，液压执行元件的进、出油口均关闭，可使液压执行元件在行程中的任意位置上停止。但由于受到换向阀（滑阀结构）泄漏的影响，液压执行元件不能长时间保持静止不动，锁紧效果较差。

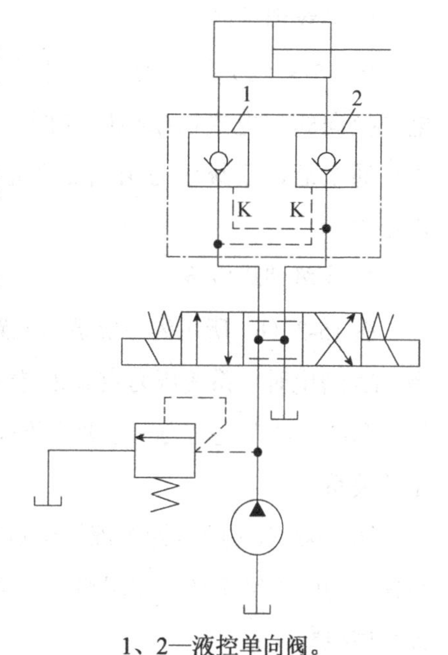

1、2—液控单向阀。

图 15-2　液压锁锁紧回路

图 15-2 所示为采用两个并联的液控单向阀（又称液压锁）构成的锁紧回路。液压执行元件可以在行程中的任意位置上停止并锁紧。由于液控单向阀（锥阀结构）的密封性能好、泄漏量小、可较长时间锁紧，并且其锁紧效果只受液压缸泄漏和液压油可压缩性的影响，因此其锁紧效果较

好。锁紧回路常用于工程机械、起重机械和飞机起落架的液压系统。

思考题：

液压锁锁紧回路为什么要采用 H 型中位机能的换向阀？若采用 O 型中位机能的换向阀，会出现什么问题？

任务二　压力控制回路

压力控制回路是对液压系统整体或某一部分的压力进行控制，以满足液压执行元件对力或转矩的要求的回路，包括调压回路、卸荷回路、保压回路、增压回路、减压回路、平衡回路等。

一、调压回路

调压回路的功能是使液压系统的压力保持恒定或不超过某个数值。在定量泵系统中，液压泵的供油压力可以通过溢流阀来调节；在变量泵系统中，可用安全阀来限定系统最高压力。若液压系统在不同工作阶段需要两个以上不同大小的压力，则可采用多级调压回路。

1. 二级调压回路

图 15-3（a）所示为二级调压回路，该回路可实现两个不同大小的压力控制。当电磁换向阀的电磁铁断电时（图示状态），系统压力由阀 1 调定；当电磁换向阀的电磁铁通电后，系统压力由阀 2 调定。但要注意，阀 2 的调定压力一定要小于阀 1 的调定压力。

2. 多级调压回路

图 15-3（b）所示为三级调压回路。当两个电磁铁均不带电时，系统压力由阀 1 调定；当 1YA 通电时，系统压力由阀 2 调定；当 2YA 通电时，系统压力由阀 3 调定。但要注意，阀 2 和阀 3 的调定压力一定要小于阀 1 的调定压力，而阀 2 和阀 3 的调定压力之间没有一定的关系。

图 15-3（c）所示为电液比例调压回路。通过调节比例溢流阀的输入电流，即可实现系统压力的无级调节。此回路结构简单，调压过程平稳，并且容易使系统实现远距离控制或程序控制。

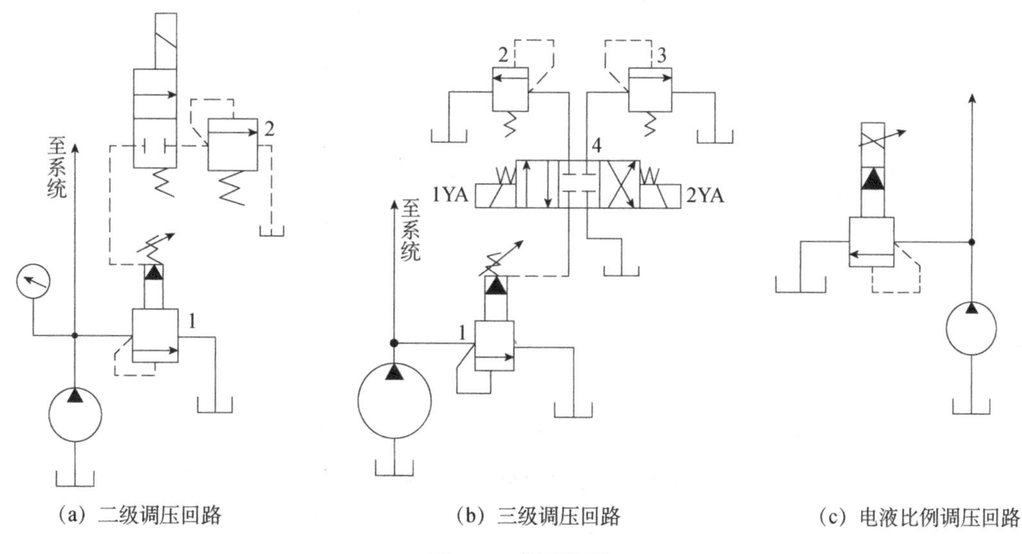

(a) 二级调压回路　　(b) 三级调压回路　　(c) 电液比例调压回路

图 15-3　调压回路

二、卸荷回路

卸荷回路的功能是在液压执行元件短暂停止工作期间，不关闭驱动液压泵的电动机，使液压泵在很小的输出功率下运转，以减小功耗和系统的发热量，延长液压泵和电动机的使用寿命。因为液压泵的输出功率为其流量和压力的乘积，两者任一近似为零，功耗就近似为零，所以液压泵的卸荷有流量卸荷和压力卸荷两种方法。流量卸荷用于变量泵，使变量泵仅为补偿内部泄漏而以最小流量运转，此方法简单，但变量泵处于高压状态，磨损较严重；压力卸荷是指使液压泵在零压或接近零压下运转。常见的压力卸荷回路有以下几种。

1. *采用换向阀的卸荷回路*

当 M 型、H 型中位机能的三位换向阀处于中位时，液压泵实现卸荷，如图 15-4（a）所示。图 15-4（b）所示为采用二位二通换向阀旁路卸荷。这两种回路比较简单，但换向阀换向冲击较大，仅适用于低压、小流量的液压系统。若将图 15-4（a）中的换向阀改为装有换向时间调节器的电液换向阀，则该回路可用于流量较大的液压系统，并且卸荷效果较好。但此时要注意，液压泵的出口或换向阀的回油口处应设置背压阀，以便液压系统能重新启动。

2. *采用电磁溢流阀的卸荷回路*

在如图 15-5 所示的卸荷回路中，采用先导式溢流阀和流量较小的二位二通电磁换向阀组成一个电磁溢流阀。当电磁换向阀断电时，先导式溢流阀的远程控制口接通油箱，其主阀阀口全开，液压泵实现卸荷。这种回路卸荷压力小，换向冲击也小。

3. *采用二通插装阀的卸荷回路*

图 15-6 所示为采用二通插装阀的卸荷回路。由于插装阀通流能力强，因此这种回路适用于大流量的液压系统。当阀 2 断电时，液压泵压力由阀 1 调节；当阀 2 通电时，主阀上腔接通油箱，主阀阀口完全打开，液压泵实现卸荷。

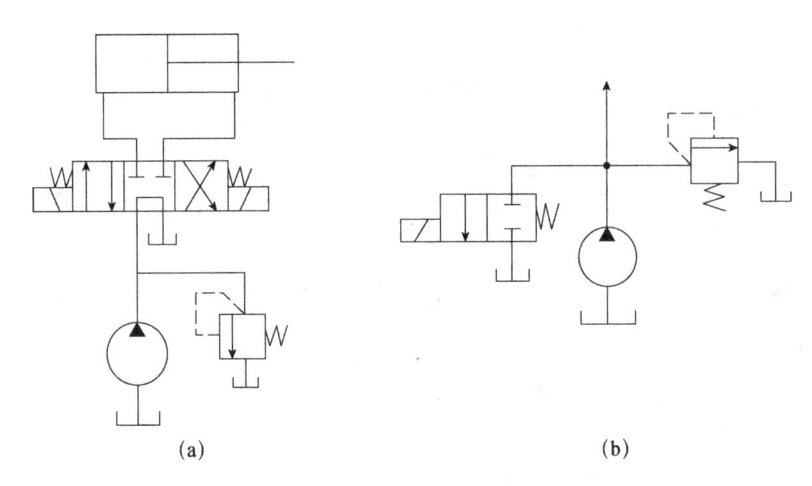

图 15-4　采用换向阀的卸荷回路

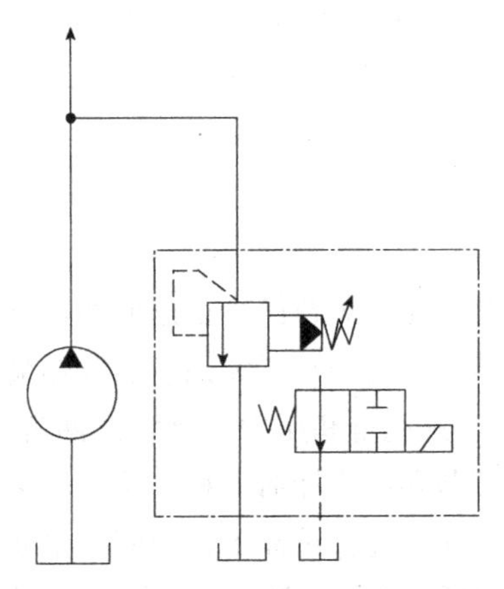

图 15-5　采用电磁溢流阀的卸荷回路

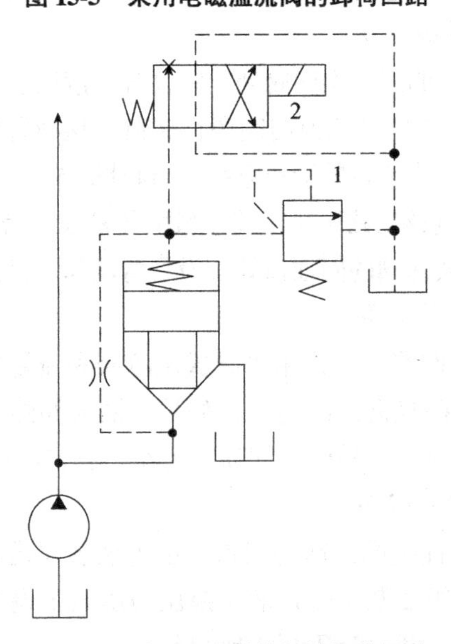

图 15-6　采用二通插装阀的卸荷回路

三、保压回路

有的机械设备在工作过程中要求液压执行元件保持一定工作压力一段时间，这时需要采用保压回路。描述保压回路的保压性能的两个主要指标为保压时间和压力稳定性。

1. 采用蓄能器的保压回路

图15-7所示为采用蓄能器的保压回路。该回路可实现工件夹紧，当主换向阀在左位工作时，液压缸活塞右行并压紧工件，当进油压力升高到调定值时，压力继电器发出电信号使二位二通换向阀通电，液压泵实现卸荷，单向阀自动关闭，液压缸由蓄能器保压。当液压缸压力不足时，压力继电器复位使液压泵重新向液压缸供油。该回路的保压时间取决于蓄能器的容量，调节压力继电器的通断调节区间即可调节液压缸压力的最大值和最小值。

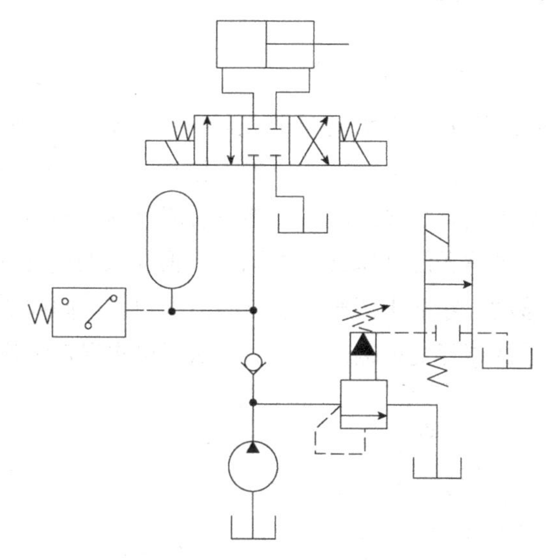

图15-7　采用蓄能器的保压回路

2. 自动补油的保压回路

图15-8所示为采用液控单向阀和电接触压力表自动补油的保压回路。当1YA通电、换向阀处于右位时，液压缸活塞下行加压，当液压缸上腔压力达到保压要求时，电接触压力表发出电信号，使1YA断电，换向阀处于中位，液压泵实现卸荷，液压缸由液控单向阀保压；当液压缸上腔压力下降到调定值时，电接触压力表又发出电信号，使1YA重新通电，液压泵又向液压缸供油，使压力上升，实现补油保压。当2YA通电、换向阀处于左位时，液压缸活塞向上退回，液控单向阀反向导通。

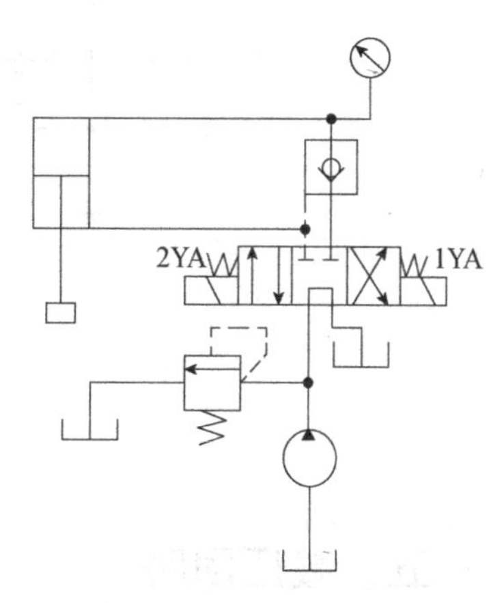

图15-8　采用液控单向阀和电接触压力表自动补油的保压回路

四、增压回路

增压回路的功能是提高液压系统中某条支路的工作压力，以满足局部工作机构的需要。采用增压回路后，液压泵的供油压力仍然较低，这样就可以降低能耗。在增压回路中实现液压油压力放大的主要元件是增压缸。

1. 采用单作用增压缸的增压回路

图 15-9（a）所示为采用单作用增压缸的增压回路。当换向阀处于图示位置工作时，液压泵输出的液压油（压力为 p_1）进入增压缸的大活塞腔，此时在小活塞腔内即可得到所需的较高压力 p_2；当换向阀切换至右位时，增压缸活塞返回，补油箱中的液压油经单向阀向小活塞腔补油。这种回路不能获得连续的高压油，因此只适用于行程较短的单作用液压缸回路。

2. 采用双作用增压缸的增压回路

图 15-9（b）所示为采用双作用增压缸的增压回路。它能连续输出高压油，适用于要求增压行程较长的场合。当换向阀处于图示位置工作时，液压泵输出的液压油进入增压缸左端大、小活塞腔，右端大活塞腔接油箱，右端小活塞腔输出的高压油经单向阀 4 输出，此时单向阀 1、3 关闭。当增压缸活塞移到右端时，换向阀的电磁铁通电，换向阀在右位工作，增压缸活塞向左移动，左端小活塞腔输出的高压油经单向阀 3 输出。这样，增压缸活塞不断做往复运动，其两端便交替输出高压油，从而可实现连续增压。

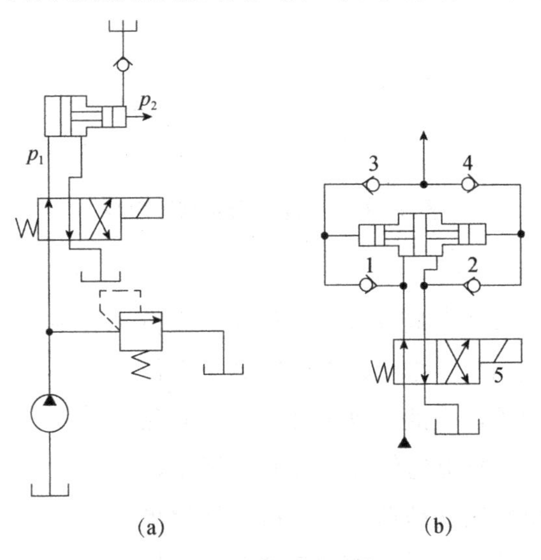

图 15-9 增压缸增压回路

五、减压回路

减压回路的功能是使液压系统中的某条支路获得比主油路低的稳定工作压力。机床的工件夹紧、导轨润滑及控制油路常采用减压回路。

图 15-10（a）所示为常见的减压回路。液压泵的供油压力（主油路压力）根据系统负载大小由溢流阀 1 调定，夹紧工作所需的低压油压力则靠减压阀 2 来调节。单向阀 3 的作用是在主油路压力降低到小于减压阀的调定压力时防止液压油倒流，起短时保压的作用。

图 15-10（b）所示为二级减压回路。这种回路在先导式减压阀 2 的远程控制口上接一个远程调压阀 3，可由阀 2、阀 3 各调得一种低压，但要注意，阀 3 的调定压力一定要小于阀 2 的调定压力。

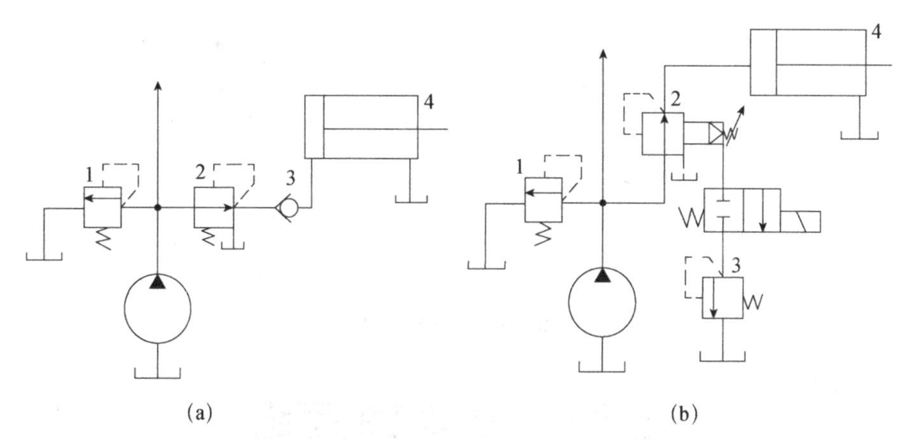

图 15-10　减压回路

六、平衡回路

平衡回路的功能是防止立式液压缸活塞及工作部件因自重而自行下滑或在下行运动中因自重而速度失控。其平衡机理是使立式液压缸下腔保持一定的背压，以便与重力相平衡。

1. 采用单向顺序阀的平衡回路

在立式液压缸下腔接一个单向顺序阀可防止活塞因自重而自行下滑［见图 13-22（b）］，但这种回路在活塞下行时有较大的功率损失。为此可采用如图 15-11（a）所示的使用单向顺序阀的平衡回路。当活塞下行时，来自进油路且经节流阀的控制压力油打开顺序阀，因液压缸背压较小，故提高了回路效率。这种平衡回路的缺点是活塞下行时运动平稳性较差，并且存在定位精度不高的问题。

2. 采用液控单向阀的平衡回路

图 15-11（b）所示为采用液控单向阀的平衡回路。由于液控单向阀采用锥面密封，泄漏量极小，因此这种回路闭锁性能好。回油路上串联节流阀，用于防止活塞下行时速度出现大幅度波动，起到调速作用。

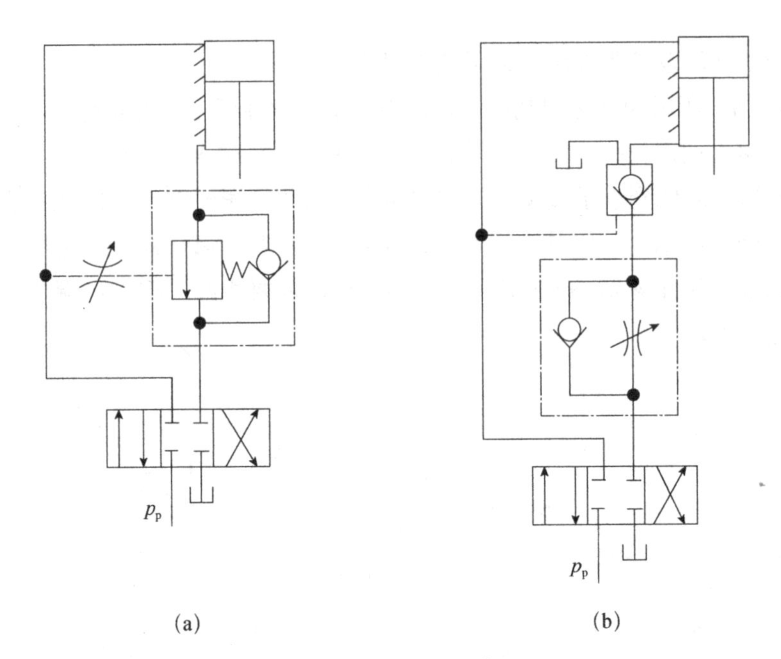

图 15-11 平衡回路

任务三 速度控制回路

速度控制回路是对液压系统中的液压执行元件的运动速度和速度切换进行控制的回路，包括调速回路、增速回路和速度换接回路等。

一、调速回路

调速回路的功能是调节液压执行元件的运动速度。在不考虑液压油的可压缩性和泄漏的情况下，液压执行元件的运动速度表达式如下。

液压缸活塞的运动速度和液压马达的转速分别为

$$v = \frac{q}{A} \tag{15-1}$$

$$n = \frac{q}{V} \tag{15-2}$$

式中，q——输入液压执行元件的流量；

A——液压缸的有效作用面积；

V——液压马达的排量。

从式（15-1）和式（15-2）中可以看出，改变输入液压执行元件的流量、液压缸的有效作用面积或液压马达的排量均可以达到调速的目的。

液压系统的调速方法有以下三种。

（1）节流调速：采用定量泵供油，用流量控制阀调节进入液压执行元件或从液压执行元件流出的液压油流量来实现调速。

（2）容积调速：采用变量泵改变输出流量或改变液压马达的排量来实现调速。

（3）容积节流调速：采用变量泵和流量控制阀联合实现调速，又称为联合调速。

1. 节流调速回路

节流调速回路采用定量泵供油，用流量控制阀调节进入液压执行元件或从液压执行元件流出的液压油流量来实现调速。根据流量控制阀在回路中的安装位置不同，节流调速回路可分为进油节流调速回路、回油节流调速回路和旁路节流调速回路三种形式。

（1）进油节流调速回路。

如图 15-12（a）所示，节流阀串联在液压泵和液压缸之间，调节节流阀的通流截面面积便能控制进入液压缸的流量，从而达到调速的目的。液压泵输出的多余的液压油经溢流阀流回油箱，液压泵出口处的压力 p_{p} 为溢流阀的调定压力并基本保持恒定。在这种回路中，只有节流阀和溢流阀联合使用才起调速作用。

① 速度负载特性。

当液压缸活塞以稳定的速度运动时，活塞的受力平衡方程为

$$p_1A_1 = p_2A_2 + F \tag{15-3}$$

式中，p_1、p_2——液压缸进油腔、回油腔的压力，在图 15-12 中 $p_2\approx0$；

A_1、A_2——液压缸无杆腔、有杆腔的有效作用面积；

F——液压缸的负载。

所以有

$$p_1 = \frac{F}{A_1} \tag{15-4}$$

节流阀两端的压力差为

$$\Delta p = p_{\mathrm{p}} - p_1 = p_{\mathrm{p}} - \frac{F}{A_1} \tag{15-5}$$

根据小孔流量公式 $q=KA_{\mathrm{T}}\Delta p^m$ 可知，通过节流阀进入液压缸的流量 q_1 为

$$q_1 = KA_{\mathrm{T}}\left(p_{\mathrm{p}} - \frac{F}{A_1}\right)^m \tag{15-6}$$

所以液压缸活塞的运动速度为

$$v = \frac{q_1}{A_1} = \frac{KA_{\mathrm{T}}\left(p_{\mathrm{p}} - \frac{F}{A_1}\right)^m}{A_1} \tag{15-7}$$

式（15-7）即进油节流调速回路的速度负载特性公式。由式（15-7）可知，液压缸活塞的运动速度 v 和节流阀通流截面面积 A_{T} 成正比。调节 A_{T} 可实现无级调速，这种回路的

调速范围较大。

根据式（15-7），选用不同的 A_T 画一组 v-F 曲线，即该回路的速度负载特性曲线，如图 15-12（b）所示。速度负载特性曲线表明了速度随负载变化而变化的规律，曲线越陡，说明负载变化对速度的影响越大，即速度刚性越差；曲线越缓，说明速度刚性越好。由该速度负载特性曲线可得出以下结论。

a. 当 A_T 不变时，液压缸活塞的运动速度 v 随负载 F 增大而减小，因此这种回路的速度刚性较差。

b. 当 A_T 一定时，重载区比轻载区的速度刚性差。

c. 当 F 不变时，若 A_T 小，则速度刚性好，即低速时的速度刚性好。

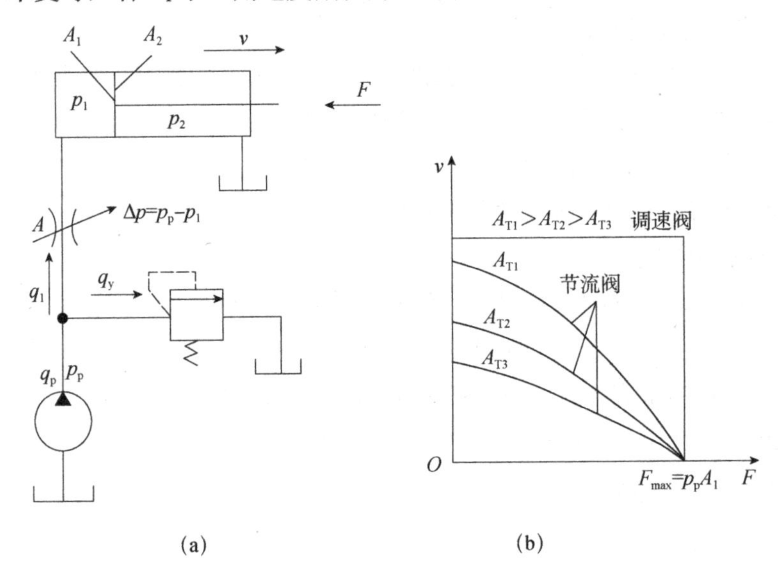

图 15-12 进油节流调速回路及其速度负载特性曲线

② 最大负载。

由图 15-12（b）可看出，不同 A_T 的速度负载特性曲线交于 F 轴上的同一点，该点所对应的负载即该回路的最大负载 F_{max}。由式（15-4）可知，$F_{max}=p_pA_1$。在液压泵供油压力由溢流阀调定的情况下，最大负载为一个定值。

③ 功率和效率。

液压泵的输出功率为 $P_p=p_pq_p$=常量，而液压缸的输出功率为

$$P_1=Fv=F\frac{q_1}{A_1}=p_1q_1 \tag{15-8}$$

因此，该回路的效率为

$$\eta=\frac{P_1}{P_p}=\frac{Fv}{p_pq_p}=\frac{p_1q_1}{p_pq_p} \tag{15-9}$$

由于存在溢流损失和节流损失，因此进油节流调速回路的效率较低。这种回路适用于

轻载、低速、负载变化不大和对速度稳定性要求不高的小功率液压系统。

（2）回油节流调速回路。

在液压执行元件的回油路上设置一个流量控制阀，即可构成回油节流调速回路。图 15-13 所示为采用节流阀的回油节流调速回路。用节流阀调节液压缸的回油流量，可以间接地控制进入液压缸的流量，从而实现调速。

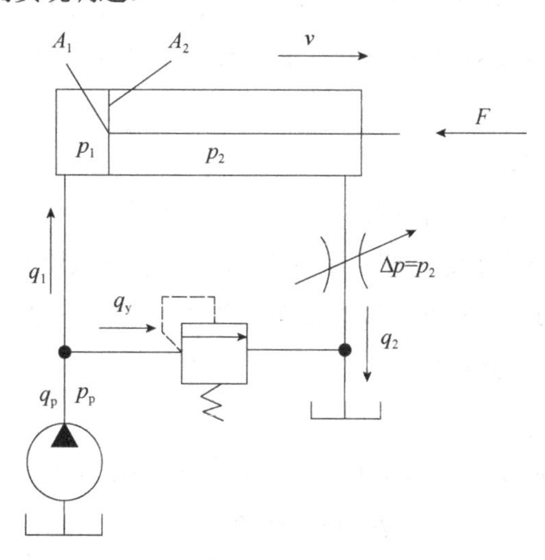

图 15-13　采用节流阀的回油节流调速回路

和进油节流调速回路不同的是，回油节流调速回路的背压 $p_2\neq0$，节流阀两端的压力差 $\Delta p=p_2$。仿照式（15-7）的推导步骤，可以得出回油节流调速回路的速度负载特性公式。

由推导结果可以发现，回油节流调速回路和进油节流调速回路的速度负载特性基本相同。若液压缸（双杆液压缸）两腔的有效作用面积相同，则两种调速回路的速度负载特性完全相同。因此，回油节流调速回路也具备进油节流调速回路的一些特点，但是这两种回路也有不同之处。

① 承受负值负载的能力。

在回油节流调速回路中，液压缸回油腔有一定的背压，在有负值负载（负载方向和运动方向一致）时，背压能阻止液压缸前冲，即该回路能在负值负载下工作；而在进油节流调速回路中，液压缸回油腔没有背压，故该回路不能在负值负载下工作。

② 实现压力控制的方便性。

在进油节流调速回路中，液压缸进油腔的压力随负载变化而变化，当工作部件碰到死挡铁停止运动后，其压力将升至溢流阀的调定压力，利用这一压力变化容易实现压力控制；而在回油节流调速回路中，液压缸回油腔的压力随负载变化而变化，当工作部件碰到死挡铁后，压力将降至 0，虽然也可以利用这一压力变化来实现压力控制，但其可靠性差，故很少采用。

③ 运动平稳性。

在回油节流调速回路中，液压缸回油腔存在背压，可以起到阻尼作用，同时空气也不易渗入；而在进油节流调速回路中，液压缸回油腔没有背压。因此，回油节流调速回路的运动平稳性比进油节流调速回路好。

为了提高节流调速回路的综合性能，在实际中一般采用进油节流调速回路，并在其回油路上串接背压阀（溢流阀、顺序阀或装有硬弹簧的单向阀），使其兼具两种回路的优点。

（3）旁路节流调速回路。

将流量控制阀安装在与液压泵并联的旁油路上，即可构成旁路节流调速回路。图 15-14（a）所示为采用节流阀的旁路节流调速回路。用节流阀调节由液压泵流回油箱的流量，可以控制进入液压缸的流量，从而实现调速。该回路中的溢流阀在正常情况下是关闭的，过载时打开，其调定压力比最大回路工作压力稍大。

① 速度负载特性。

当液压缸活塞以稳定的速度运动时，活塞的受力平衡方程为

$$p_1A_1=p_2A_2+F \tag{15-10}$$

若不计管路压力损失，则 $p_1=p_p$，$p_2=0$，所以有

$$p_p=\frac{F}{A_1} \tag{15-11}$$

由式（15-11）可以看出，液压泵的供油压力 p_p 取决于负载 F。通过节流阀的流量为

$$q_T=KA_T\left(\frac{F}{A_1}\right)^m \tag{15-12}$$

进入液压缸的流量为

$$q_1=q_p-KA_T\left(\frac{F}{A_1}\right)^m \tag{15-13}$$

因此，液压缸活塞的运动速度为

$$v=\frac{q_1}{A_1}=\frac{q_p-KA_T\left(\frac{F}{A_1}\right)^m}{A_1} \tag{15-14}$$

根据式（15-14），选用不同的 A_T 画出该回路的速度负载特性曲线，如图 15-14（b）所示。由该速度负载特性曲线可得出以下结论。

a. 当 F 一定时，开大节流阀阀口，活塞运动速度减小；关小节流阀阀口，活塞运动速度增大。

b. 当 A_T 一定时，若 F 增大，则活塞运动速度显著减小，其速度刚性比进、回油节流

调速回路差。

c. 当 A_T 一定时，F 越大，速度刚性越好，即该回路在重载区的速度刚性较好。

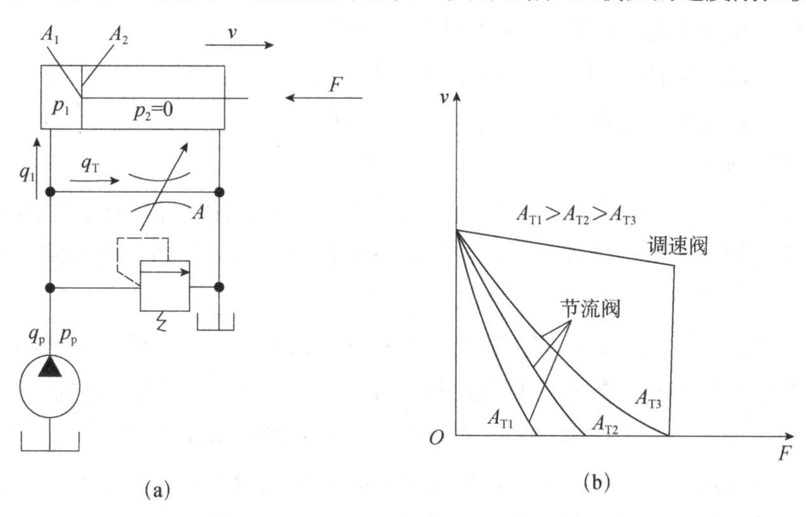

图 15-14　采用节流阀的旁路节流调速回路及其速度负载特性曲线

② 最大负载。

由图 15-14（b）可以看出，不同 A_T 的速度负载特性曲线所对应的最大负载 F_{max} 不同。F_{max} 随 A_T 的增大而减小，即低速时承载能力低、调速范围小。

③ 功率和效率。

液压泵的输出功率为

$$P_p=p_pq_p \tag{15-15}$$

液压缸的输出功率为

$$P_1=p_1q_1 \tag{15-16}$$

因此，该回路的效率为

$$\eta=\frac{P_1}{P_p}=\frac{p_1q_1}{p_pq_p}=\frac{q_1}{q_p} \tag{15-17}$$

旁路节流调速回路只有节流损失而无溢流损失，液压泵的供油压力随负载变化而变化（进、回油节流调速回路中液压泵的供油压力为定值），节流损失和输入功率随负载变化而变化，因此该回路的效率较高。

由上述分析可知，旁路节流调速回路的速度负载特性很差，低速时承载能力低，故一般只适用于高速、重载、较大功率和对速度平稳性要求不高的液压系统，如牛头刨床主传动系统、输送机械液压系统等。

（4）采用调速阀的节流调速回路。

采用节流阀的节流调速回路速度刚性比较差，在负载变化的条件下运动稳定性比较差。为了克服此缺点，可在回路中用调速阀代替节流阀。由于调速阀本身能在负载变化的条件下保证通过的流量基本不变，因此使用调速阀后节流调速回路的速度负载特性得到很大改善。但需要注意，为了保证调速阀正常工作，调速阀两端的压力差必须大于其最小压力差（中、低压调速阀为 0.5MPa，高压调速阀为 1MPa）。

采用调速阀的节流调速回路虽然速度稳定性得到改善，但由于调速阀中包含减压阀和节流阀的损失，并且同样存在溢流损失，因此效率更低。

2. 容积调速回路

节流调速回路的主要缺点是效率低、发热量大，故只适用于小功率的液压系统。容积调速回路是依靠调节变量泵或变量马达的排量来实现调速的，回路中没有溢流损失和节流损失，故效率高、发热量小，适用于大功率的液压系统。

按液压油的循环方式不同，液压回路可分为开式回路和闭式回路。开式回路是通过油箱进行液压油循环的回路，即液压泵从油箱中吸油，液压执行元件的回油仍返回油箱。其优点是液压油在油箱中便于分离杂质、析出气体，并且散热效果良好；缺点是空气容易侵入液压系统，导致运动不平稳。闭式回路无油箱，液压泵吸油口与液压执行元件回油口直接相连，液压油在液压系统内封闭循环。其优点是油、气隔开，结构紧凑，运动平稳，噪声小；缺点是散热性差，另外，为了补偿泄漏，闭式回路往往要设置补油装置。

根据液压泵和液压马达（或液压缸）的组合方式不同，容积调速回路可分为以下三种形式。

① 变量泵-定量液压马达（或液压缸）容积调速回路。

② 定量泵-变量液压马达容积调速回路。

③ 变量泵-变量液压马达容积调速回路。

（1）变量泵-定量液压马达（或液压缸）容积调速回路。

图 15-15（a）所示为变量泵和液压缸组成的开式容积调速回路，图 15-15（b）所示为变量泵和定量液压马达组成的闭式容积调速回路。这两种回路都是通过调节变量泵的排量来实现调速的。在正常工作时，溢流阀关闭，作为安全阀使用。在图 15-15（b）中，泵 1 是补油泵，其流量为变量泵最大输出流量的 10%～15%，补油压力由溢流阀 6 来调定。

在以上两种回路中，变量泵的输出流量全部进入液压缸或液压马达，若不计泄漏影响，则液压缸活塞的运动速度和液压马达的转速分别为

$$v = \frac{q_p}{A} = \frac{n_p V_p}{A} \tag{15-18}$$

$$n_M = \frac{q_p}{V_M} = \frac{n_p V_p}{V_M} \tag{15-19}$$

式中，q_p——变量泵的流量；

V_p、V_M——变量泵、液压马达的排量；

n_p、n_M——变量泵、液压马达的转速；

A——液压缸的有效作用面积。

这两种回路具有以下输出特性。

① 通过变量泵的排量 V_p 即可控制液压缸活塞的运动速度（或液压马达的转速）。由于 V_p 可以调得很小，因此可获得较低的速度，故这种回路的调速范围较大。

② 若不计系统损失，则根据液压缸推力公式 $F=p_pA_1$，以及液压马达的转矩公式 $T=\frac{p_pV_M}{2\pi}$ 可知，由于 p_p 由安全阀调定，V_M、A_1 是固定不变的，因此液压缸（或液压马达）输出的最大推力（或转矩）不变，如图 15-15（c）所示，故称这种调速为恒推力（或恒转矩）调速。

若不计系统损失，则液压缸（或液压马达）的输出功率等于液压泵的输出功率，即 $P_M=P_p=p_pV_pn_p=p_pV_Mn_M$，其中 p_p、V_M 为常量，因此这种回路的输出功率随着液压马达的转速 n_M（V_p）改变呈线性变化，如图 15-15（c）所示。

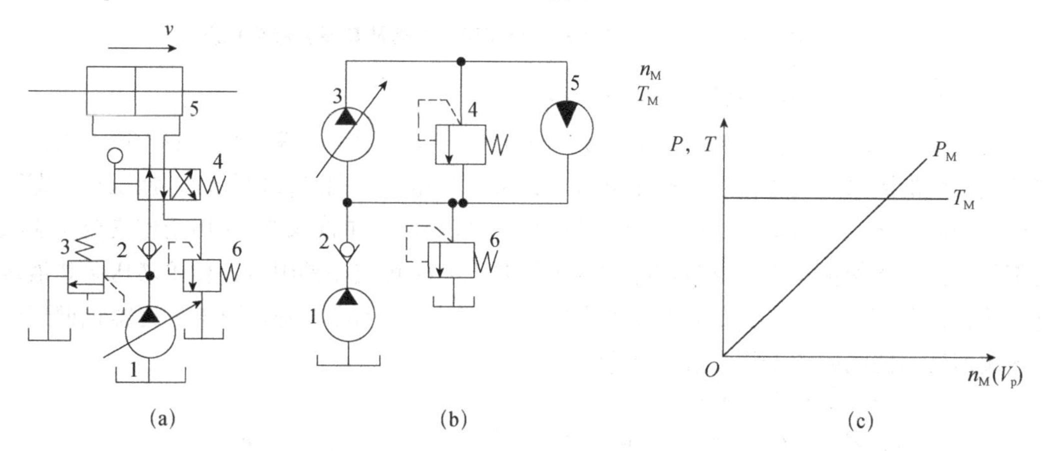

图 15-15　变量泵-定量液压马达（或液压缸）容积调速回路及其调速特性曲线

（2）定量泵-变量液压马达容积调速回路。

定量泵-变量液压马达容积调速回路如图 15-16（a）所示，溢流阀 2 为安全阀，定量泵 4 和溢流阀 5 组成补油回路。定量泵输出的流量不变，调节液压马达的排量即可改变其转速。这种回路有以下特性。

① 由液压马达的转速公式 $n_M=\frac{q_p}{V_M}$ 可知，n_M 与 V_M 成反比，调节 V_M 即可改变 n_M，但 V_M 不能调得过小（此时输出转矩很小，甚至不能带动负载），这限制了转速的提高，故这种回路的调速范围较小。

② 由液压马达的转矩公式 $T=\frac{p_pV_M}{2\pi}$ 可知，若减小 V_M，则 T 将减小。由于 V_M 和 n_M 成反比，因此当 n_M 增大时，T 将减小，故这种回路的输出转矩为变量。

③ 定量泵的流量 q_p 是固定不变的，其供油压力 p_p 由安全阀限定。若不计系统损失，则液压马达的输出功率 $P_M=P_p=p_pq_p$，即液压马达的最大输出功率不变，故称这种调速为恒

功率调速。

图 15-16（b）所示为定量泵–变量液压马达容积调速回路的调速特性曲线。这种回路能适应机床主运动所要求的恒功率调速的特点，但其调速范围较小，故目前较少单独使用。

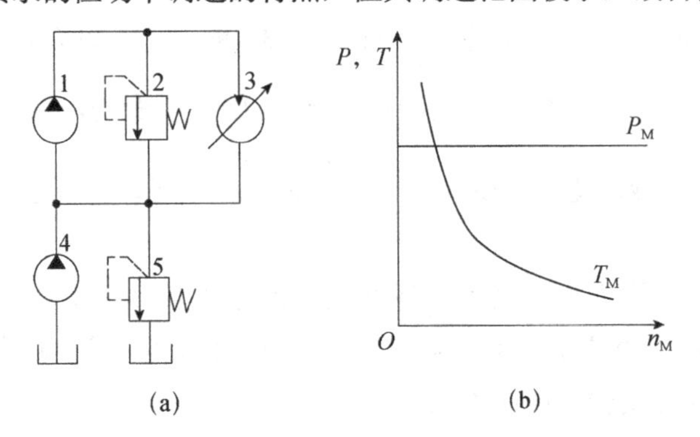

图 15-16　定量泵–变量液压马达容积调速回路及其调速特性曲线

（3）变量泵–变量液压马达容积调速回路。

变量泵–变量液压马达容积调速回路如图 15-17（a）所示，液压马达的转速可以通过调节液压泵的流量或液压马达的排量来进行调节。变量泵正向或反向供油，液压马达即可实现正转或反转。单向阀 6、9 用于使辅助泵 4 双向补油，单向阀 7、8 用于使安全阀 3 双向都能起到过载保护作用。这种回路实际上就是上面两种回路的组合。由于液压泵和液压马达的排量都可改变，因此这种回路的调速范围很大。变量泵–变量液压马达容积调速回路的调速特性曲线如图 15-17（b）所示。

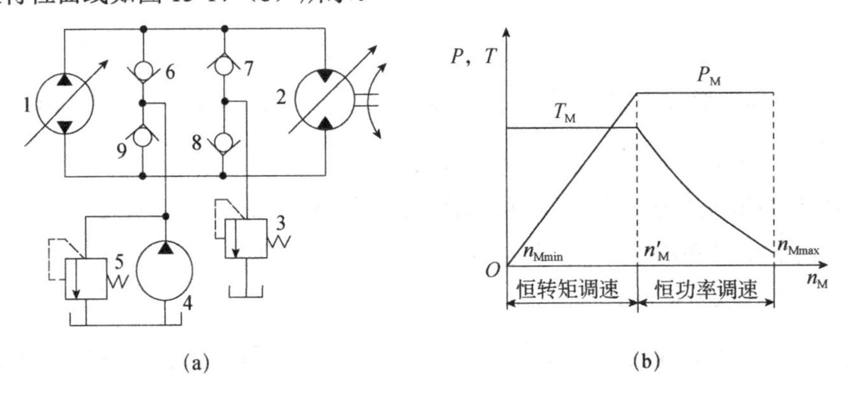

图 15-17　变量泵–变量液压马达容积调速回路及其调速特性曲线

这种回路在低速范围内调速时，先将液压马达的排量调至最大，然后调节液压泵的排量，使液压泵的排量由小变大，直至达到最大输油量，液压马达的转速随之升高，输出功率随之线性增大，此时液压马达处于恒转矩状态。若要进一步提高液压马达的转速，则可将液压马达的排量由大调小，其输出转矩随之减小，此时液压马达处于恒功率状态。

3. 容积节流调速回路

容积调速回路虽效率高、发热量小，但存在速度负载特性较差的问题。尤其是在低速时，泄漏量在总流量中所占的比例较大，速度稳定性差。因此，在对低速稳定性要求较高的机床进给系统中常采用容积节流调速回路，即采用变量泵和流量控制阀联合调节液压执行元件的运动速度。在这种回路中，变量泵的流量能自动受流量控制阀的调节且全部进入液压执行元件做功，没有溢流损失，故效率较高，并且其速度稳定性比容积调速回路好。

图 15-18（a）所示为限压式变量泵和调速阀组成的容积节流调速回路。调速阀安装在进油路上（也可安装在回油路上），调节调速阀便可改变进入液压缸的流量，而液压泵的输油量 q_p 与通过调速阀进入液压缸的流量 q_1 相适应。例如，在关小调速阀阀口的瞬间，q_1 减小，而此时 q_p 还未来得及改变，于是出现 $q_p>q_1$ 的现象，导致液压泵的出油压力 p_p 升高，其反馈作用使液压泵的流量减小，直至 $q_p=q_1$；在开大调速阀阀口的瞬间，将出现 $q_p<q_1$ 的现象，导致液压泵的出油压力 p_p 降低，输出流量自动增大，直至 $q_p=q_1$。图 15-18（b）所示为该回路的调速特性曲线。曲线 1 为限压式变量泵的压力-流量特性曲线，曲线 2 为调速阀阀口在某一开度时的压力-流量特性曲线。a、b 两点分别为液压缸和液压泵的实际工作点，如果限压式变量泵的限压螺钉调得合理，则在不计管路损失的情况下，可使调速阀两端的压力差 Δp 保持为最小稳定压力差（一般为 0.5MPa），此时不仅活塞运动速度不受负载的影响，而且调速阀的功率损失［图 15-18（b）中阴影部分的面积］最小。如果 p_p 调得过小，则会使 $\Delta p<0.5\text{MPa}$，这时调速阀将不能正常工作，输出流量会随液压缸压力的升高而减小，使活塞运动速度不稳定。如果在调节限压螺钉时将 Δp 调得过大，则功率损失增大，回路效率降低。

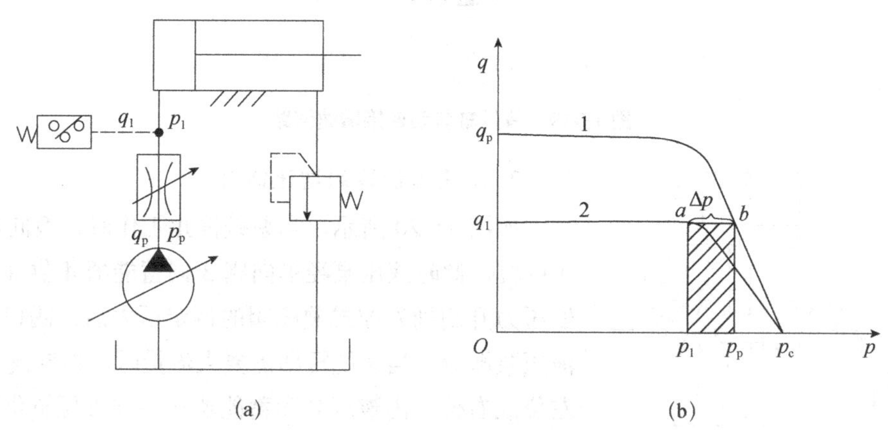

图 15-18　容积节流调速回路及其调速特性曲线

二、增速回路

增速回路又称为快速运动回路，其功能是使液压执行元件获得所需的高速，以提高或充分利用系统的效率。增速回路根据实现增速的方法不同有多种结构方案，如已经介绍过的双泵供油增速回路［见图 13-22（c）］和变量泵供油增速回路［见图 15-18（a）］。下面介绍液压缸差动连接增速回路和采用蓄能器的增速回路。

1. 液压缸差动连接增速回路

如图 15-19 所示，当阀 1 和阀 3 在左位工作时，液压缸差动连接，实现快进；当阀 3 的电磁铁通电时，液压缸差动连接即被切断，其回油通过单向调速阀 2 实现工进；当阀 1 切换至右位工作时，液压缸快退。

采用液压缸差动连接方式可在不增加液压泵流量的情况下，提高液压执行元件的运动速度。液压缸差动连接增速回路简单经济，应用较多，但液压缸活塞的运动速度有时仍不能满足快速运动的要求，常需要和其他回路联合使用。

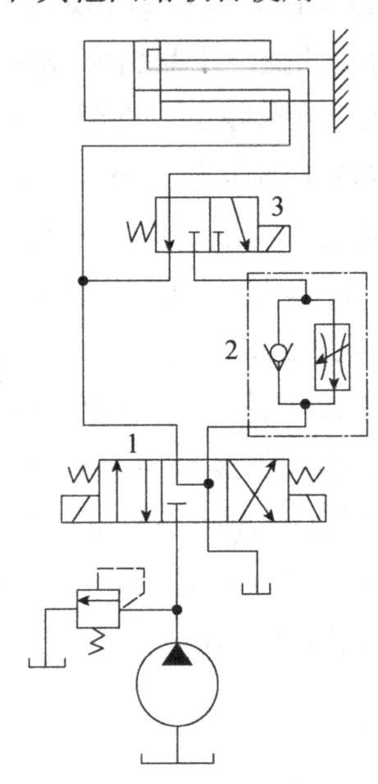

图 15-19　液压缸差动连接增速回路

2. 采用蓄能器的增速回路

如图 15-20 所示，当系统停止工作时，换向阀 5 处于中位，此时液压泵经单向阀 3 向蓄能器 4 供油，蓄能器压力升高到外控式顺序阀的调定压力后，阀口打开，液压泵卸荷。当系统短期需要大流量时，换向阀 5 处于左位或右位，由液压泵和蓄能器一齐向液压缸供油，使液压缸活塞快速运动。

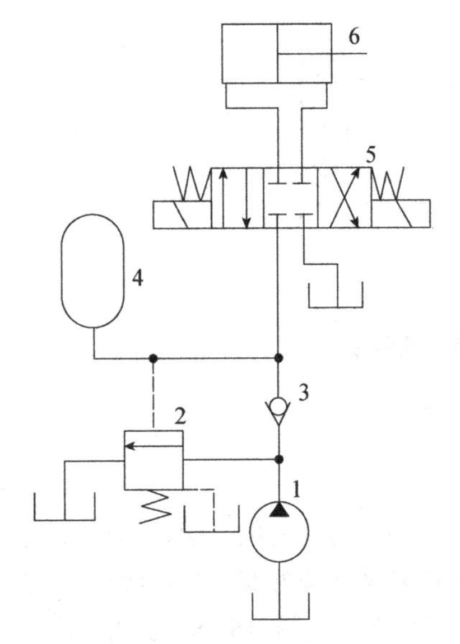

图 15-20　采用蓄能器的增速回路

三、速度换接回路

速度换接回路的功能是使液压执行元件在一个工作循环中从一种运动速度切换到另一种运动速度。速度换接回路要求在切换运动速度时具有较高的速度换接平稳性。

1. 快速与慢速的换接回路

图 15-21 所示为采用行程阀的快速与慢速换接回路。在如图 15-21 所示的状态下，液压缸快进；当活塞所连接的挡块压下行程阀 6 时，行程阀关闭，液压缸右腔的液压油只能通过节流阀 5 流回油箱，活塞运动速度转变为慢速进给；当换向阀切换到左位时，液压油经单向阀 4 进入液压缸的右腔，活塞快速退回。这种回路的快速与慢速换接比较平稳，换接点位置比较准确，但缺点是行程阀必须安装在运动部件附近，并且其位置不能随意改变，管路连接较复杂。将图 15-21 中的行程阀换为电磁换向阀，也可实现快速与慢速自动换接，而且安装连接方便，但速度换接平稳性及换接位置准确性都较差。

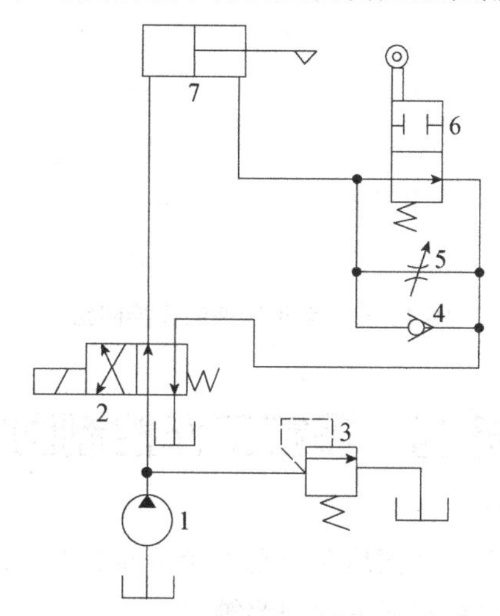

图 15-21　采用行程阀的快速与慢速换接回路

2. 两种慢速的换接回路

有些加工机床要求工作行程有两种慢速，第一种慢速速度较高，多用于零件的粗加工；第二种慢速速度较低，多用于半精加工或精加工。为实现两种慢速，回路中常采用两个串联或并联的调速阀。

图 15-22（a）所示为两个调速阀串联的两种慢速的换接回路，调速阀 B 的开口小于调速阀 A 的开口。当电磁换向阀的电磁铁断电时，液压泵输出的液压油经调速阀 A 进入液压缸左腔，实现一工进，进给速度由调速阀 A 调节；当电磁换向阀的电磁铁通电时，液压泵输出的液压油先经调速阀 A，再经调速阀 B 进入液压缸左腔，实现二工进，进给速度由调速阀 B 调节。这种回路的速度换接平稳性较好，但二次工进时液压油要经过两个调速阀，能量损失较大。

图 15-22（b）所示为两个调速阀并联的两种慢速的换接回路。此回路两种慢速可以分别调节，互不影响。但在两种慢速换接时，运动部件容易产生突然前冲现象，这是因为当一个调速阀工作时另一个调速阀中无液压油通过，其定差减压阀处于最大开口位置，因而在速度换接瞬间，通过该调速阀的流量很大，会造成运动部件前冲现象。

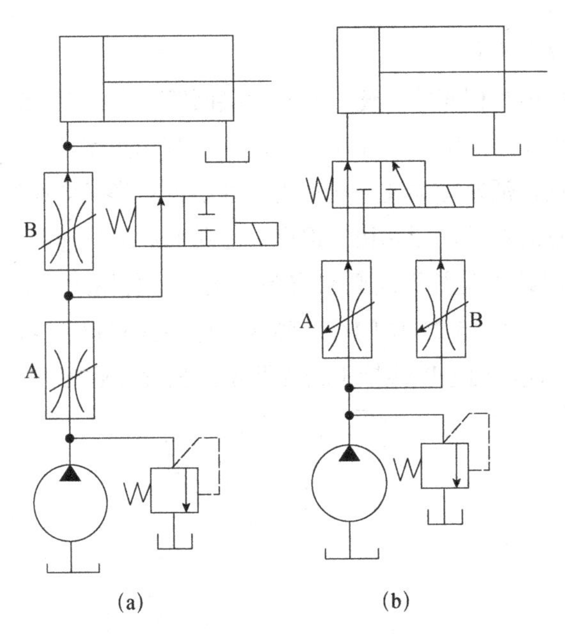

图 15-22　两种慢速的换接回路

任务四　多缸工作控制回路

多缸工作控制回路是指由一个液压泵驱动多个液压缸相互配合工作的回路。这类回路包括顺序动作回路、同步回路和互不干扰回路等。

一、顺序动作回路

顺序动作回路的功能是使多个液压执行元件严格按照预定顺序依次动作。按控制方式不同，顺序动作回路可分为压力控制顺序动作回路和行程控制顺序动作回路。

1. 压力控制顺序动作回路

压力控制顺序动作回路利用液压系统工作过程中的压力变化来使液压执行元件按顺序先后动作，常用顺序阀和压力继电器来控制多缸动作顺序。

图 15-23 所示为用单向顺序阀控制的顺序动作回路。单向顺序阀 D 用于控制两液压缸活塞向右运动的先后顺序，单向顺序阀 C 用于控制两液压缸活塞向左运动的先后顺序。当换向阀处于左位工作时，液压油进入液压缸 A 左腔和单向顺序阀 D 的进油口，液压缸 A 活塞向右运动，实现动作①，此时进油路压力较低，单向顺序阀 D 处于关闭状态；当液压缸 A 活塞运动到行程终点后，进油路压力升高，当压力达到单向顺序阀 D 的调定压力时，单向顺序阀 D 打开，液压油进入液压缸 B 左腔，液压缸 B 活塞向右运动，实现动作②。同理，当换向阀处于右位工作时，两液压缸活塞按照动作③和动作④顺序返回。若两液压

缸活塞的返回无先后顺序要求，则可以将单向顺序阀 C 省去。

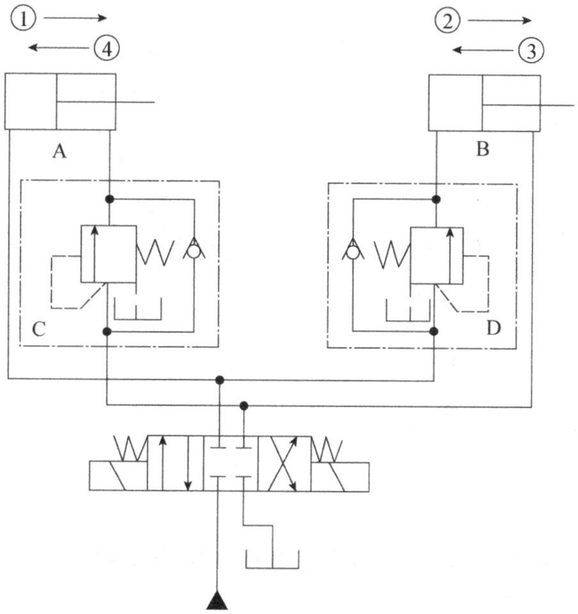

图 15-23　用单向顺序阀控制的顺序动作回路

图 15-24 所示为用压力继电器控制的顺序动作回路。压力继电器 1KP 用于控制液压缸活塞向右运动的先后顺序，压力继电器 2KP 用于控制液压缸活塞向左运动的先后顺序。当 1YA 通电时，液压缸 A 活塞向右运动，实现动作①；当液压缸 A 活塞运动到行程终点后，回油路压力升高，当压力达到压力继电器 1KP 的调定压力时，压力继电器 1KP 发出电信号，使 3YA 通电，液压缸 B 活塞向右运动，实现动作②。同理，当 4YA 通电（其余电磁铁断电）时，液压缸 B 活塞返回，实现动作③；当液压缸 B 活塞退到原位后，回油路压力升高，当压力达到压力继电器 2 KP 的调定压力时，压力继电器 2 KP 发出电信号，使 2 YA 通电，液压缸 A 活塞退回，完成动作④。

在压力控制顺序动作回路中，顺序阀或压力继电器的调定压力必须比前一动作液压执行元件的最大工作压力大 10%～15%，否则在管路中的压力冲击或波动下会造成误动作，引起事故。这种回路只适用于液压执行元件数目不多、负载变化不大的场合。

2. *行程控制顺序动作回路*

图 15-25 所示为用行程阀控制的顺序动作回路。开始时两液压缸活塞均在左端位置，扳动手动换向阀 C 的手柄使其在右位工作，液压缸 A 活塞右行，实现动作①；在运动部件上的挡块压下行程阀 D 后，液压缸 B 活塞右行，实现动作②。松开手动换向阀 C 的手柄，手动换向阀 C 复位（在左位），液压缸 A 活塞退回，实现动作③；在运动部件上的挡块离开行程阀 D 后，行程阀 D 复位（在下位），液压缸 B 活塞退回，实现动作④。这种回路动作可靠，但要改变动作顺序较困难。

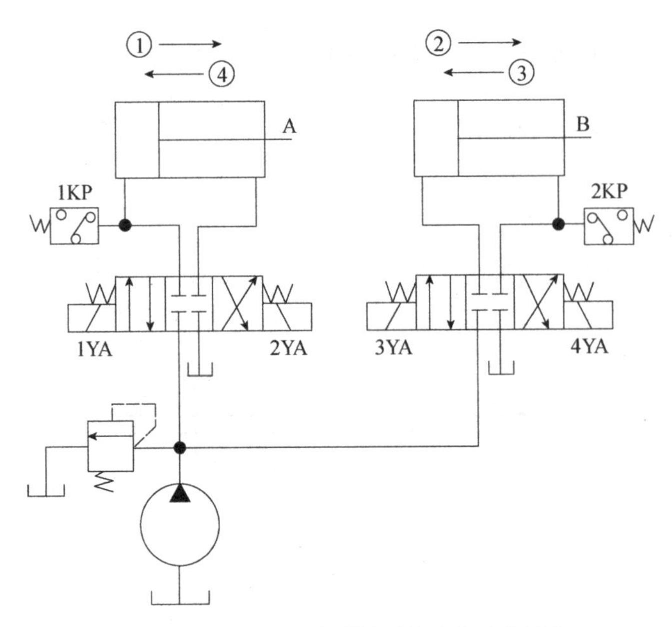

图 15-24　用压力继电器控制的顺序动作回路

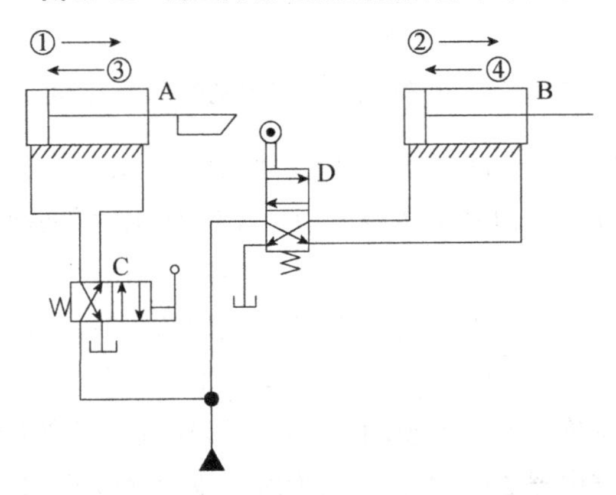

图 15-25　用行程阀控制的顺序动作回路

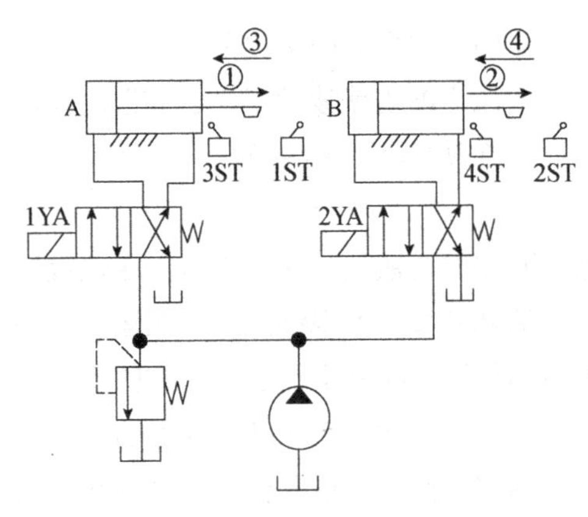

图 15-26 用行程开关控制的顺序动作回路

图 15-26 所示为用行程开关控制的顺序动作回路。当 1YA 通电时，液压缸 A 活塞右行，实现动作①；完成动作①后，运动部件上的挡块触动行程开关 1ST 使 2YA 通电，液压缸 B 活塞右行，实现动作②；完成动作②后，运动部件上的挡块触动行程开关 2ST 使 1YA 断电，液压缸 A 活塞返回，实现动作③；完成动作③后，运动部件上的挡块触动行程开关 3ST 使 2YA 断电，液压缸 B 活塞返回，实现动作④；完成动作④后，运动部件上的挡块触动行程开关 4ST 使液压泵卸荷，完成一个工作循环。这

种回路调整液压缸的动作行程和改变动作顺序都比较方便，因此在实际中应用较为普遍。

二、同步回路

同步回路的功能是使液压系统中两个或多个液压执行元件在运动中保持相同位移或相同速度。

1. 串联液压缸的同步回路

如图 15-27 所示，将两个有效作用面积相等的液压缸在回路中串联起来，就得到了串联液压缸的同步回路。这种回路结构简单，允许有较大的偏载。但两个液压缸的制造误差会影响同步精度，多个行程后，位置误差还会累积，而且液压泵的供油压力为两个液压缸负载压力之和。

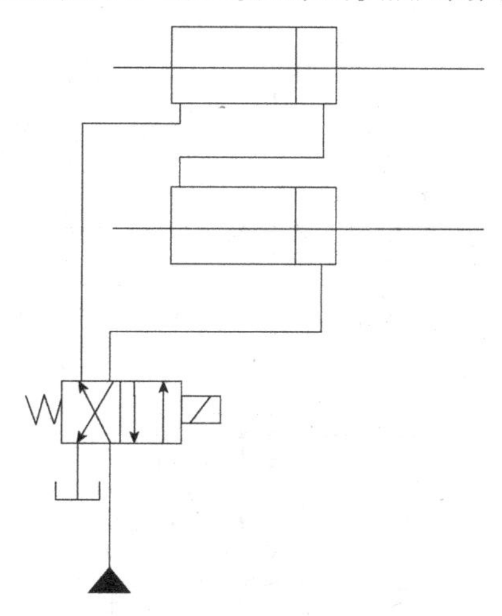

图 15-27　串联液压缸的同步回路

图 15-28 所示为带补偿装置的串联液压缸的同步回路。补偿装置的作用是使位置误差在液压缸活塞下行过程中被消除。当两个液压缸活塞同时下行时，若液压缸 5 活塞先到达行程终点，则运动部件上的挡块压下行程开关 1ST，使 3YA 通电，换向阀 3 切换到左位，液压油经换向阀 3 和液控单向阀 4 进入液压缸 6 上腔，进行补油，使其活塞继续下行直至到达行程终点。若液压缸 6 活塞先到达行程终点，则运动部件上的挡块压下行程开关 2ST，使 4YA 通电，换向阀 3 切换到右位，液压油进入液控单向阀 4 的控制口，液控单向阀 4 被打开，液压缸 5 下腔与油箱接通，使其活塞继续下行直至到达行程终点，从而消除位

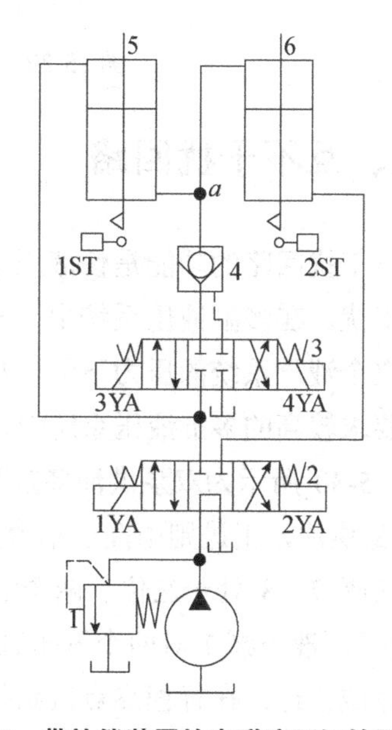

图 15-28　带补偿装置的串联液压缸的同步回路

置误差。

2. 采用电液比例调速阀的同步回路

采用电液比例调速阀的同步回路如图 15-29 所示。该回路采用一个普通调速阀 3 和一个电液比例调速阀 4，分别装在由单向阀组成的桥式回路中，并分别用于控制液压缸 1 和液压缸 2 的活塞运动速度。当两个液压缸的活塞出现位置误差时，检测装置（图 15-29 中未画出）就会发出信号，调整电液比例调速阀 4 的开口，修正误差，使其保持同步。

这种回路的同步精度高，位置误差可控制在 0.5mm 以内，可以满足绝大多数同步回路的要求。

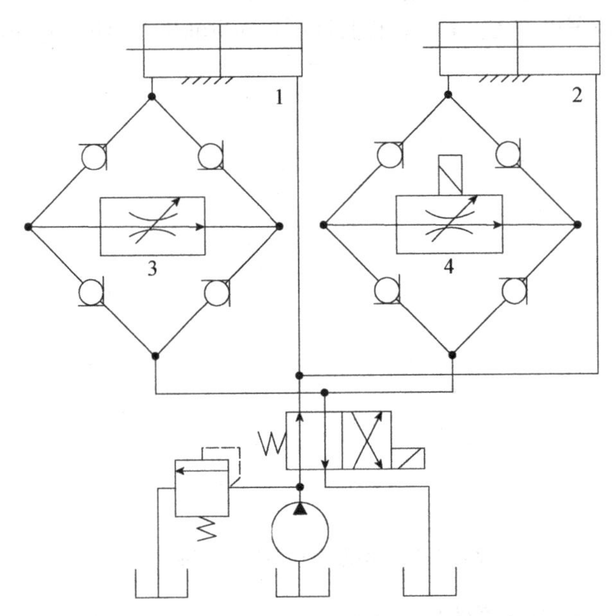

图 15-29　采用电液比例调速阀的同步回路

三、互不干扰回路

互不干扰回路的功能是使液压系统中的几个液压执行元件在完成各自的工作循环时彼此互不干扰。在多缸液压系统中，一个液压缸活塞快速运动需要输入大量液压油，这往往会造成整个液压系统的压力下降，从而影响其他液压缸活塞的慢速工进。因此，在对工进稳定性要求较高的多缸液压系统中，必须采用互不干扰回路。

图 15-30 所示为双泵供油多缸互不干扰回路，各液压缸活塞快速进退都由低压大流量液压泵 2 供油，工进则由高压小流量液压泵 1 供油，彼此互不干扰。当 3YA、4YA 通电时，换向阀 7、8 处于左位，两个液压缸活塞均由液压泵 2 供油实现快进（此时液压缸为差动连接），液压泵 1 对两个液压缸的进油路分别在换向阀 5、6 处被切断。假设液压缸 A 活塞先完成快进，在行程终点碰到行程开关后使 1YA 通电、3YA 断电，此时液压泵 2 对液压缸 A 的进油路被切断，而液压泵 1 对液压缸 A 的进油路被打开，液压油经过调速阀 3 进

入液压缸 A，液压缸 A 活塞实现工进，液压缸 B 活塞仍快进，互不干扰。当两个液压缸活塞都转为工进后，它们全部由液压泵 1 供油。此后，若液压缸 A 活塞又率先完成工进，则行程开关应使换向阀 5、7 的电磁铁都通电，液压缸 A 活塞由液压泵 2 供油实现快退。当各电磁铁都断电时，各液压缸活塞都停止运动。

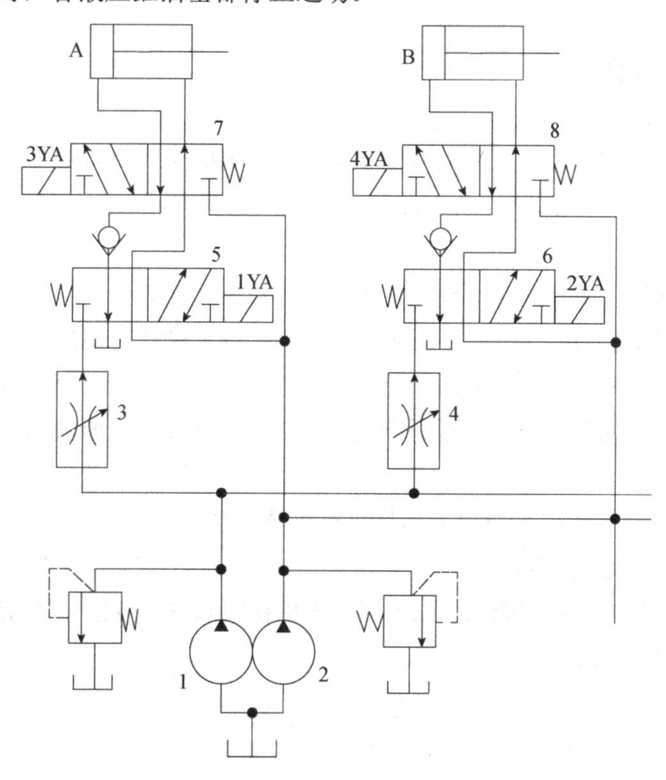

图 15-30　双泵供油多缸互不干扰回路

实验三　液压基本回路实验

一、实验目的

（1）熟悉液压基本回路实验所需的元件、器具。

（2）掌握几种液压基本回路的结构、组成，并且能够进行相应的管路连接。

（3）熟悉几种液压基本回路的工作原理、性能。

二、实验元件、器具

实验所需的元件、器具包括 SQY-02 液压气动双面试验台、YJBL 液压传动回路实验台，以及各种液压元件、工具和棉纱等。

使用SQY-02液压气动双面试验台、YJBL液压传动回路实验台可进行常用液压基本回路的组装实验。实验者可先自行设计液压基本回路，选择合适的液压元件进行组装，并通过PLC接口输入自己编写的控制程序，然后启动系统进行工作，最后检验上述设计的正确性，以达到综合训练的目的。

三、实验内容

实验者可使用SQY-02液压气动双面试验台、YJBL液压传动回路实验台配备的液压元件设计并组装液压基本回路，从而熟悉并掌握液压基本回路的结构、组成、工作原理和性能。

第一步，根据液压基本回路原理图正确连接各液压元件。

第二步，对照实验回路原理图，检查连接是否正确。确认无误后，方可进入下一步。

第三步，进行回路调试：松开溢流阀，启动液压泵，让液压泵空转1～2min；慢慢调节溢流阀，将液压泵的出油压力调至适当值；操纵控制面板，检验液压缸换向及锁紧动作能否实现。

1. 实验油路一：采用二位四通电磁换向阀的换向回路

（1）回路结构（见图15-31）。

本回路由液压泵1、溢流阀2、二位四通电磁换向阀3、液压缸4等组成。用液压表P1测量液压泵的出油压力。

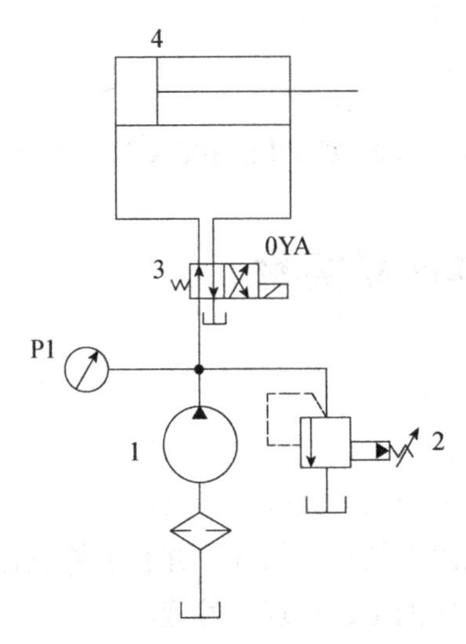

图15-31　采用二位四通电磁换向阀的换向回路

（2）实验步骤。

① 设计换向回路，绘制原理图。

② 按原理图选择液压元件及辅件，在试验台上组装成回路，并检查其可靠性。

③ 启动液压泵 1，调节溢流阀 2，观察压力表 P1 的读数。

④ 按下启动按钮，观察液压缸换向情况。

2. 实验油路二：采用三位四通电磁换向阀的换向回路。

（1）回路结构（见图 15-32）。

本回路由液压泵 1、溢流阀 2、三位四通电磁换向阀 3、液压缸 4 等组成。用液压表 P1 测量液压泵的出油压力。

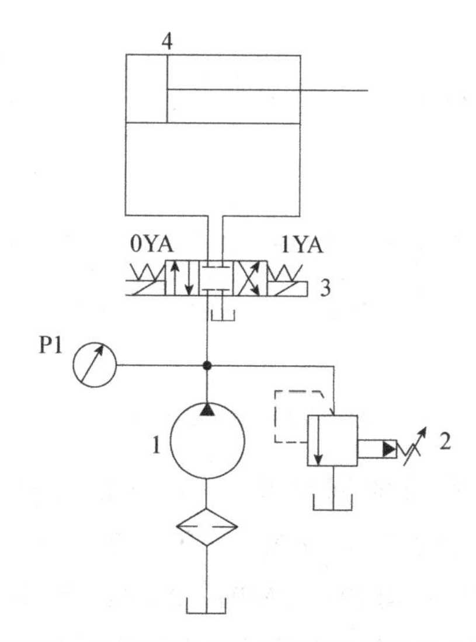

图 15-32　采用三位四通电磁换向阀的换向回路

（2）实验步骤。

同实验油路一。

3. 故障模拟

模拟以下故障。

（1）换向回路不能换向。

（2）当换向阀处在中位时，液压缸不能锁紧。

查找原因并排除故障。实验结束后整理工作台并将其擦拭干净。

练习题

15-1　不同操纵方式的换向阀所组成的换向回路分别适用于什么场合？

15-2　采用 O 型或 M 型中位机能的三位换向阀的锁紧回路为什么锁死效果比较差？

15-3　按下列要求画出换向回路：

（1）实现液压缸活塞运动的左、右换向；

（2）实现单杆活塞式液压缸活塞运动的左、右换向和差动连接；

（3）实现单杆活塞式液压缸活塞运动的左、右换向，并且要求液压缸活塞在运动中能随时停止；

（4）实现单杆活塞式液压缸活塞运动的左、右换向，并且要求液压缸活塞在停止运动时液压泵能够卸荷。

15-4　试叙述节流调速、容积调速及容积节流调速的实现方法。

15-5　3个溢流阀的调定压力如图15-33所示，试问液压泵的供油压力有几级？其压力数值各是多少？

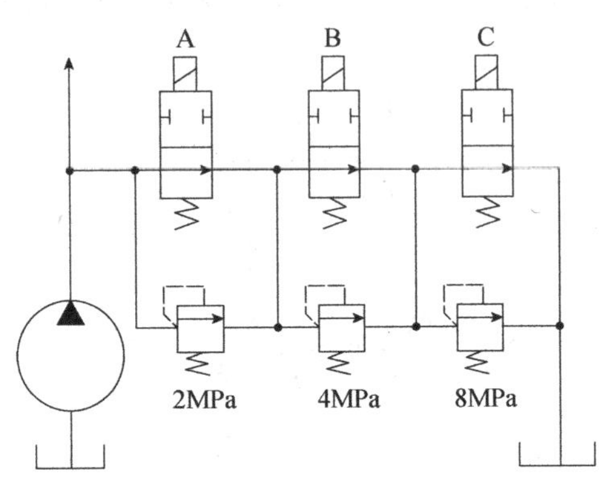

图15-33　题15-5图

15-6　在如图15-34所示的回路中，两个液压缸无杆腔的有效作用面积$A_1=A_2=100\text{cm}^2$，液压缸1的负载$F=35000\text{N}$，液压缸2活塞运动时负载为0，溢流阀、顺序阀、减压阀的调定压力分别为4MPa、3MPa、2MPa，若不计摩擦阻力、惯性力和管路损失，试求在下列三种情况下，A点、B点和C点处的压力：

（1）两换向阀处于中位；

（2）1YA通电，液压缸1活塞运动时及活塞运动到行程终点时；

（3）1YA断电，2YA通电，液压缸2活塞运动时及活塞碰到死挡铁时。

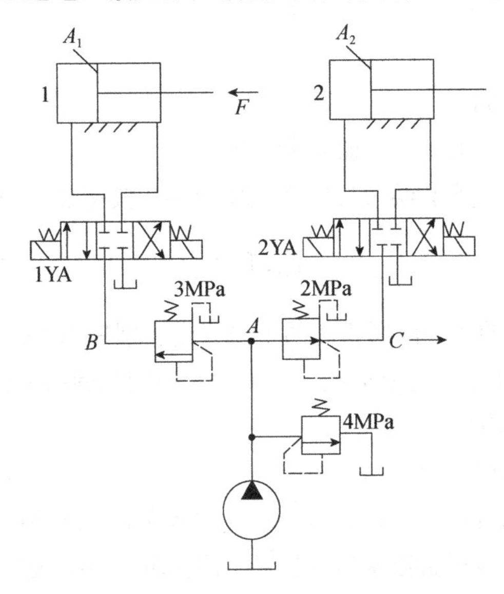

图15-34　题15-6图

15-7　图 15-35 所示为回油节流调速回路，已知液压泵的流量 q_p=25L/min，负载 F=40000N，溢流阀的调定压力 p_y=5.4MPa，液压缸两腔的有效作用面积分别为 A_1=80cm^2、A_2=40cm^2，液压缸的工进速度 v=0.18m/min，若不计管路损失和摩擦阻力，试计算：

（1）工进时回路的效率；

（2）当负载 F=0 时，液压缸活塞的运动速度和回油腔的压力。

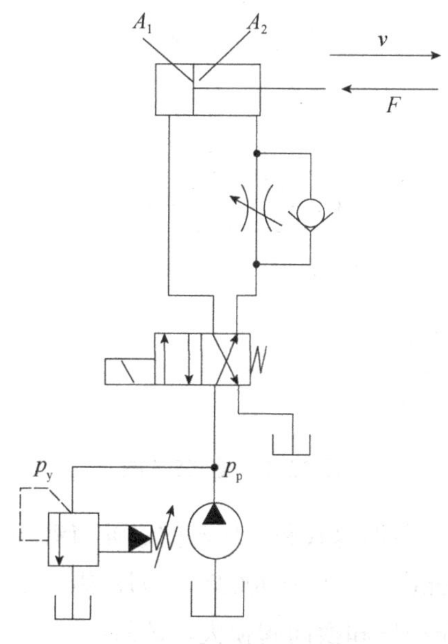

图 15-35　题 15-7 图

15-8　在如图 15-36 所示的回路中，两个液压缸完全相同，F_1>F_2，若不计泄漏和摩擦阻力，试问：

（1）哪个液压缸活塞先动？哪个液压缸活塞的运动速度大？为什么？

（2）若将回油路中的节流阀阀口全部打开，使该处的压降为零，则两个液压缸活塞的动作顺序及运动速度有何变化？

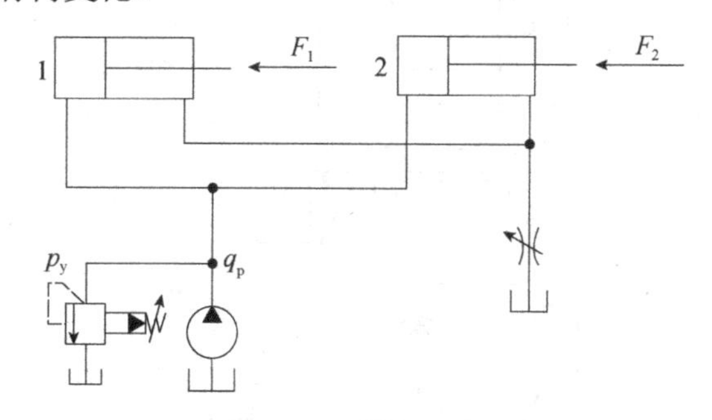

图 15-36　题 15-8 图

15-9　在如图 15-37 所示的回路中，两个液压缸完全相同，液压缸两腔的有效作用面积

分别为 A_1=50cm^2、A_2=30cm^2，两个液压缸的负载分别为 F_1=7000N、F_2=10000N，溢流阀的调定压力 p_y=4MPa，液压泵的流量 q_p=40L/min，通过节流阀的流量 $q_T = C_q A_T \sqrt{\frac{2}{\rho}\Delta p}$，设节流阀的流量系数 C_q=0.62，通流截面面积 A_T=0.05cm^2，液压油密度 ρ=900kg/m^3，试问：

（1）哪个液压缸活塞先动？为什么？

（2）两个液压缸活塞的运动速度分别是多少？

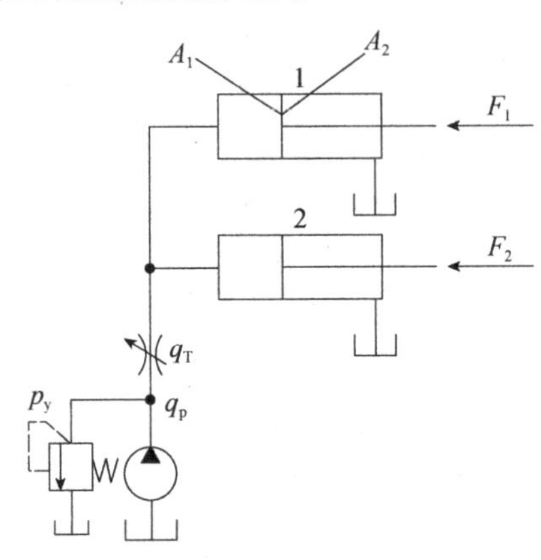

图 15-37　题 15-9 图

15-10　图 15-38 所示为采用调速阀和背压阀的进油节流调速回路。液压缸两腔的有效作用面积分别为 50cm^2 和 20cm^2，负载 F=9000N，背压阀的调定压力为 0.5MPa，液压泵的流量为 30L/min，若不计管路损失和换向阀损失，试问：

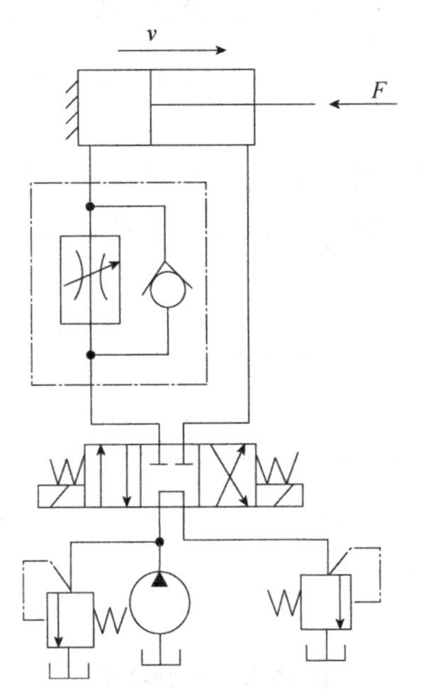

图 15-38　题 15-10 图

（1）欲使液压缸活塞运动速度稳定，不计调压偏差，溢流阀的最小调定压力是多少？

（2）液压泵卸荷时功率损失是多少？

（3）若背压阀的调定压力增加了 0.3MPa，则溢流阀调定压力的增量应是多少？

15-11　图 15-39 所示为实现“快进—一工进—二工进—快退—停止”动作的液压回路，一工进的速度比二工进的速度要高，试完成：

（1）说出这是什么调速回路，以及该回路有何优点；

（2）比较调速阀 A 和调速阀 B 的开口大小；

（3）列出电磁铁动作顺序表。

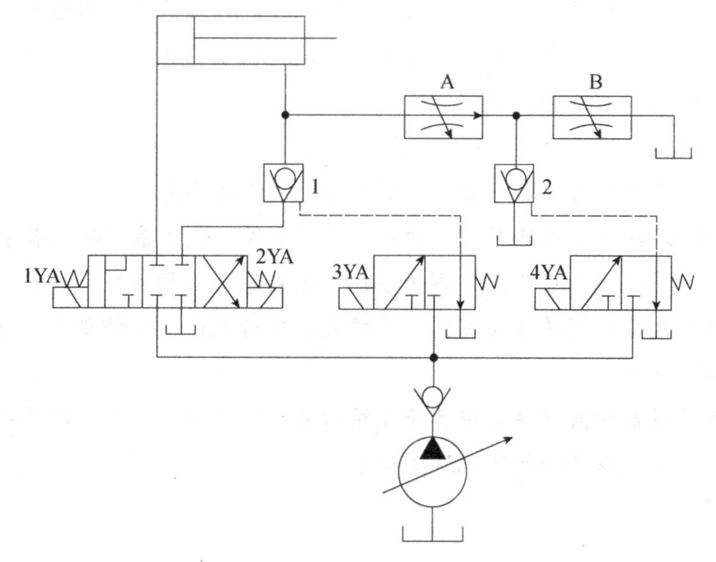

图 15-39　题 15-11 图

项目十六　典型液压系统

你知道吗?

液压系统是根据液压设备的工作要求，选用相应的液压基本回路组合而成的，其工作原理一般用液压系统原理图来表示。在液压系统原理图中，各液压元件及它们之间的连接与控制方式均按标准图形符号绘制。

阅读和分析液压系统原理图，一般可按以下步骤进行。

（1）了解液压设备的功能及对液压系统动作和性能的要求。

（2）初步分析液压系统原理图，并按液压执行元件将液压系统分成若干个子系统。

（3）对每个子系统进行分析，了解子系统中各液压元件的功能和液压基本回路的组成情况，以及各液压元件之间的相互关系。按照液压执行元件的动作要求，分析实现每步动作的进油和回油路线。

（4）根据液压设备对液压系统中各子系统的顺序、同步、互锁、防干扰等要求，分析各子系统之间的联系，以及如何实现这些要求。

学习目标

- 读懂液压系统原理图。
- 能够分析液压系统的组成及各液压元件在回路中所起的作用。
- 初步了解液压系统的特点。

任务一　组合机床动力滑台液压系统

一、概述

组合机床是由一些通用和专用部件组成的专用机床，它的加工范围较广、自动化程度较高，多用于大批量生产。图16-1所示为卧式组合机床的结构原理图。动力滑台是组合机床上用来实现进给运动的通用部件，配置动力头、主轴箱和各种专用的切削头等工作部件，即可实现钻、扩、铰、铣、刮端面、倒角、攻螺钉等加工。动力滑台对液压系统性能的主要要求是速度换接平稳、进给速度稳定、功率利用合理、系统效率高、发热量小。

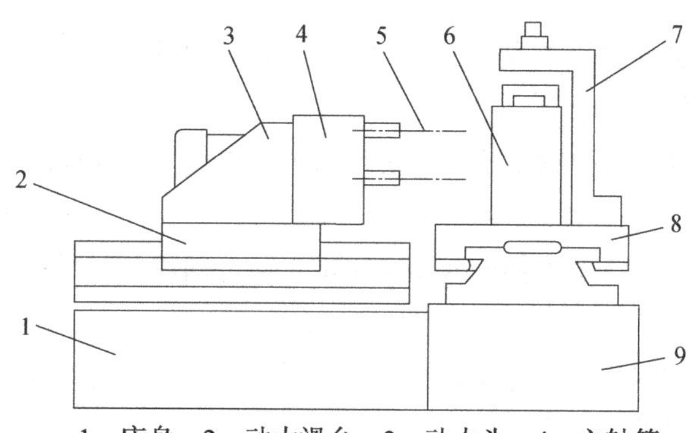

1—床身；2—动力滑台；3—动力头；4—主轴箱；
5—刀具；6—工件；7—夹具；8—工作台；9—底座。

图 16-1 卧式组合机床的结构原理图

下面以 YT4543 型动力滑台为例，分析其工作原理和特点。该动力滑台最大进给力为 45kN，进给速度范围为 6.6～600mm/min。图 16-2 所示为 YT4543 型动力滑台液压系统原理图，该液压系统采用限压式变量泵供油、电液换向阀换向、单杆活塞式液压缸驱动。为了保证动力滑台的进给位置精度，采用死挡铁停留来限位。通常实现的工作循环为快进—一工进—二工进—死挡铁停留—快退—原位停止。

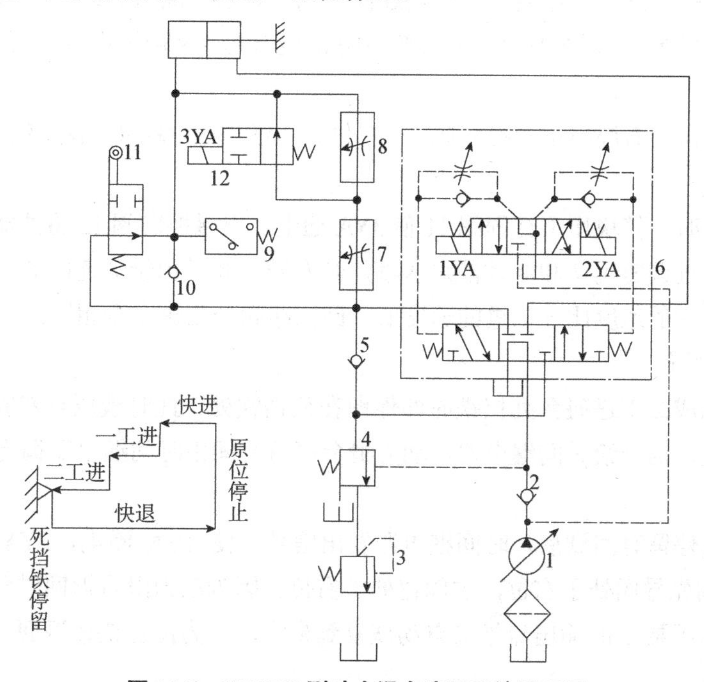

图 16-2 YT4543 型动力滑台液压系统原理图

二、YT4543 型动力滑台液压系统的工作原理

1. 快进

按下启动按钮，1YA 通电，电液换向阀 6 的先导阀左位接入液压系统，控制液压油自

液压泵出口经先导阀进入主阀的左侧，推动阀芯右移，使主阀的左位也接入液压系统。这时液压系统的主油路如下。

进油路：液压泵 1→单向阀 2→电液换向阀 6（左位）→行程阀 11（下位）→液压缸左腔。

回油路：液压缸右腔→电液换向阀 6（左位）→单向阀 5→行程阀 11（下位）→液压缸左腔。

可以看出，液压缸两腔构成差动连接，实现快进。由于快进时负载小，系统压力低，因此液压泵 1 此时输出最大流量。

2. 一工进

当动力滑台快进到预定位置时，动力滑台上的挡块压下行程阀 11，切断了该通路，1YA 继续通电，电液换向阀 6 的主阀仍然处于左位。这时，液压油只能经过与行程阀 11 并联的调速阀 7、电磁换向阀 12 进入液压缸左腔。由于工进时系统压力升高，液压泵 1 的输出流量自动减小，并与调速阀 7 的开口相适应，此时液控顺序阀 4 打开，单向阀 5 关闭，切断了液压缸差动连接油路。液压缸右腔的回油经背压阀 3 流回油箱。这样就使动力滑台从快进转换为工进，其速度大小由调速阀 7 调节。这时液压系统的主油路如下。

进油路：液压泵 1→单向阀 2→电液换向阀 6（左位）→调速阀 7→电磁换向阀 12→液压缸左腔。

回油路：液压缸右腔→电液换向阀 6（左位）→液控顺序阀 4→背压阀 3→油箱。

3. 二工进

一工进结束时，挡块压下行程阀 11 使 3YA 通电，电磁换向阀 12 将油路切断，这时液压油需要同时经过调速阀 7 和 8 才能进入液压缸左腔，此时由于调速阀 8 比调速阀 7 的开口小，所以二工进的速度比一工进的速度低，回油路和一工进完全相同。

4. 死挡铁停留

动力滑台完成二工进碰到死挡铁时即停留在死挡铁处，此时液压缸左腔压力升高，使压力继电器 9 发出信号给时间继电器，动力滑台停留时间由时间继电器调定。

5. 快退

当动力滑台停留时间到后，时间继电器发出信号，使 1YA 断电、2YA 通电。这时，电液换向阀 6 的先导阀处于右位，主阀也处于右位。因为动力滑台返回时负载小，系统压力降低，所以液压泵 1 的输出流量又自动恢复到最大，动力滑台快速退回。这时液压系统的主油路如下。

进油路：液压泵 1→单向阀 2→电液换向阀 6（右位）→液压缸右腔。

回油路：液压缸左腔→单向阀 10→电液换向阀 6（右位）→油箱。

6. 原位停止

当动力滑台退回到原位时，挡块压下行程阀 11，发出信号，使 2YA 断电，电液换向阀 6 处于中位，液压缸两腔油路封闭，动力滑台停止运动。这时液压泵 1 输出的液压油经电液换向阀 6 直接回到油箱，液压泵卸荷。

该液压系统的电磁铁及行程阀动作顺序表如表 16-1 所示。

表 16-1　该液压系统的电磁铁及行程阀动作顺序表

动作	电磁铁			行程阀
	1YA	2YA	3YA	
快进	+	−	−	−
一工进	+	−	−	+
二工进	+	−	+	+
死挡铁停留	+	−	+	+
快退	−	+	−	±
原位停止	−	−	−	−

注：电磁铁通电、行程阀被压下用“+”表示，反之用“−”表示。

三、YT4543 型动力滑台液压系统的特点

通过对 YT4543 型动力滑台液压系统进行分析可知，该液压系统主要由以下液压基本回路组成：由限压式变量泵和调速阀组成的容积节流调速回路，液压缸差动连接增速回路，采用电磁换向阀的换向回路，采用行程阀和电磁换向阀的速度换向回路，串联调速阀的二次进给调速回路。这些液压基本回路的应用决定了该液压系统具有如下性能和特点。

（1）采用由限压式变量泵和调速阀组成的容积节流调速回路（又称联合调速回路），既满足了系统调速范围大、低速稳定性好的要求，又提高了系统效率。在进给时，在回油路上增加了一个背压阀，这样做一方面是为了改善速度稳定性（避免空气渗入系统，提高传动刚度），另一方面是为了使动力滑台能承受一定的与运动方向一致的切削力（负值负载）。

（2）采用限压式变量泵和液压缸差动连接两个措施结合实现快进，这样既能得到较高的快进速度，又不会使系统效率过低。动力滑台快进和快退速度均为最大进给速度的 10 倍，液压泵的流量能自动调节，即在快速时输出最大流量，在工进时只输出与液压缸需求相适应的流量，系统无溢流损失，效率高。

（3）采用行程阀和液控顺序阀使快进转换为工进，动作平稳可靠，换接位置精度比较高。

想一想

1. 图 16-2 中元件 3、9、11、12 在回路中分别起什么作用？
2. 元件 4 为什么只有在工进时才能打开？

任务二　数控车床液压系统

随着科学技术的发展，以及数控技术在制造业中的应用，机械产品的制造精度越来越高。气压与液压传动技术在各类数控机床及柔性制造系统中得到了广泛的应用。下面以MJ-50数控车床为例，说明液压技术在数控机床中的应用。

MJ-50数控车床液压系统中各电磁铁的动作均是由数控系统的PLC控制的。MJ-50数控车床的卡盘夹紧与松开、卡盘夹紧力高低压转换、刀盘松开与夹紧、刀盘和刀架正转与反转、尾座套筒伸出与退回都是由液压系统驱动的。

MJ-50数控车床液压系统原理图如图16-3所示。该液压系统采用单向变量泵供油，系统压力调至4MPa，由压力表18显示。液压泵2输出的液压油经过单向阀3进入各子系统。

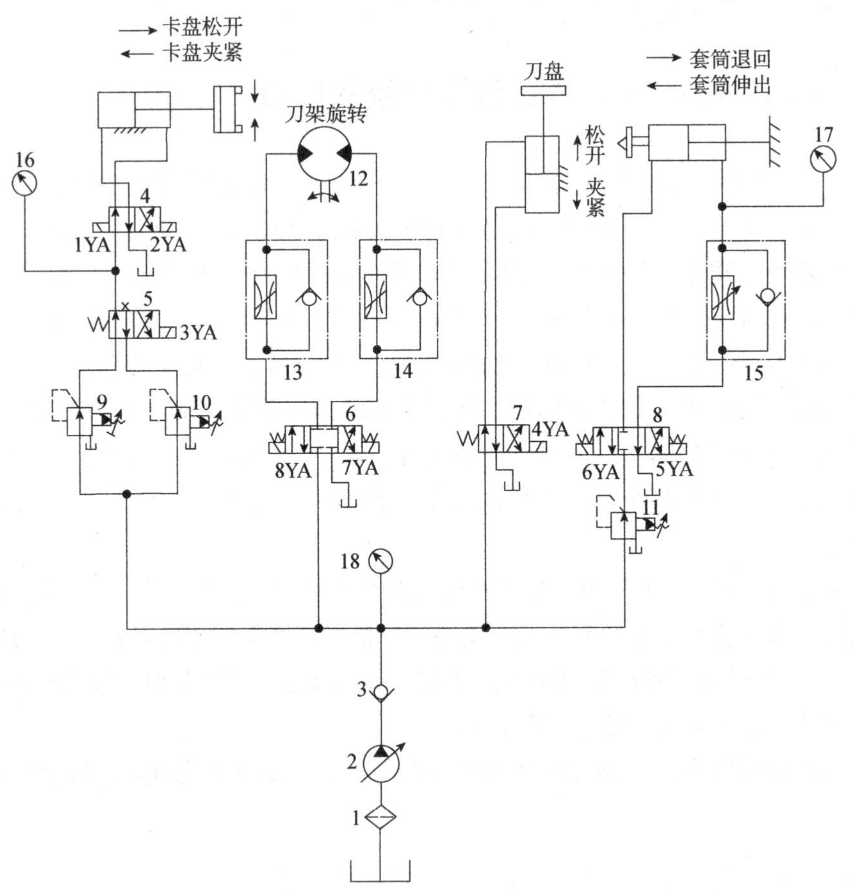

1—过滤器；2—液压泵；3—单向阀；4、5、6、7、8—电磁换向阀；
9、10、11—减压阀；12—液压马达；13、14、15—单向调速阀；16、17、18—压力表。

图16-3　MJ-50数控车床液压系统原理图

一、卡盘夹紧与松开

MJ-50 数控车床的卡盘夹紧与松开由二位四通电磁换向阀 4 来控制。卡盘夹紧力高低压转换由二位四通电磁换向阀 5 来控制（图 16-3 中减压阀 9、10 的调定压力分别设定为高压和低压）。

当卡盘处于外卡且在高压夹紧状态下，夹紧力的大小由减压阀 9 来调节。当 3YA 断电、1YA 通电时，液压油经单向阀 3、减压阀 9、电磁换向阀 5（左位）、电磁换向阀 4（左位）到达液压缸右腔，液压缸左腔的液压油经电磁换向阀 4（左位）直接回到油箱，活塞左移，实现卡盘夹紧；当 2YA 通电时，液压油经单向阀 3、减压阀 9、电磁换向阀 5（左位）、电磁换向阀 4（右位）到达液压缸左腔，液压缸右腔的液压油经电磁换向阀 4（右位）直接回到油箱，活塞右移，实现卡盘松开。

当卡盘处于外卡且在低压夹紧状态下，夹紧力的大小由减压阀 10 来调节。

二、回转刀架动作

当在回转刀架上换刀时，首先将刀盘松开，然后将刀盘转到指定的刀位，最后将刀盘夹紧。刀盘夹紧与松开由二位四通电磁换向阀 7 来控制。刀盘可正转和反转，由三位四通电磁换向阀 6 控制，其转速分别由单向调速阀 13、14 来调节。

当 4YA 通电时，液压油经电磁换向阀 7（右位）进入刀盘夹紧缸 19，实现刀盘松开。当 8YA 通电时，液压油经电磁换向阀 6（左位）和单向调速阀 13 进入液压马达 12，实现刀架正转；当 7YA 通电时，液压油经电磁换向阀 6（右位）和单向调速阀 14 进入液压马达 12，实现刀架反转；当 4YA 断电时，实现刀盘夹紧。

三、尾座套筒伸出与退回

尾座套筒伸出与退回由三位四通电磁换向阀 8 来控制。当 6YA 通电时，液压油经减压阀 11、电磁换向阀 8（左位）进入液压缸左腔，液压缸右腔的液压油经单向调速阀 15、电磁换向阀 8（左位）回到油箱，实现尾座套筒伸出。尾座套筒伸出时的推力由减压阀 11 来调节，伸出速度由单向调速阀 15 控制。当 5YA 通电时，液压油经减压阀 11、电磁换向阀 8（右位）进入液压缸右腔，液压缸左腔的液压油经电磁换向阀 8（右位）后回到油箱，实现尾座套筒退回。

MJ-50 数控车床液压系统的电磁铁动作顺序表如表 16-2 所示。

表 16-2　MJ-50 数控车床液压系统的电磁铁动作顺序表

动作			电磁铁							
			1YA	2YA	3YA	4YA	5YA	6YA	7YA	8YA
卡盘外卡	高压	夹紧	+	−	−					
		松开	−	+	−					
	低压	夹紧	+	−	+					
		松开	−	+	+					
卡盘内卡	高压	夹紧	−	+	−					
		松开	+	−	−					
	低压	夹紧	−	+	+					
		松开	+	−	+					
回转刀架	刀架正传								−	+
	刀架反转								+	−
	刀盘松开					+				
	刀盘夹紧					−				
尾座	套筒伸出						−	+		
	套筒退回						+	−		

注：电磁铁通电用“+”表示，反之用“−”表示。

想一想

1. 为什么说图 16-3 中元件 4 具有“记忆”功能？
2. 图 16-3 中的元件 5 在回路中起什么作用？可以用三通换向阀代替吗？

任务三　液压机液压系统

液压机是锻压、冲压、冷挤、校直、弯曲、打包、粉末冶金、塑料制品的压制成型等工艺中广泛采用的压力加工机械，它是最早应用液压传动的机械之一。液压机液压系统以压力控制为主，压力高、流量大，且压力、流量变化大。在满足液压系统对压力要求的条件下，要注意提高系统效率和防止产生液压冲击。

一、3150kN 通用液压机液压系统的工作原理

图 16-4 所示为 3150kN 通用液压机液压系统原理图。表 16-3 所示为 3150kN 通用液压机液压系统的电磁铁动作顺序表。该液压系统的工作特点是主缸竖直放置，当上滑块没有

接触到工件时，主缸活塞做空载高速运动；当上滑块接触到工件后，系统压力急剧升高，且主缸活塞的运动速度迅速减小，直至为零，进行保压。

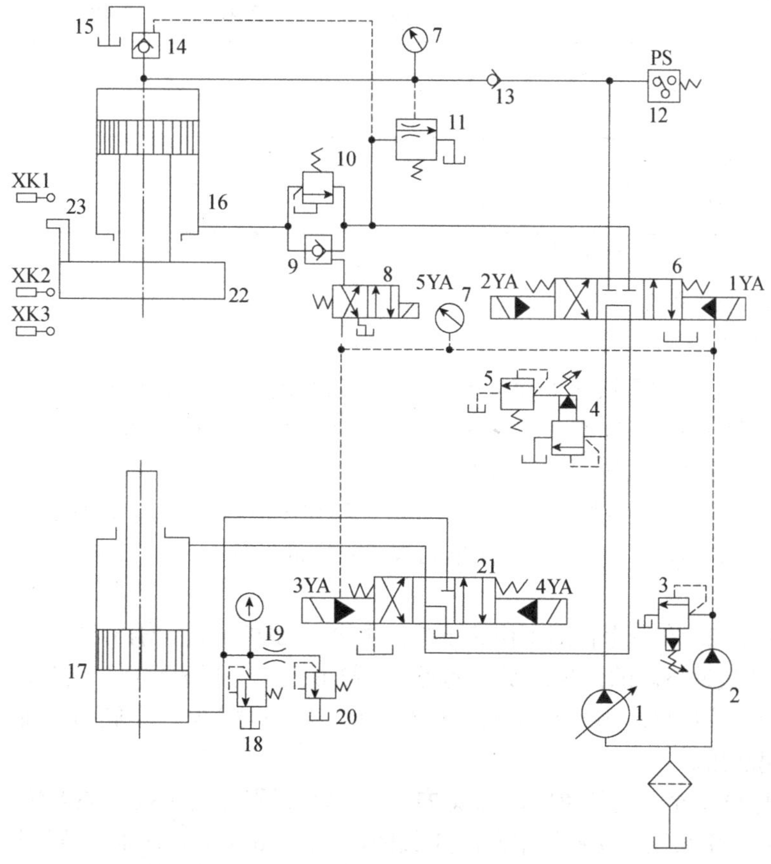

1—主泵；2—辅助泵；3、4、18—溢流阀；5—远程调压阀；6、21—电液换向阀；
7—压力表；8—电磁换向阀；9—液控单向阀；10、20—背压阀；11—顺序阀；
12—压力继电器；13—单向阀；14—充液阀；15—油箱；16—主缸；
17—顶出缸；19—节流器；22—上滑块（主缸滑块）；23—挡块。

图 16-4　3150kN 通用液压机液压系统原理图

表 16-3　3150kN 通用液压机液压系统的电磁铁动作顺序表

工作过程		电磁铁				
		1YA	2YA	3YA	4YA	5YA
主缸	快速下行	+	−	−	−	+
	慢速加压	+	−	−	−	−
	保压	−	−	−	−	−
	泄压回程	−	+	−	−	−
	原位停止	−	−	−	−	−

续表

工作过程		电磁铁				
		1YA	2YA	3YA	4YA	5YA
顶出缸	向上顶出	−	−	+	−	−
	向压退回	−	−	−	+	−
	浮动压边	+	−	−	−	−
	原位停止	−	−	−	−	−

注：电磁铁通电用“+”表示，反之用“−”表示。

1. 主缸的工作过程

（1）快速下行。

主泵 1 启动后，按下快速下行按钮，1YA、5YA 通电，电液换向阀 6 右位接入液压系统，控制液压油经电磁换向阀 8 右位使液控单向阀 9 打开，主缸 16 带动上滑块 22 实现空载快速运动。这时液压系统的主油路如下。

进油路：主泵 1→电液换向阀 6（右位）→单向阀 13→主缸 16（上腔）。

回油路：主缸 16（下腔）→液控单向阀 9→电液换向阀 6（右位）→电液换向阀 21（中位）→油箱。

此时上滑块 22 在自重作用下快速下降，主泵 1 虽处于最大输出流量状态，但仍不能满足上滑块 22 快速下降的流量需要，因而在主缸 6 上腔会形成负压，上部油箱 15 中的液压油经充液阀（液控单向阀）14 进入主缸 6 上腔，实现对主缸 6 上腔的补油。

（2）慢速加压。

当上滑块 22 降至一定位置时，挡块 23 压下电气行程开关 XK2，5YA 断电，电磁换向阀 8 左位接入液压系统，使液控单向阀 9 关闭，主缸 16 下腔液压油经背压阀 10、电液换向阀 6 右位、电液换向阀 21 中位回到油箱，主缸 16 上腔压力升高，充液阀 14 关闭。上滑块 22 在主泵 1 的油压作用下慢速接近要压制成型的工件。当上滑块 22 接触工件后，由于负载急剧增大，使主缸 16 上腔压力进一步升高，因此主泵 1 的输出流量将自动减小，主缸 16 活塞的运动速度减小。这时液压系统的主油路如下。

进油路：主泵 1→电液换向阀 6（右位）→单向阀 13→主缸 16（上腔）。

回油路：主缸 16（下腔）→背压阀 10→电液换向阀 6（右位）→电液换向阀 21（中位）→油箱。

（3）保压。

当主缸 16 上腔压力达到预定值时，压力继电器 12 发出信号，使 1YA 断电，电液换向阀 6 切换到中位，主缸 16 的上、下腔封闭，由于充液阀 14 和单向阀 13 具有良好的密封性能，因此可使主缸 16 上腔实现保压，其保压时间由压力继电器 12 控制的时间继电器调定。在主缸 16 上腔保压期间，主泵 1 卸荷。

（4）泄压回程。

保压过程结束后，时间继电器发出信号，使 2YA 通电，电液换向阀 6 左位接入液压系统。由于主缸 16 上腔压力很高，顺序阀 11 开启，因此主泵 1 输出的液压油经电液换向阀

6 左位、已经打开的顺序阀 11 流回油箱。主泵 1 在低压下工作，由于充液阀 14 的阀芯为复合式结构，具有先卸荷再开启的功能，所以充液阀 14 在主泵 1 较低的压力作用下只能打开其阀芯上的卸荷针阀，使主缸 16 上腔中的很小一部分液压油经充液阀 14 流回油箱 15，主缸 16 上腔压力逐渐降低。当该压力降到一定值后，顺序阀 11 关闭，主泵 1 供油压力升高，使充液阀 14 完全打开，主缸开始快速回程。

（5）原位停止。

当上滑块 22 上升至挡块 23 压下电气行程开关 XK1 时，2YA 断电，电液换向阀 6 中位接入液压系统，液控单向阀 9 将主缸 16 下腔封闭，主缸 16 在起点原位停止不动，主泵 1 卸荷。

2. 顶出缸的工作过程

（1）向上顶出。

工件压制成型完毕后，按下顶出按钮，使 3YA 通电，电液换向阀 21 左位接入液压系统。这时液压系统的主油路如下。

进油路：主泵 1→电液换向阀 6（中位）→电液换向阀 21（左位）→顶出缸 17（下腔）。

回油路：顶出缸 17（上腔）→电液换向阀 21（左位）→油箱。

（2）向下退回。

当 3YA 断电、4YA 通电时，电液换向阀 21 右位接入液压系统，顶出缸 17 活塞下行，退回到原位。

3. 浮动压边

当进行薄板拉伸压边时，要求顶出缸 17 既能保持一定的压力将工件夹紧，又能随上滑块 22 的下压而下降（浮动压边）。这时，电液换向阀 21 处于中位，由于主缸 16 的压紧力远远大于顶出缸 17 的上顶力，主缸 16 上滑块下压时顶出缸 17 活塞被迫随之下行，顶出缸 17 下腔液压油经节流器 19 和背压阀 20 流回油箱，使顶出缸 17 下腔保持所需的向上的浮动压边压力。调节背压阀 20 的开启压力大小，即可起到改变浮动压边压力大小的作用。顶出缸 17 上腔由电液换向阀 21 中位从油箱中补油。溢流阀 18 为顶出缸 17 下腔安全阀，只有在顶出缸 17 下腔压力过载时才起作用。

二、3150kN 通用液压机液压系统的性能分析

3150kN 通用液压机液压系统主要由压力控制回路、换向回路、快速与慢速的换接回路和平衡锁紧回路等组成，其主要性能特点如下。

（1）该液压系统采用高压大流量恒功率（压力补偿）柱塞变量泵供油，通过电液换向阀 6、21 的中位机能使主泵 1 空载启动，在主缸 16、顶出缸 17 原位停止时主泵 1 卸荷，利用系统工作过程中压力的变化来自动调节主泵 1 的输出流量，使其与主缸 16 活塞的运动状态相适应，这样既符合液压机的工艺要求，又能节省能量。

（2）该液压系统利用上滑块 22 的自重实现主缸 16 活塞的快速下行，并通过充液阀 14

补油，使快速运动回路结构简单、补油充足，且使用的元件少。

（3）该液压系统采用由带缓冲装置的充液阀 14 和顺序阀 11 组成的泄压回路，其结构简单，减小了主缸 16 由保压转换为泄压回程时的液压冲击，使主缸 16 运动平稳。

（4）该液压系统采用由单向阀 13、充液阀 14 保压，并使系统卸荷的保压回路，在主缸 16 上腔实现保压的同时实现系统卸荷，因此系统节能效果好。

（5）该液压系统采用由液控单向阀 9 和顺序阀 11 组成的平衡锁紧回路，使上滑块 22 在任何位置都能够停止，且能够长时间保持在锁定的位置上。

练习题

16-1　在如图 16-2 所示的 YT4543 型动力滑台液压系统中，元件 4、5、10、11、12 在回路中起什么作用？

16-2　根据如图 16-5 所示的液压系统，试完成：

（1）填写电磁铁动作顺序表（见表 16-4），并写出各工况的进、回油路；

（2）分析工进时活塞运动速度是否受负载变化的影响，并说明理由；

（3）分析该液压系统由哪几个液压基本回路构成。

表 16-4　电磁铁动作顺序表（1）

动作	电磁铁			
	1YA	2YA	3YA	4YA
快进				
一工进				
二工进				
快退				
原位停止				

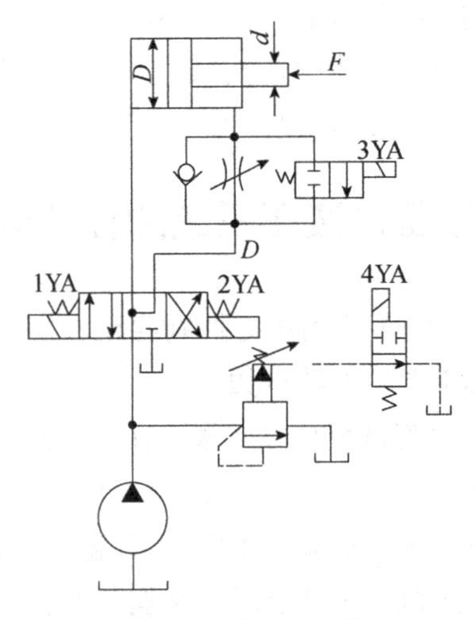

图 16-5　题 16-2 图

16-3 如图 16-6 所示，已知液压缸的活塞直径 D=50mm，活塞杆直径 d=30mm，节流阀的最小稳定流量 q=60L/min，若工进速度 u=400L/min，试填写电磁铁动作顺序表（见表 16-5），并分析该液压系统是否能满足要求。若不能满足要求，应怎样改进？

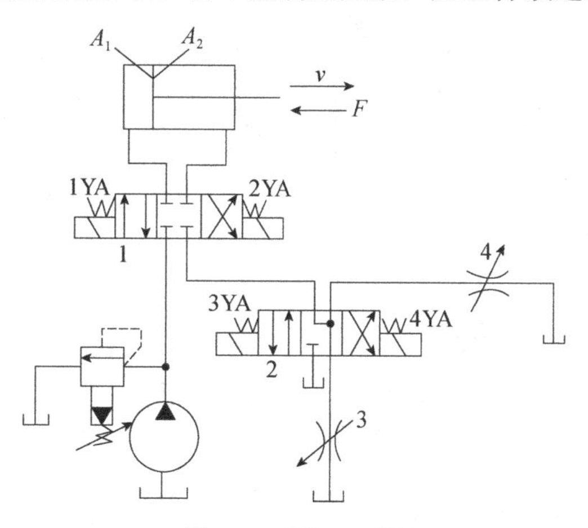

图 16-6 题 16-3 图

表 16-5 电磁铁动作顺序表（2）

动作	电磁铁			
	1YA	2YA	3YA	4YA
快进				
一工进				
二工进				
快退				
原位停止				

16-4 对如图 16-7 所示的液压系统，试按其电磁铁及压力继电器动作顺序表（见表 16-6）中的提示进行原理分析，并将该表填写完整。

表 16-6 电磁铁及压力继电器动作顺序表

动作	电磁铁及压力继电器							附注
	1YA	2YA	3YA	4YA	5YA	6YA	KP	
定位、夹紧								（1）Ⅰ、Ⅱ两条回路各自进行独立循环动作，互不约束。 （2）当 4YA、6YA 中任意一个通电时，1YA 便通电；当 4YA、6YA 均断电时，1YA 断电
快进								
工进卸荷（低压）								
快进								
松开、拔销								
原位卸荷								

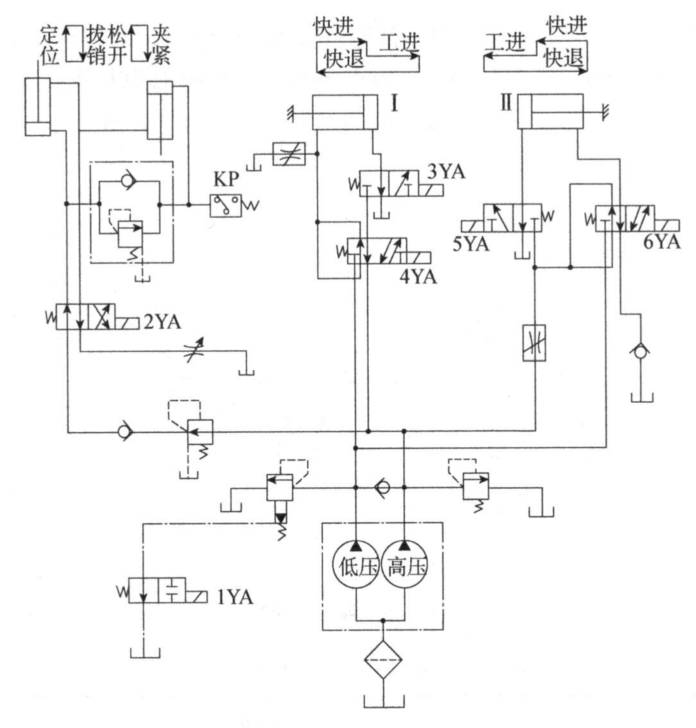

图 16-7　题 16-4 图

16-5　图 16-8 所示为组合机床动力滑台液压系统原理图。该液压系统中有用于实现进给和夹紧的两个液压缸，要求完成图示动作循环。试分析该液压系统的工作原理，并完成：

（1）写出图 16-8 中标出序号的液压元件名称；

（2）根据动作循环绘制并填写电磁铁及压力继电器动作顺序表；

（3）指出元件 7、9、11、13、18、20 在液压系统中所起的作用；

（4）分析该液压系统由哪些液压基本回路构成。

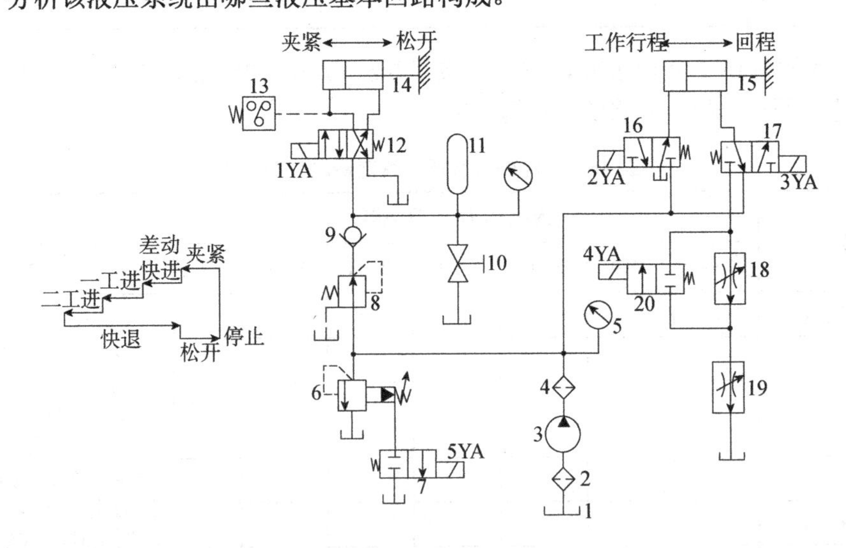

图 16-8　题 16-5 图

项目十七　液压系统的安装调试与维护

你知道吗?

在实际应用过程中，一个设计合理并且按照规范化操作要求来使用的液压系统，一般来说故障率极低。但是，如果液压系统的安装与调试不正常或使用与维护不当，就会出现各种故障，不能长期保持良好的工作性能。因此，在液压系统的安装与调试及使用与维护过程中，必须熟悉液压系统的工作原理及所用液压元件的结构、功能，并对其加强日常维护和管理。

学习目标

- ✧ 了解液压系统的安装与调试的步骤和方法。
- ✧ 初步掌握液压系统的安装与调试的基本技能。
- ✧ 掌握液压系统的使用与维护方法。
- ✧ 掌握液压系统的常见故障分析与排除方法。

任务一　液压系统的安装与调试

一、液压系统的安装

液压系统是由管道、液压元件、管接头等连接而成的。液压系统的安装是否准确，对液压系统的工作性能有较大影响。

1. 管道的安装

（1）吸、压油管接头处要紧固，不得漏气和漏油。可在液压泵吸油管的接合处涂密封胶，以提高吸油管的密封性。

（2）液压泵吸油管的高度尽可能小一些，一般液压泵吸油管的高度应小于 0.5m，安装时应按液压泵的使用说明书进行操作。

（3）吸油管下端应安装滤油器，以保证液压泵吸入的液压油清洁。一般采用过滤精度为 0.1～0.2mm 的滤油器，但要求其有足够的通油能力。

（4）扩口管接头锥面接合处要先锪平整，以免紧固后产生泄漏。

（5）回油管应插到油面以下，以防止产生气泡。

（6）液压系统中泄漏油路不应有背压，为了保证管道通畅应单设泄油回油管。

（7）溢流阀的回油管口不应与液压泵的吸油口接近，以免将温度较高的液压油吸入液压系统。

全部管道应分两次安装，一次试装后拆下的管道要先用 20%的硫酸或稀盐酸溶液酸洗，取出后用 10%的苏打水中和，然后用温水清洗，待干燥后涂油，最后正式安装。

2. 液压元件的安装

（1）液压元件在安装前应用煤油清洗，所有液压元件都要进行压力和密封性能试验，合格后方可开始安装。

（2）在安装液压泵、阀时，必须注意各油口的位置，不能接错；各油口要紧固，并且要密封可靠，不得漏气和漏油。

（3）在安装液压泵时要求电动机与液压泵的轴应有较高的同心度，其偏差应在 0.1mm 以内，两轴中心线的倾斜角不得大于 1°，以避免增加液压泵轴的额外负载并引起噪声。

（4）液压缸的安装应保证活塞（或柱塞）轴线与运动部件导轨面的平行度要求。

（5）方向控制阀一般应水平安装，蓄能器应垂直安装。

二、液压系统的调试

为了确保液压系统能够安全、正常运行，满足生产工艺提出的各项要求，在液压系统中安装新设备后或修理后的设备投入使用前，必须进行运行调试。液压系统的调试一般试中有调、调中有试，可分为空载试车和负载试车两种形式。

1. 空载试车

空载试车是指在不带负载运转的条件下，全面检查液压系统的各液压元件、辅助装置和系统内各回路的工作是否正常，以及工作循环或各种动作的自动换接是否符合要求。

（1）将溢流阀的调压旋钮旋松，使其控制压力能维持液压油循环时的最小值，液压系统中若有节流阀、减压阀，则应将其阀口调整到最大开度。

（2）间歇启动液压泵，检查液压泵在卸荷状况下的运转情况。

（3）调整系统压力。在调整溢流阀时，压力从零逐步调高，直至达到规定的压力值。

（4）调整流量控制阀。先逐步关小流量控制阀阀口，检查液压执行元件能否达到规定的最小运动速度及平稳性，然后按其工作要求的运动速度进行调整。

（5）调整自动工作循环和动作顺序等，检查各动作的协调性和正确性。

（6）使液压系统连续运转一段时间（一般是 30min），检查液压油的温升是否在允许范围内（一般工作油温范围为 30～60℃），检查液压系统所要求的各项精度是否符合要求。一切正常后，方可进行负载试车。

2. 负载试车

负载试车是指使液压系统按设计要求在预定的负载下工作，检查液压系统能否实现预定的工作要求，如工作部件的力、力矩或运动特性等的要求；检查噪声和振动是否在允许范围内；检查工作部件运动换向和速度换接时的平稳性，不应有爬行、跳动和冲击现象；检查功率损耗情况及连续工作一段时间后液压油的温升情况。

负载试车一般先在低于最大负载的情况下试车，如果一切正常，则可在最大负载情况下试车，这样可避免发生设备损坏等事故。

三、液压系统的使用与维护

为了使液压系统保持良好的性能状态，延长其使用寿命，应合理使用液压系统并对其进行日常维护。

1. 液压系统的使用

（1）保持油液清洁。在向油箱中加油前要对油箱进行清洗，加油时要用滤网过滤，油箱应密封并设置空气过滤器。对液压油进行定期检查，一般半年至一年更换一次。

（2）油箱内液压油的温度一般控制在 30～60℃，当温度过高时，可采取冷却措施。

（3）若设备长期不用，则应将各调节旋钮全部旋松，以防止弹簧产生永久变形。

（4）在使用停机 4h 以上的设备前应先使液压泵空载运行 5min，再启动液压执行机构。

2. 液压系统的维护

液压系统的维护主要分为日常维护、定期检查和综合检查。

（1）日常维护主要检查在液压泵启动前后和停止运转前，油箱内的油量、油温、油质，以及噪声、振动、泄漏等情况，并进行维护和保养，对重要的设备应填写“日常维护卡”。

（2）定期检查包括调查日常维护中发现的异常现象的原因并进行故障排除。对需要维修的部位，必要时进行分解检修。其周期一般与过滤器的检修周期相同，通常为 2～5 个月。

（3）综合检查一般 1～2 年进行一次，检查的内容和范围力求广，尽量进行彻底的全面性检查，应对所有的液压元件进行分解检修，根据发现的情况和问题进行修理或更换。

任务二　液压系统的故障分析与排除

液压系统在工作过程中不可避免地会出现一些故障，因此需要对故障进行分析，找出故障原因和部位，并将故障排除。故障原因是多方面的，而且液压元件、辅助装置等的工作部分都封闭在壳体内，不能从外部直接观察，不像机械传动那样看得很清楚，在测量和管道连接方面又不如电路那样方便。因此，当液压系统发生故障后，要查找故障原因往往是比较困难的。

一、液压系统的故障诊断步骤

机电设备是由机械、电气、液压等装置组成的，液压系统的故障诊断要考虑各方面因素的综合影响，一般按以下步骤进行。

（1）熟悉性能和资料。在查找故障原因前，要先了解液压系统的性能、运动要求及有关的技术参数。

（2）翻阅技术档案。对照技术档案，判断本次故障是以往记载过的故障，还是新故障。

（3）全面了解故障状况。到现场向操作者询问液压系统出现故障前后的工作状况与异常现象，以及故障部位，同时要了解过去是否发生过类似情况。

（4）确认阶段。根据液压系统原理图及电气控制原理图，深入了解液压元件的作用及其安装位置，进行综合分析，从而确定故障部位或元件。

（5）故障处理完后，认真总结，并将本次故障的原因、部位及排除方法作为资料纳入技术档案。

二、液压系统的故障诊断方法

液压系统的故障诊断方法有感官诊断法（简单诊断法）和客观诊断法（精密诊断法）。

1. *感官诊断法*

感官诊断法是指维修工程技术人员利用简单的仪器、凭借个人的实际经验，对液压系统出现的故障进行诊断，查出故障原因和部位，并提出相应的故障排除方法，主要包括“六看四听”。

（1）六看。

六看是指看液压系统的实际工作状况。

一看速度：看液压执行元件的运动速度有无变化和异常现象。

二看压力：看液压系统中各测压点的压力大小，以及压力有无波动现象。

三看液压油：看液压油是否清洁、是否变质，液压油表面是否有泡沫，油量是否在规定的范围内，液压油的黏度是否符合要求等。

四看泄漏：看液压管道各接头处、阀板接合处、液压缸端盖处、液压泵轴端等是否有渗漏、滴漏现象。

五看振动：看液压缸活塞杆或工作台等运动部件工作时有无因振动而跳动等现象。

六看产品：根据加工出来的产品质量，判断运动机构的工作状态，观察系统压力和流量的稳定性。

（2）四听。

四听是指利用听觉来判断液压系统的工作是否正常。

一听噪声：听液压泵和液压系统工作时的噪声是否过大，溢流阀、顺序阀等液压元件是否发出尖鸣声。

二听冲击声：听执行机构换向时冲击声是否过大，液压缸活塞是否有撞击缸底的声音，换向阀换向时是否有撞击端盖的声音。

三听气蚀与困油的异常声：检查液压泵是否吸进空气，是否存在严重的困油现象。

四听敲打声：听液压泵运转时是否因损坏而有敲打、撞击声。

感官诊断法简单易行，在缺少测试仪器或在野外作业等情况下，能迅速判断和排除故障，具有一定的实用性和普及意义。

2. 客观诊断法

客观诊断法是指采用专门的液压系统故障检测仪器来诊断液压系统的故障，该仪器能够对液压系统故障进行定量检测。例如，对于自动线上的液压设备，在有关部位和各液压执行元件中装设了监测仪器（压力、流量、速度、温度等传感器），在自动线运行过程中，监测仪器可检测到技术状况，并在屏幕上显示出来。

三、液压系统的常见故障分析与排除方法

（1）液压泵的常见故障分析与排除方法如表17-1所示。

表17-1　液压泵的常见故障分析与排除方法

故障现象	故障分析	排除方法
不出油、输油量不足、压力上不去	（1）电动机转向不对。 （2）吸油管或过滤器堵塞。 （3）轴向间隙或径向间隙过大。 （4）连接处泄漏、混入空气。 （5）液压油黏度太大或温升太高	（1）检查电动机转向。 （2）疏通管道，清洗过滤器，换新液压油。 （3）检查、更换有关元件。 （4）紧固各连接处螺钉，避免泄漏，严防空气混入。 （5）正确选用液压油，控制温升
噪声大、压力波动严重	（1）吸油管及过滤器堵塞或过滤器容量小。 （2）吸油管密封处漏气或液压油中有气泡。 （3）液压泵与联轴器不同心。 （4）油位低。 （5）油温低或黏度高。 （6）液压泵轴承损坏	（1）疏通管道，清洗过滤器，正确选用过滤器。 （2）在连接部位或密封处加点油，若噪声减小，则拧紧接头或更换密封圈。回油口应在油面以下，与吸油管之间要有一定距离。 （3）校正二者同心度。 （4）加液压油。 （5）把液压油加热到适当的温度。 （6）检查（用手触）液压泵轴承部分的温升
液压泵轴颈油封处漏油	漏油管道液阻过大，使液压泵内压力升高到超过油封允许的耐压值	检查柱塞泵泵体上的泄油口是否用单独油管直接接通油路。若是，则把几个柱塞泵的泄油管并联在一根相同直径的总管上后再接通油箱，或者把柱塞泵的泄油管接到总回油管上。最好在液压泵泄油口上接一个压力表，以检查液压泵内的压力，其值应小于0.08MPa

（2）液压缸的常见故障分析与排除方法如表17-2所示。

表 17-2 液压缸的常见故障分析与排除方法

故障现象	故障分析	排除方法
速度不稳、低速爬行	（1）空气侵入。 （2）液压缸端盖密封圈压得太紧或过松。 （3）活塞杆与活塞不同心。 （4）活塞杆全长或局部弯曲。 （5）液压缸的安装位置偏移。 （6）液压缸内孔直线度较差。 （7）缸内腐蚀、拉毛。 （8）双活塞杆两端螺母拧得太紧，使其同心度不良	（1）增设排气装置，若无排气装置，则启动液压系统以最大行程使工作部件快速运动，强行排除空气。 （2）调整密封圈，使其不紧不松，保证活塞杆能用手平稳地来回拉动而无泄漏（大多数允许微量渗油）。 （3）校正二者同心度。 （4）校直活塞杆。 （5）检查液压缸与导轨的平行性并进行校正。 （6）镗磨修复，重配活塞。 （7）情况轻微者修去锈蚀和毛刺，情况严重者须进行镗磨。 （8）螺母不宜拧得太紧，一般用手旋紧即可，以保持活塞杆处于自然状态
冲击	（1）靠间隙密封的液压缸和活塞的配合间隙不良。 （2）端头用于起缓冲作用的单向阀失灵，不起作用	（1）按规定配置液压缸和活塞的间隙，减少泄漏。 （2）修正研配单向阀与阀座
推力不足或工作速度逐渐下降甚至停止	（1）液压缸和活塞配合间隙太大或O形密封圈损坏，造成液压缸高低压腔互通。 （2）由于工作时经常使用工作行程的某一段，因此会造成液压缸孔的直线度变差（局部呈腰鼓形），使液压缸高低压腔互通。 （3）缸端油封压得太紧或活塞杆弯曲，使摩擦力或阻力增大。 （4）泄漏过多。 （5）油温太高，液压油黏度减小，靠间隙密封或密封质量差的液压缸活塞运动速度减小。若液压缸高低压腔互通，则活塞运动速度会逐渐减小直至停止	（1）单配活塞或调整液压缸和活塞的配合间隙或更换O形密封圈。 （2）镗磨修复液压缸孔，单配活塞。 （3）放松油封，以不漏油为限校直活塞杆。 （4）寻找泄漏部位，紧固各连接处螺钉。 （5）分析发热原因，设法散热降温，若密封间隙过大，则可单配活塞或增装密封杆

（3）溢流阀的故障分析与排除方法如表 17-3 所示。

表 17-3 溢流阀的故障分析与排除方法

故障现象	故障分析	排除方法
压力波动	（1）弹簧弯曲或太软。 （2）锥阀与阀座接触不良。 （3）钢球与阀座密合不良。 （4）滑阀变形或拉毛	（1）更换弹簧。 （2）卸下调整螺母，将导杆推几下，使其接触良好，或者更换锥阀。 （3）检查钢球圆度，更换钢球，研磨阀座。 （4）更换或修研滑阀
调整无效	（1）弹簧断裂或漏装。 （2）阻尼孔堵塞。	（1）检查、更换或补装弹簧。 （2）疏通阻尼孔。

续表

故障现象	故障分析	排除方法
调整无效	（3）滑阀卡住。 （4）进、出油口装反。 （5）锥阀漏装	（3）拆除、检查、修整滑阀。 （4）检查油源方向，调整进、出油口方向。 （5）检查、补装锥阀
漏油严重	（1）锥阀或钢球与阀座的接触不良。 （2）滑阀与阀体的配合间隙过大。 （3）管接头没拧紧。 （4）密封被破坏	（1）当锥阀或钢球产生磨损时更换新的锥阀或钢球。 （2）检查并调整阀芯与阀体的配合间隙。 （3）拧紧连接螺钉。 （4）检查、更换密封元件
噪声及振动	（1）螺母松动。 （2）弹簧变形，不能复原。 （3）滑阀配合过紧。 （4）滑阀动作不良。 （5）锥阀磨损。 （6）出油路中有空气。 （7）流量超过允许值。 （8）和其他阀产生共振	（1）紧固螺母。 （2）检查、更换弹簧。 （3）修研滑阀，使其灵活。 （4）检查、校正滑阀与壳体的同心度。 （5）检查、更换锥阀。 （6）排出空气。 （7）更换与控制流量的阀。 （8）略微改变阀的额定压力（不同阀额定压力的差值在 0.5MPa 以内时，容易发生共振）

（4）减压阀的故障分析与排除方法如表 17-4 所示。

表 17-4　减压阀的故障分析与排除方法

故障现象	故障分析	排除方法
压力波动不稳定	（1）液压油中混入空气。 （2）阻尼孔有时堵塞。 （3）滑阀与阀体内孔圆度超过规定值，使滑阀卡住。 （4）弹簧变形或在滑阀中卡住，使滑阀移动困难，或弹簧太软。 （5）钢球不圆、钢球与阀座配合不好或锥阀安装不正确	（1）排除空气。 （2）清理阻尼孔。 （3）修研阀体内孔及滑阀。 （4）更换弹簧。 （5）更换钢球或拆开锥阀并对其进行调整
二次压力升不高	（1）外泄漏。 （2）锥阀与阀座接触不良	（1）更换密封元件，紧固螺钉，并保证力矩均匀。 （2）修理或更换锥阀
不起减压作用	（1）泄油口不通，泄油管与回油管相连，并有回油压力。 （2）主阀阀芯在全开位置时卡死	（1）泄油管必须与回油管分开，单独接油箱。 （2）修理、更换零件，检查油质

（5）节流调速阀的故障分析与排除方法如表 17-5 所示。

表 17-5　节流调速阀的故障分析与排除方法

故障现象	故障分析	排除方法
不起节流作用及调速范围不大	（1）节流阀和孔的配合间隙过大，有外泄漏及系统内部泄漏。 （2）节流孔堵塞或阀芯卡住	（1）检查泄漏部位零件损坏情况，予以修复、更换，注意接合处的油封情况。 （2）拆开清洗，更换新液压油，使阀芯运动灵活

续表

故障现象	故障分析	排除方法
运动速度不稳定，如会发生逐渐降低、突然升高及跳动等现象	（1）液压油中的杂质黏附在节流口边上，通流截面面积减小，使运动速度减小 （2）节流阀的性能较差，低速运动时振动使调节位置变化。 （3）节流阀内部、外部存在泄漏。 （4）在节流阀中，系统负载有变化使速度突变。 （5）油温升高，液压油黏度减小，使速度逐步升高。 （6）阻尼装置堵塞，系统中有空气，出现压力变化及跳动	（1）拆卸、清洗有关零件，更换新液压油，并保持液压油洁净。 （2）增加节流连锁装置。 （3）检查零件的精确度和配合间隙，修配或更换超差的零件，连接处要严加封闭。 （4）检查系统压力和减压装置等部件的作用，以及溢流阀的控制功能是否正常。 （5）液压系统稳定后调整节流阀或增加散热装置。 （6）清洗有关零件，在液压系统中增设排气阀，并保持液压油洁净

（6）换向阀的故障分析与排除方法如表 17-6 所示。

表 17-6　换向阀的故障分析与排除方法

故障现象	故障分析	排除方法
滑阀不换向	（1）滑阀卡死。 （2）阀体变形。 （3）具有中间位置的对中弹簧折断。 （3）操纵压力不够。 （4）电磁铁线圈被烧坏或电磁铁推力不足。 （5）电气线路出故障。 （6）液动换向阀控制油路无油或堵塞	（1）拆开滑阀，洗去脏物，去除毛刺。 （2）调节阀体安装螺钉使压紧力均匀或修研阀孔。 （3）更换弹簧。 （4）操纵压力必须大于 0.35MPa。 （5）检查线路，修理、更换元件，消除故障。 （6）检查原因并消除故障
由电磁铁控制的方向控制阀动作时有响声	（1）滑阀卡住或摩擦力过大。 （2）电磁铁不能压到底。 （3）电磁铁铁芯接触面不平或接触不良	（1）修研或调配滑阀。 （2）校正电磁铁高度。 （3）去除污物，修正电磁铁铁芯接触面

（7）液控单向阀的故障分析与排除方法如表 17-7 所示。

表 17-7　液控单向阀的故障分析与排除方法

故障现象	故障分析	排除方法
无法反向导通	（1）控制压力过低。 （2）控制油管接头处漏油严重。 （3）单向阀卡死	（1）提高控制压力使其达到要求值。 （2）紧固接头，消除漏油现象。 （3）清洗单向阀
反向不密封，有泄漏	（1）单向阀在全开位置上卡死。 （2）单向阀锥面与阀座锥面接触不良	（1）修配、清洗单向阀。 （2）检修或更换单向阀

（8）油温过高的故障分析与排除方法如表 17-8 所示。

表 17-8　油温过高的故障分析与排除方法

故障现象	故障分析	排除方法
当液压系统不需要液压油时，液压油仍在溢流阀的调定压力下溢回油箱	卸荷回路的动作不良	检查电气回路、电磁阀、先导回路和卸荷阀的动作是否正常
液压元件规格选用不合理	（1）阀规格过小，能量损失太大。 （2）当采用液压泵时，液压泵的流量过大	（1）根据液压系统的工作压力和通过阀的最大流量选用阀。 （2）合理选用液压泵
冷却不足	（1）冷却水供应失灵或风扇失灵。 （2）冷却水管道中有沉淀	（1）消除故障。 （2）去除沉淀
散热不足	油箱的散热面积不足	改装冷却系统或增大油箱容量及散热面积
液压泵过热	（1）磨损造成功率损失。 （2）用黏度过小或过大的液压油工作	（1）修理或更换液压泵。 （2）选用黏度适合的液压油
液压油循环太快	油箱中液面太低	加液压油到推荐的液面位置
液压油的阻力过大	管道的内径和需要的流量不适应或阀口的内径不够大	装配适宜尺寸的管道和阀口或减小功率

练习题

17-1　液压控制阀常见的连接方式有哪几种？

17-2　液压系统的常见故障有哪些？

17-3　液压系统在使用时应注意哪些事项？

17-4　液压系统压力不足的原因有哪些？如何解决？

17-5　造成液压系统压力波动大的因素有哪些？如何解决？

17-6　液压系统的调试应如何进行？

17-7　液压系统在进行空载试车时应检查哪些项目？

17-8　造成液压系统油温异常升高的因素有哪些？如何解决？

附录A　常用气压与液压元（辅）件图形符号（摘自 GB/T 786.1—2021）

表 A-1　基本符号、连接及管接头

名称	符号	名称	符号
工作管路		直接排气	
控制管路、卸油管路		快换接头（不带有单向阀，连接状态）	
连接管路		快换接头（带有一个单向阀，连接状态）	
交叉管路		快换接头（带有两个单向阀，连接状态）	
软管总成		快换接头（带有一个单向阀，断开状态）	
管口在液面以上的油箱		快换接头（不带有单向阀，断开状态）	
管口在液面以下的油箱		三通旋转式接头	1 2 3　1 2 3

表 A-2　控制机构和控制方法

名称	符号	名称	符号
按钮式人力控制		踏板式人力控制	
手柄式人力控制		顶杆式机械控制	
弹簧控制		液压先导控制	
用于单向行程控制的滚轮杠杆		液压二级先导控制	
带有一个线圈的电磁铁（动作指向阀芯）		气-液先导控制	

续表

名称	符号	名称	符号
带有两个线圈的电气控制装置（一个动作指向阀芯，另一个动作背离阀芯）	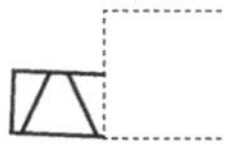	内部压力控制	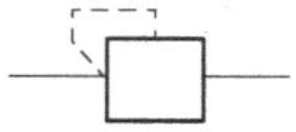
外部供油的电液先导控制机构	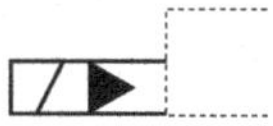	电-液先导控制	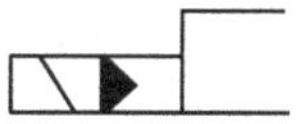
使用步进电机的控制机构	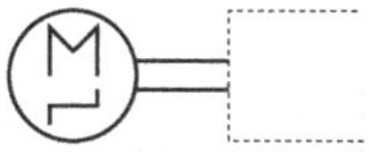	电-气先导控制	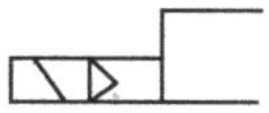
加压或泄压控制	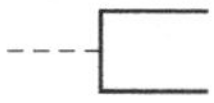	液压先导泄压控制	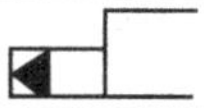
滚轮式机械控制	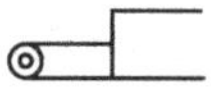	电反馈控制	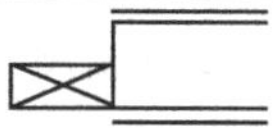
外部压力控制	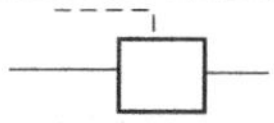	差动控制	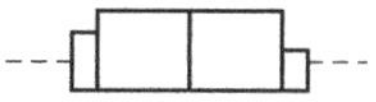
气压先导控制	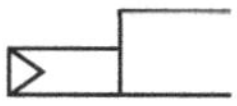		

表 A-3 泵、马达和缸

名称	符号	名称	符号
定量泵/马达（顺时针单向旋转）	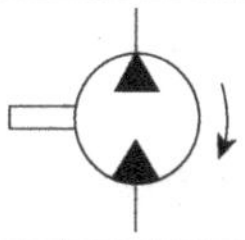	单作用柱塞缸	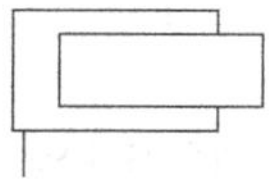
单向旋转定量泵	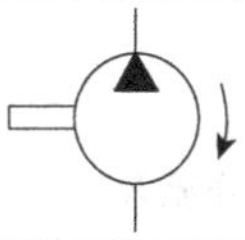		
变量泵/马达（双向流动，带有外泄油路，双向旋转）	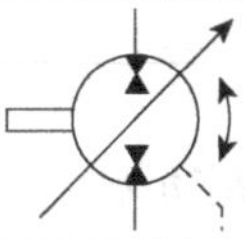	单作用单杆缸（靠弹簧力回程，弹簧腔带连接油口）	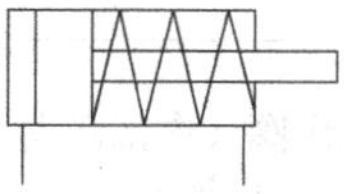
变量泵（顺时针单向旋转）	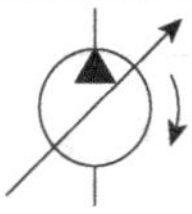	单作用气-液压力转换器（将气体压力转换为等值的液体压力）	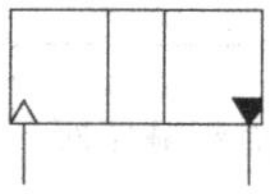
变量泵（双向流动，带有外泄油路，顺时针单向旋转）	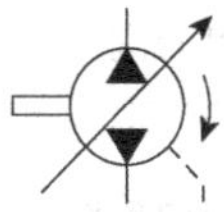	单作用增压器（将气体压力 p_1 转换为更高的液体压力 p_2）	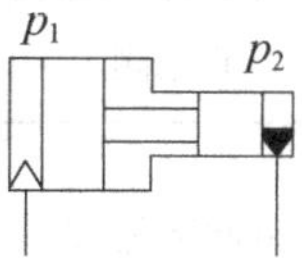 p_1 p_2
空气压缩机	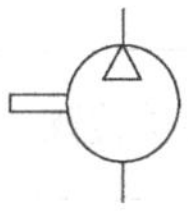	连续增压器（将气体压力 p_1 转换为较高的液体压力 p_2）	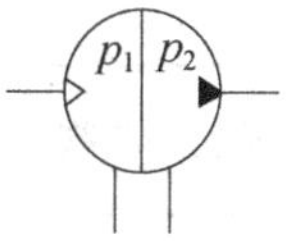 p_1 p_2

续表

名称	符号	名称	符号
气马达	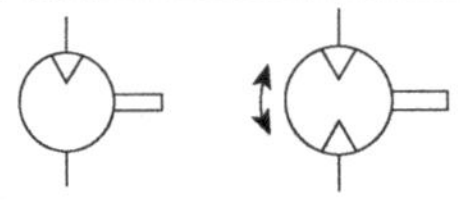	摆动执行器/旋转驱动装置（带有限制旋转角度功能，双作用）	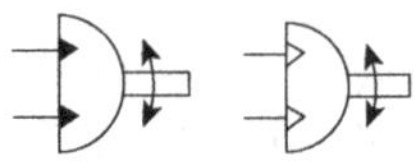
双作用单杆缸	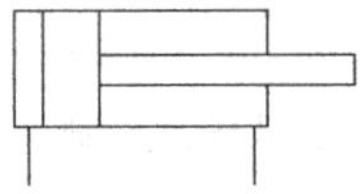	摆动执行器/旋转驱动装置（单作用）	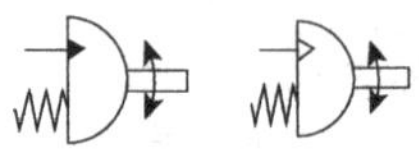

表 A-4　控制元件

名称	符号	名称	符号
直动型溢流阀	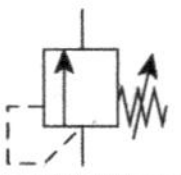	定差减压阀	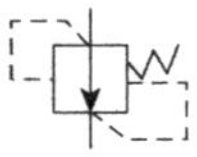
先导型溢流阀	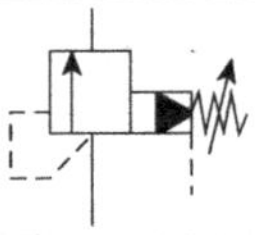	直动型顺序阀	
电磁溢流阀	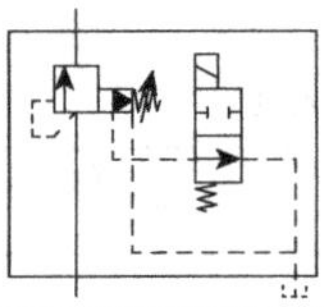	单向顺序阀（平衡阀）	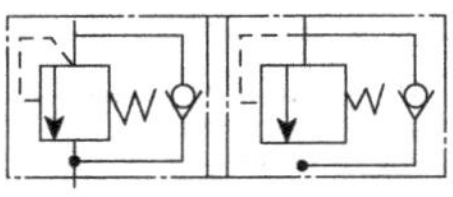
直动型减压阀	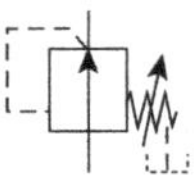	集流阀	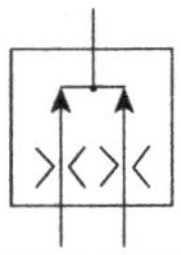
先导型减压阀	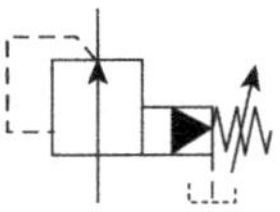	分流阀	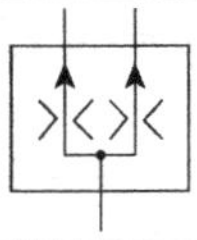
减压阀（内部流向可逆）	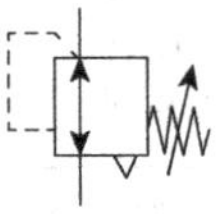	制动阀	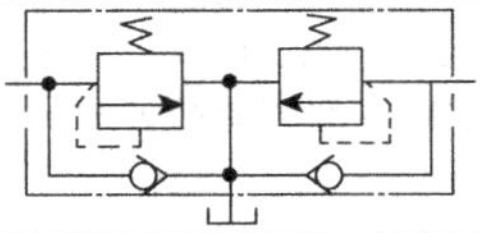
溢流减压阀		定比减压阀	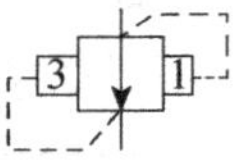 3　1
节流阀		单向阀	
单向节流阀	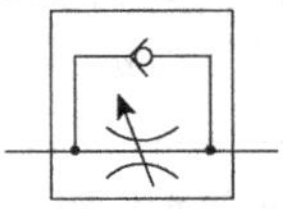	或门型梭阀	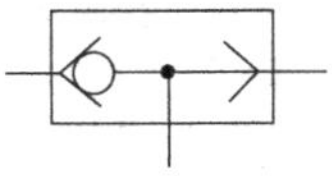
液控单向阀	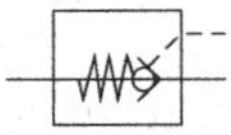	与门型梭阀	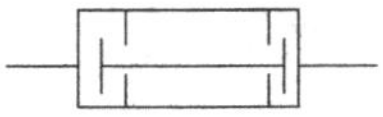

续表

名称	符号	名称	符号
液压锁	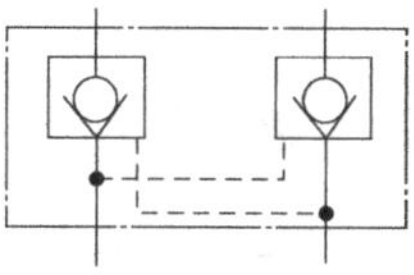	快速排气阀	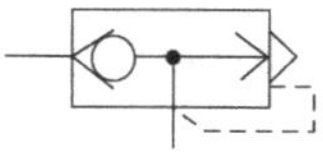
带消声器的节流阀	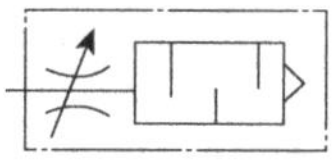	二位二通换向阀	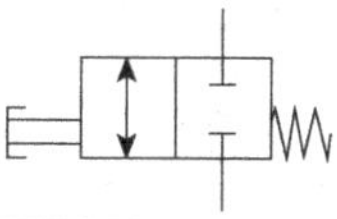
调速阀	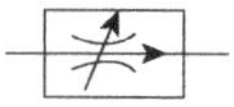	二位三通换向阀	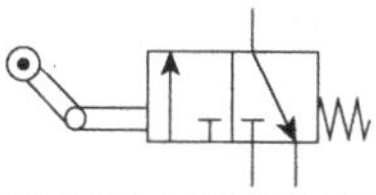
温度补偿调速阀		二位四通换向阀	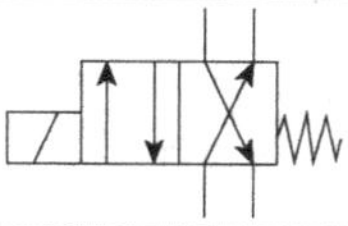
旁通型调速阀		二位五通换向阀	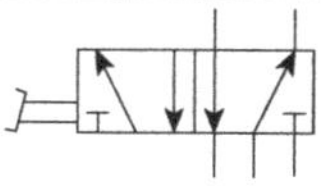
单向调速阀	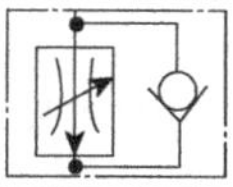	三位四通换向阀	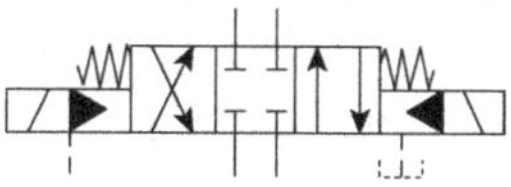
分流阀	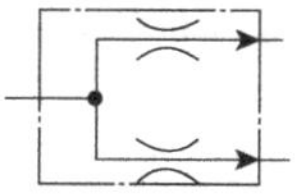	三位五通换向阀（手柄控制，带有定位机构）	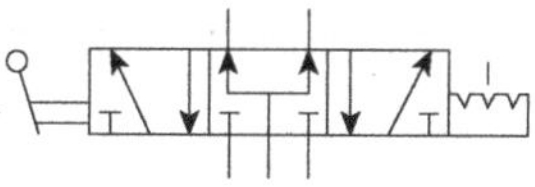
快速排气阀（带消音器）	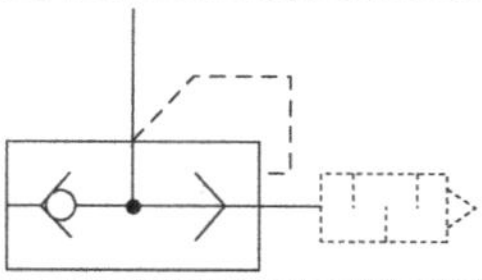	三位五通直动式气动换向阀（弹簧对中，中位时两出口都排气）	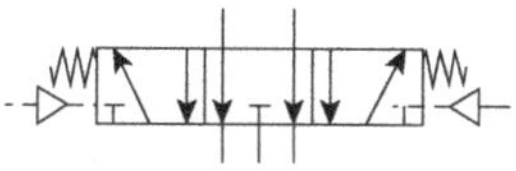
压力开关（机械电子控制，可调节）	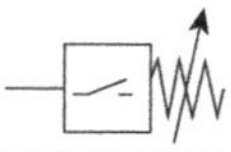	压力传感器（输出模拟信号）	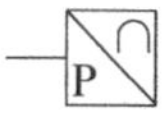 P

表 A-5 辅助元件

名称	符号	名称	符号
过滤器	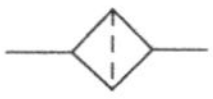	活塞式蓄能器	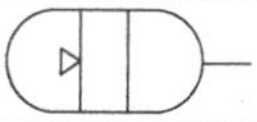
带有磁性滤芯的过滤器	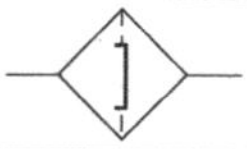	压力表	
通气过滤器	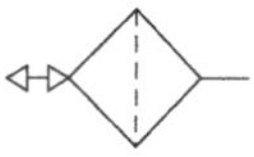	液位指示器（油标）	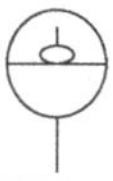
分水排水器	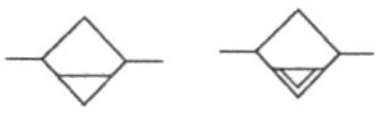	温度计	

续表

名称	符号	名称	符号
除油器		流量计	
空气干燥器		储气罐	
油雾器		消声器	
气源调节装置		液压源	
不带有冷却方式指示的冷却器		气压源	
采用液体冷却的冷却器		电动机	M
加热器		原动机	M
气囊式蓄能器		气-液转换器	

参考文献

[1] 路甬祥. 液压气动技术手册[M]. 北京：机械工业出版社，2003.

[2] 薛祖德. 液压传动[M]. 北京：中央广播电视大学出版社，1986.

[3] 陆元章. 现代机械设备设计手册：第 2 卷[M]. 北京：机械工业出版社，1996.

[4] 许福玲. 液压与气压传动[M]. 北京：机械工业出版社，1999.

[5] 赵波. 液压与气动技术[M]. 北京：机械工业出版社，2020.

[6] 王文深. 液压与气动技术[M]. 北京：现代教育出版社，2011.

[7] 王文深. 液压气动技术实训指导[M]. 北京：中国海洋大学出版社，2014.

[8] 苏冬云. 液压与气动技术[M]. 广州：华南理工大学出版社，2016.

[9] 左建民. 液压与气动技术[M]. 北京：机械工业出版社，2014.

[10] 刘建明. 液压与气压传动[M]. 北京：机械工业出版社，2021.

[11] 沈向东. 气压传动[M]. 北京：机械工业出版社，2024.